■ ■ ■ ■ 智能系统与技术丛书

Advanced Deep Learning with Python

Python深度学习

模型、方法与实现

[保加利亚] 伊凡·瓦西列夫（Ivan Vasilev） 著

冀振燕 赵子涵 刘伟 刘冀瑞 董为 译

机 械 工 业 出 版 社
China Machine Press

图书在版编目（CIP）数据

Python 深度学习：模型、方法与实现 /（保）伊凡·瓦西列夫（Ivan Vasilev）著；冀振燕
等译 . -- 北京：机械工业出版社，2021.7
（智能系统与技术丛书）
书名原文：Advanced Deep Learning with Python
ISBN 978-7-111-68845-7

I. ① P… Ⅱ. ① 伊… ② 冀… Ⅲ. ① 软件工具 - 程序设计 Ⅳ. ① TP311.561

中国版本图书馆 CIP 数据核字（2021）第 156679 号

本书版权登记号：图字 01-2020-4931

Python 深度学习：模型、方法与实现

出版发行：机械工业出版社（北京市西城区百万庄大街 22 号 邮政编码：100037）

责任编辑：王春华　李美莹　　　　　　　　责任校对：马荣敏

印　　刷：北京市荣盛彩色印刷有限公司　　版　　次：2021 年 9 月第 1 版第 1 次印刷

开　　本：186mm×240mm　1/16　　　　　印　　张：19.75

书　　号：ISBN 978-7-111-68845-7　　　　定　　价：129.00 元

客服电话：(010) 88361066　88379833　68326294　　　投稿热线：(010) 88379604
华章网站：www.hzbook.com　　　　　　　　　　　　读者信箱：hzit@hzbook.com

THE TRANSLATOR'S WORDS

译 者 序

随着深度学习在计算机视觉和自然语言处理等领域取得突破，作为机器学习重要分支的深度学习近年来发展迅猛，引起了国内科研工作者的广泛关注，已成为人工智能领域的研究热点。与传统的机器学习算法相比，深度学习具有强大的特征表示学习能力、任意的非线性函数逼近能力等特点，因此，深度学习已经成为大数据时代人工智能的热门技术。随着准确率的提高，深度学习已经进入产业化阶段，并带动了新兴产业的兴起。

本书介绍了对象检测、图像分类、图像语义分割、自然语言处理、自动驾驶等领域最新的深度学习模型、方法和实现。本书分为四部分：第一部分介绍了深度学习网络的构建和神经网络（NN）背后的数学知识；第二部分阐述了卷积神经网络（CNN）及其在计算机视觉中的高级应用，包括在对象检测和图像分割应用中流行的 CNN 架构，还介绍了变分自编码器和生成对抗网络；第三部分阐述了自然语言和序列处理，讲解了使用神经网络提取复杂的单词向量表示，讨论了各种类型的循环网络，如长短期记忆（LSTM）网络和门控循环单元（GRU）网络，还介绍了处理序列数据的注意力机制、使用图神经网络处理结构化数据、使用元学习用小样本训练神经网络以及将深度学习应用于自动驾驶汽车；第四部分展望了深度学习的未来，并介绍新兴的神经网络设计、元学习和自动驾驶汽车的深度学习。

本人目前在北京交通大学工作，主要从事基于深度学习的图像处理和个性化推荐方面的研究，承担了多项国家级、省部级科研项目，已在国内外知名期刊、会议发表论文四十余篇。译者赵子涵和刘冀瑞处于人工智能的学习和研究阶段。译者刘伟和董为在中国科学院软件所北京市重点实验室人机交互技术与智能信息处理实验室从事人工智能的相关应用研究。在本书翻译过程中，译者团队虽然力求准确地展现原著内容，但由于水平有限，且在意译和直译间保持平衡实属不易，因此书稿中难免有不准确之处，恳请读者批评指正。读者可以通过电子邮箱 jzhenyan@hotmail.com 和译者取得联系。

　　感谢机械工业出版社华章公司的编辑们（特别是李忠明编辑），他们在书稿的翻译过程中给予了大力支持，并为保证本书的质量做了大量细致的编辑和审校工作，在此深表谢意。

冀振燕

于北京

前　言

本书涵盖了基于应用领域的新的深度学习模型、方法和实现。全书共四部分：

- 第一部分（第 1 章）介绍深度学习的构建和**神经网络**（NN）背后的数学知识。

- 第二部分（第 2～4 章）阐述**卷积神经网络**（CNN）及其在**计算机视觉**（CV）中的高级应用。你将学习在对象检测和图像分割应用中流行的 CNN 架构。之后，还将学习变分自编码器和生成对抗网络。

- 第三部分（第 6～8 章）阐述自然语言和序列处理。讲解如何使用神经网络提取复杂的单词向量表示。讨论各种类型的循环网络，如**长短期记忆**（LSTM）网络和**门控循环单元**（GRU）网络。之后，介绍如何在没有循环网络的情况下使用注意力机制处理序列数据。

- 第四部分（第 9～11 章）介绍如何使用图神经网络来处理结构化数据。讲解元学习，帮助读者用较少的训练样本来训练神经网络。最后，介绍如何将深度学习应用于自动驾驶。

阅读本书，读者将掌握与深度学习相关的关键概念，以及监控和管理深度学习模型的方法。

本书读者

本书适合数据科学家、深度学习工程师、研究人员阅读，也适合想要掌握深度学习，并想建立自己的创新和独特的深度学习项目的 AI 开发者阅读。本书也将吸引希望通过使用真实的例子来精通高级用例和深度学习领域的方法的人。阅读本书需要读者了解深度学习和 Python 的基础知识。

本书涵盖的内容

第 1 章简要介绍什么是深度学习，然后讨论神经网络的数学基础。本章将讨论神经网络的数学模型。更具体地说，我们将关注向量、矩阵和微分，还将深入讨论一些梯度下降变化方法，如动量、Adam 和 Adadelta。除此之外，还将讨论如何处理不平衡数据集。

第 2 章提供 CNN 的简短描述。我们将讨论 CNN 及其在 CV 中的应用。

第 3 章讨论一些先进的、广泛使用的神经网络架构，包括 VGG、ResNet、MobileNet、GoogleNet、Inception、Xception 和 DenseNet。我们还将使用 PyTorch 实现 ResNet 和 Xception/MobileNet。

第 4 章讨论两个重要的视觉任务：对象检测和图像分割。我们将提供实现过程。

第 5 章讨论生成模型。特别是我们将讨论生成对抗网络和神经类型的转移，之后将实现特定的风格转换。

第 6 章介绍单词和字符级语言模型。我们还将讨论单词向量（word2vec、Glove 和 fastText），并使用 Gensim 实现它们。我们还将在**自然语言工具包（Natural Language ToolKit，NLTK）**的文本处理技术的帮助下，介绍为机器学习应用程序（如主题建模和情感建模）准备文本数据的高级技术和复杂过程。

第 7 章讨论基本的循环网络、LSTM 和 GRU 单元。我们将为所有的网络提供详细的解释和纯 Python 实现。

第 8 章讨论序列模型和注意力机制，包括双向 LSTM 以及一个名为 transformer 的新架构（该架构具有编码器和解码器）。

第 9 章讨论图神经网络和具有记忆的神经网络，如**神经图灵机**（NTM）、可微神经计算机和 MANN。

第 10 章讨论元学习——教算法如何学习的算法。我们还将尝试改进深度学习算法，使其能够使用更少的训练样本来学习更多的信息。

第 11 章探索深度学习在自动驾驶汽车上的应用。我们将讨论如何使用深度网络来帮助车辆了解其周围的环境。

如何充分利用本书

为了充分利用本书，需要熟悉 Python 并掌握一些机器学习的知识。本书包括对神经网络的主要类型的简要介绍，即使你已经熟悉神经网络的基础知识，这些介绍也会对你有所帮助。

下载示例代码及彩色图像

本书的示例代码及所有截图和样图，可以从 http://www. packtpub. com 通过个人账号下载，也可以访问华章图书官网 http://www. hzbook. com，通过注册并登录个人账号下载。

本书的代码包也托管在 GitHub 的 https://github. com/PacktPublishing/Advanced-Deep-Learning-with-Python 上。如果代码有更新，它将在现有的 GitHub 存储库上更新。

我们还提供了一个 PDF 文件，其中有本书使用的屏幕截图和图表的彩色图像。你可以在 http://www. packtpub. com/sites/default/files/downloads/9781789956177_ColorImages. pdf 下载。

排版约定

本书中使用了许多排版约定。

CodeInText：表示文本中的代码、数据库表名、文件夹名、文件名、文件扩展名、路径名、用户输入和 Twitter 句柄。下面是一个示例："通过包含 generator、discriminator 和 combined 网络来构建完整的 GAN 模型。"

书中代码块的风格如下：

```
import matplotlib.pyplot as plt
from matplotlib.markers import MarkerStyle
import numpy as np
import tensorflow as tf
from tensorflow.keras import backend as K
from tensorflow.keras.layers import Lambda, Input, Dense
```

粗体：表示新术语、重要的词，或你在屏幕上看到的词。例如："一个实验的所有可能结果（事件）的集合称为**样本空间**"。

 表示警告或重要说明。

 表示提示和技巧。

作者简介

2013 年，**Ivan Vasilev** 开始致力于第一个有 GPU 支持的开源 Java 深度学习库。这个库被一家德国公司收购，他在那里继续开发该库。他还是深度神经网络的医学图像分类和分割领域的机器学习工程师和研究人员。自 2017 年以来，他一直专注于金融领域的机器学习。他正在开发一个基于 Python 的平台，该平台为快速试验用于算法交易的不同机器学习算法提供基础。Ivan 在索菲亚大学获得了人工智能硕士学位。

审校者简介

Saibal Dutta 一直在 SAS 研发部门担任分析顾问。他还在印度理工学院（Kharagpur 分校）攻读数据挖掘和机器学习博士学位。他拥有鲁尔克拉国家技术学院的电子与通信硕士学位。他曾在 TATA 通信、Pune 和诺伊达 HCL 科技有限公司担任顾问。在他 7 年的咨询生涯中，他曾与全球知名企业合作，包括瑞典的宜家（IKEA）和美国的培生（Pearson）。他对创业的热情促使他在数据分析领域创立了自己的初创公司。他的专业领域包括数据挖掘、人工智能、机器学习、图像处理和商业咨询。

CONTENTS

目　录

第一部分

核心概念

本部分将讨论一些核心的**深度学习**（Deep Learning，DL）概念：什么是深度学习，深度学习算法的数学基础，以及使快速开发深度学习算法成为可能的库和工具。

第 1 章

神经网络的具体细节

在本章中，我们将讨论**神经网络**（NN）的一些复杂之处，NN 也是**深度学习**（DL）的基石。我们将讨论神经网络的数学基础、架构和训练过程。本章的主要目的是让你对神经网络有一个系统的了解。通常，我们从计算机科学的角度来看待它们——将其看作由许多不同步骤/组件组成的机器学习（ML）算法（甚至可以看作一个特殊实体）。我们通过神经元、层等思考的方式获得一些认知（至少我第一次了解这个领域时是这样做的）。这是一种非常有效的方式，在这种理解水平上，我们可以做出令人印象深刻的事情。然而，这也许不是正确的方法。

神经网络具有坚实的数学基础，如果我们从这个角度来研究它，就能以更基础、更优雅的方式来定义和理解它。因此，本章将从数学和计算机科学的角度强调神经网络之间的比较。如果你已经熟悉这些，可以跳过本章。尽管如此，我还是希望你能发现一些你以前不知道的有趣的地方（我会尽最大努力让本章保持趣味性！）。

1.1 神经网络的数学基础

接下来的几节将讨论与神经网络相关的数学分支。讨论完后，将回到神经网络本身。

1.1.1 线性代数

线性代数可以处理线性方程组（如 $a_1x_1+a_2x_2+\cdots+a_nx_n+b=0$）和线性变换（或线性函数）及其表示（如矩阵和向量）。

线性代数识别下列数学对象：

- 标量：单个数字。
- 向量：一个一维的数字（或分量）数组。数组的每个分量都有一个索引。在文献中，我们会看到向量用上标箭头（$\vec{x}$）或黑斜体（$\boldsymbol{x}$）表示。下面是一个向量的例子：

$$\boldsymbol{x}=\vec{x}=\begin{bmatrix} x_1 \\ x_2 \\ \vdots \\ x_n \end{bmatrix}$$

本书主要使用黑斜体（x）图形符号。但在某些情况下，会用到不同来源的公式，而我们会尽量保留它们最初的符号。

我们可以直观地将一个 n 维向量表示为 n 维欧几里得空间 $\mathbb{R}^n$ 中的某一点的坐标，$\mathbb{R}^n$ 相当于一个坐标系。在这种情况下，我们称向量为欧几里得向量，每个向量分量代表沿相应轴的坐标，如下图所示：

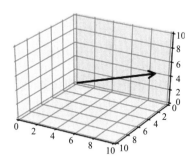

$\mathbb{R}^3$ 空间中的向量表示

然而，欧几里得向量不仅仅是一个点，我们也可以用以下两个属性来表示它：

- **大小**（或**长度**）是毕达哥拉斯（勾股）定理在 n 维空间中的推广：

$$|\boldsymbol{x}| = \sqrt{x_1^2 + x_2^2 + \cdots + x_n^2}$$

- **方向**是向量沿空间各轴的角度。

- **矩阵**：这是一个二维的数字数组。每个元素由两个索引（行和列）标识。矩阵通常用黑斜体大写字母表示，例如 $\boldsymbol{A}$。每个矩阵元素用小写的矩阵字母和一个下标索引表示，例如 a_{ij}。让我们看一个矩阵符号的例子：

$$\boldsymbol{A} = \begin{bmatrix} a_{11} & a_{12} & \cdots & a_{1n} \\ a_{21} & a_{22} & \cdots & a_{2n} \\ \vdots & \vdots & & \vdots \\ a_{m1} & a_{m2} & \cdots & a_{mn} \end{bmatrix}$$

我们可以将一个向量表示为单列 $n \times 1$ 矩阵（称为列矩阵）或单行 $1 \times n$ 矩阵（称为行矩阵）。

- **张量**：在解释它们之前，我们必须先声明一下。张量最初来自数学和物理，在 ML 中开始使用它们之前就已经存在很久了。张量在这些领域中的定义与在 ML 中的不同。本书只考虑 ML 中的张量。此处，张量是一个具有以下属性的多维数组：

- **阶**：表示数组的维数。例如，2 阶张量是一个矩阵，1 阶张量是一个向量，0 阶张量是一个标量。然而，张量在维数上没有限制。实际上，有些类型的神经网络使用 4 阶张量。

- **形状**：每个维度的大小。

- 张量元素的**数据类型**：这些值在库之间可能不同，但通常包括 16、32 以及 64 位浮点数和 8、16、32 和 64 位整数。

现代 DL 库如 TensorFlow 和 PyTorch 使用张量作为其主要数据结构。

 可以在这里找到关于张量本质的详细讨论：https://stats.stackexchange.com/questions/198061/why-the-sudden-fascination-with-tensors。还可以查阅 TensorFlow（https://www.tensorflow.org/guide/tensors）和 PyTorch（https://pytorch.org/docs/stable/tensors.html）的张量定义。

我们已经介绍了线性代数中的对象类型，下一节将讨论可以应用于它们的一些运算。

向量与矩阵运算

在这一节中，我们将讨论与神经网络相关的向量和矩阵运算。让我们开始吧：

- **向量加法**是将两个或多个向量相加到一个输出向量和的运算。输出为另一个向量，计算公式如下：

$$\boldsymbol{a} + \boldsymbol{b} = [a_1 + b_1, a_2 + b_2, \cdots, a_n + b_n]$$

- **点积**（或标量积）接受两个向量并输出一个标量值。我们可以用以下公式计算点积：

$$\boldsymbol{a} \cdot \boldsymbol{b} = |\boldsymbol{a}| |\boldsymbol{b}| \cos\theta$$

此处，$|\boldsymbol{a}|$ 和 $|\boldsymbol{b}|$ 是向量的大小，θ 是两个向量之间的夹角。假设这两个向量是 n 维的，它们的分量是 a_1、b_1、a_2、b_2 等。此处，上面的公式等价于以下公式：

$$\boldsymbol{a} \cdot \boldsymbol{b} = a_1 b_1 + a_2 b_2 + \cdots + a_n b_n$$

二维向量 $\boldsymbol{a}$ 和 $\boldsymbol{b}$ 的点积如下图所示。

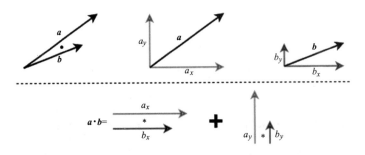

向量的点积。上图为向量分量，下图为两个向量的点积

点积是两个向量之间的一种相似性度量——如果两个向量的夹角 θ 很小（它们的方向相似），那么它们的点积会因为 $\cos\theta$ 而增大。

根据这个思想，可以将两个向量之间的**余弦相似度**定义如下：

$$\cos\theta = \frac{\boldsymbol{a} \cdot \boldsymbol{b}}{|\boldsymbol{a}| |\boldsymbol{b}|}$$

- **叉积**（或**向量积**）取两个向量并输出另一个向量，这个向量垂直于两个初始向量。可以用以下公式计算叉积输出向量的大小：

$$a \times b = |a||b|\sin\theta$$

下图展示了两个二维向量之间的叉积的例子。

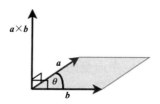

两个二维向量的交叉乘积

如前所述，输出向量垂直于输入向量，这也意味着向量垂直于包含它们的平面。输出向量的大小等于以向量 a 和 b 为边的平行四边形的面积（如上图所示）。

还可以通过**向量空间**定义向量，向量空间是对象（本书中是向量）的集合，可以用标量值相加和相乘。向量空间允许我们将**线性变换**定义为一个函数 f，它可以将向量空间 V 的每个向量（点）转换为另一个向量空间 W 的向量（点），$f:V \rightarrow W$。对于任意两个向量（u，$v \in V$），f 必须满足以下要求：
- 加性：$f(u+v) = f(u) + f(v)$
- 齐次性：$f(cu) = cf(u)$，c 为标量时

- **矩阵转置**：沿着主对角线翻转矩阵（主对角线是矩阵元素 a_{ij} 的集合，其中 $i=j$）。将转置运算记为上标 T。矩阵 A^{T} 中的元素 a_{ij} 等于矩阵 A 中的元素 a_{ji}：

$$[A^{\mathrm{T}}]_{ij} = A_{ji}$$

$m \times n$ 矩阵的转置是 $n \times m$ 矩阵。下面是一些转置的例子：

$$A = \begin{bmatrix} a_{11} & a_{12} & a_{13} \\ a_{21} & a_{22} & a_{23} \\ a_{31} & a_{32} & a_{33} \end{bmatrix} \Rightarrow A^{\mathrm{T}} = \begin{bmatrix} a_{11} & a_{21} & a_{31} \\ a_{12} & a_{22} & a_{32} \\ a_{13} & a_{23} & a_{33} \end{bmatrix}$$

$$A = \begin{bmatrix} a_{11} & a_{12} & a_{13} \\ a_{21} & a_{22} & a_{23} \end{bmatrix} \Rightarrow A^{\mathrm{T}} = \begin{bmatrix} a_{11} & a_{21} \\ a_{12} & a_{22} \\ a_{13} & a_{23} \end{bmatrix}$$

$$A = \begin{bmatrix} a_{11} & a_{12} & a_{13} \end{bmatrix} \Rightarrow A^{\mathrm{T}} = \begin{bmatrix} a_{11} \\ a_{12} \\ a_{13} \end{bmatrix}$$

- **矩阵-标量乘法**是一个矩阵乘以一个标量值。下面的例子中，y 是一个标量：

$$\boldsymbol{A}y = \begin{bmatrix} a_{11} & a_{12} \\ a_{21} & a_{22} \end{bmatrix} y = \begin{bmatrix} a_{11}*y & a_{12}*y \\ a_{21}*y & a_{22}*y \end{bmatrix}$$

- **矩阵-矩阵加法**是一个矩阵与另一个矩阵进行元素上的加法。对于这个运算，两个矩阵必须具有相同的大小。下面是一个例子：

$$\boldsymbol{A}+\boldsymbol{B} = \begin{bmatrix} a_{11} & a_{12} \\ a_{21} & a_{22} \end{bmatrix} + \begin{bmatrix} b_{11} & b_{12} \\ b_{21} & b_{22} \end{bmatrix} = \begin{bmatrix} a_{11}+b_{11} & a_{12}+b_{12} \\ a_{21}+b_{21} & a_{22}+b_{22} \end{bmatrix}$$

- **矩阵-向量乘法**是一个矩阵与一个向量的乘法。为了使这个运算有效，矩阵列的数目必须等于向量的长度。$m \times n$ 矩阵与一个 n 维向量相乘的结果是一个 m 维向量。下面是一个例子：

$$\boldsymbol{A}x = \begin{bmatrix} a_{11} & a_{12} \\ a_{21} & a_{22} \\ a_{31} & a_{32} \end{bmatrix} \begin{bmatrix} x_1 \\ x_2 \end{bmatrix} = \begin{bmatrix} a_{11}x_1 & a_{12}x_2 \\ a_{21}x_1 & a_{22}x_2 \\ a_{31}x_1 & a_{32}x_2 \end{bmatrix}$$

$$\begin{bmatrix} a_{11} & a_{12} \end{bmatrix} \begin{bmatrix} x_1 \\ x_2 \end{bmatrix} = \begin{bmatrix} a_{11}x_1 + a_{12}x_2 \end{bmatrix}$$

可以把矩阵的每一行看作一个单独的 n 维向量。输出向量的每个元素对应矩阵行与 x 的点积，下面是一个数值例子：

$$\boldsymbol{A}x = \begin{bmatrix} 1 & 2 \\ 3 & 4 \end{bmatrix} \begin{bmatrix} 5 \\ 6 \end{bmatrix} = \begin{bmatrix} 1*5+2*6 \\ 3*5+4*6 \end{bmatrix} = \begin{bmatrix} 17 \\ 39 \end{bmatrix}$$

- **矩阵乘法**是一个矩阵与另一个矩阵的乘法。为了使其有效，第一个矩阵的列数必须等于第二个矩阵的行数（这是一个不能更改顺序的运算）。我们可以把这个运算看作矩阵-向量的多重乘法，其中第二个矩阵的每一列都是一个向量。一个 $m \times n$ 矩阵乘以一个 $n \times p$ 矩阵的结果是一个 $m \times p$ 矩阵。下面是一个例子：

$$\boldsymbol{AB} = \begin{bmatrix} a_{11} & a_{12} & a_{13} \\ a_{21} & a_{22} & a_{23} \end{bmatrix} \begin{bmatrix} b_{11} & b_{12} \\ b_{21} & b_{22} \\ b_{31} & b_{32} \end{bmatrix} = \begin{bmatrix} a_{11}b_{11}+a_{12}b_{21}+a_{13}b_{31} & a_{11}b_{12}+a_{12}b_{22}+a_{13}b_{32} \\ a_{21}b_{11}+a_{22}b_{21}+a_{23}b_{31} & a_{21}b_{12}+a_{22}b_{22}+a_{23}b_{32} \end{bmatrix}$$

$$\boldsymbol{AB} = \begin{bmatrix} 1 & 2 & 3 \\ 4 & 5 & 6 \end{bmatrix} \begin{bmatrix} 1 & 2 \\ 3 & 4 \\ 5 & 6 \end{bmatrix} = \begin{bmatrix} 1+6+15 & 2+8+18 \\ 4+15+30 & 8+20+36 \end{bmatrix} = \begin{bmatrix} 22 & 28 \\ 49 & 64 \end{bmatrix}$$

如果把两个向量看作行矩阵，则可以将一个向量点积表示为矩阵乘法，即 $\boldsymbol{a} \cdot \boldsymbol{b} = \boldsymbol{ab}^\top$。线性代数的介绍到此结束。在下一节中，我们将介绍概率论。

1.1.2　概率介绍

本节讨论与神经网络相关的概率和统计的一些知识。

先介绍一下**统计实验**的概念，它有以下几个特点：

- 由多个独立试验组成。
- 每次试验的结果都是不确定的，也就是说，结果是偶然的。
- 可能的结果不止一种。这些结果称为**事件**（在集合中会讨论事件）。
- 实验的所有可能结果都是预先知道的。

一个统计实验的例子是抛硬币，它有两种可能的结果——正面或反面。另一个例子是掷骰子，有六种可能的结果：1、2、3、4、5 和 6。

我们将**概率**定义为某事件 e 发生的可能性，用 $P(e)$ 表示。概率是一个在 $[0,1]$ 范围内的数字，其中 0 表示该事件不可能发生，1 表示该事件始终会发生。如果 $P(e) = 0.5$，则事件发生的概率是 50%，以此类推。

有两种方法可以得到概率：

- **理论**：我们感兴趣的事件与可能发生的事件总数的比较。所有事件的概率都是一样的。

$$P(e) = \frac{某一结果出现的次数}{所有结果的总数}$$

为了理解这一点，使用有两种可能结果的抛硬币的例子。每种可能结果的理论概率是 $P(正面) = P(反面) = 1/2$。掷骰子得到每一面的理论概率是 1/6。

- **经验**：我们感兴趣的事件发生的次数与试验总数的比较。

$$P(e) = \frac{事件 e 发生的次数}{试验总数}$$

实验结果可能表明这些事件不是等概率的。例如，假设我们抛 100 次硬币，56 次正面朝上。此处，正面的经验概率是 $P(正面) = 56/100 = 0.56$。试验次数越多，计算出的概率就越准确（这称为大数定律）。

下一节讨论集合中的概率。

概率和集合

一个实验的所有可能结果（事件）的集合称为**样本空间**。样本空间可以被看作一个数学**集合**，通常用大写字母表示，可以用 {} 列出集合的所有结果（与 Python 集合相同）。例如，抛硬币事件的样本空间为 $S_c = \{正面，反面\}$，而掷骰子的样本空间为 $S_d = \{1,2,3,4,5,6\}$。集合中的一个结果（例如正面）称为**样本点**。事件是样本空间的一个结果（样本点）或结果的组合（子集）。一个组合事件的例子是骰子落在一个偶数上，即 $\{2,4,6\}$。

假设有一个样本空间 $S = \{1,2,3,4,5\}$，两个子集（事件）为 $A = \{1,2,3\}$，$B = \{3,4,5\}$。可以用它们进行以下运算：

- **交集**：结果是一个新的集合，只包含在两个集合中都存在的元素。

$$A \bigcap B = \{3\}$$

交集为空集 {} 的集合是**不相交**的。

- **补集**：结果是一个新的集合，包含了给定集合中不包含的样本空间的所有元素。

$$A' = \{4,5\} \quad B' = \{1,2\}$$

- **并集**：结果是一个新的集合，包含可以在任意一个集合中找到的元素。

$$A \bigcup B = \{1,2,3,4,5\}$$

下面的维恩图说明了这些不同的集合关系。

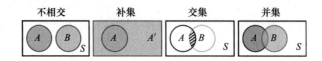

可能的集合关系的维恩图

可以将集合属性转换为事件和事件的概率。假设事件是**独立的**———一个事件的发生不影响另一个事件发生的概率。例如，每次抛硬币的结果都是相互独立的。让我们学习如何在事件域中转换集合运算：

- 两个事件的交集是两个事件中包含的结果的子集。交集的概率称为**联合概率**，计算公式如下：

$$P(A \bigcap B) = P(A) * P(B)$$

   假设我们想计算一张红扑克牌（红桃或方块）是 Jack 的概率。红牌的概率是 $P(红牌) = 26/52 = 1/2$。得到 Jack 的概率是 $P(j) = 4/52 = 1/13$。因此，联合概率为 $P(红牌, Jack) = (1/2) * (1/13) = 1/26$。在这个例子中，假设这两个事件是独立的，然而这两个事件同时发生（我们抽一张牌）。如果它们连续发生，例如，抽两次牌，其中一张是 Jack，另一张是红牌，那么我们就进入了条件概率的领域。这个联合概率也记为 $P(A,B)$ 或 $P(AB)$。

   单个事件 $P(A)$ 发生的概率也称为**边际概率**（与联合概率相对）。

- 如果两个事件没有共同的结果，那么事件就是不相交的（或**相互排斥**的）。即它们各自的样本空间子集是不相交的。例如，奇数或偶数骰子的事件是不相交的。不相交事件的概率如下：

   - 不相交事件的联合概率（这些事件同时发生的概率）为 $P(A \bigcap B) = 0$。
   - 不相交事件概率的和是 $\sum P$（不相交事件）$\leqslant 1$。

- 如果多个事件的子集包含它们之间的整个样本空间，那么它们是**联合穷举**的。上面例子中的事件 A 和 B 是联合穷举的，因为它们一起填满了整个样本空间（1 到 5）。联合穷举事件的概率如下：

$$\sum P(联合穷举事件) = 1$$

如果在同一时间只有两个不相交且联合穷举的事件,则这些事件是**互补**的。例如,奇数和偶数掷骰子事件是互补的。

- 把来自 A 或 B 的结果(不一定同时来自两者)称为 A 和 B 的并集,这个并集的概率如下:

$$P(A\bigcup B) = P(A) + P(B) - P(A\bigcap B)$$

目前为止,我们已经讨论了独立事件。下一节讨论相关事件。

条件概率和贝叶斯规则

如果事件 A 的发生改变了事件 B 的发生概率,且 A 发生在 B 之前,那么两者是相关的。为了说明这一概念,假设从牌堆中顺序地抽出多张牌。当牌堆完整时,抽到红桃的概率是 $P(红桃) = 13/52 = 0.25$。但是一旦抽到的第一张牌是红桃,在第二次抽到红桃的概率就会改变。现在,我们只有 51 张牌,少一张红桃。我们称第二次抽到的概率为条件概率,用 $P(B|A)$ 表示。这表示假设事件 A 已经发生(第一次抽牌)时,事件 B(第二次抽牌)的概率。继续我们的例子,第二次抽到红桃的概率变成 $P(红桃_2 | 红桃_1) = 12/51 = 0.235$。

接下来,可以根据相关事件扩展联合概率公式(在前一节中介绍过)。公式如下:

$$P(A\bigcap B) = P(A)P(B|A)$$

然而,上面的方程只是两个事件的特例。可以把它扩展到多个事件, A_1 , A_2 , $\cdots$, A_n 。这个新的通用公式称为概率链式法则:

$$P(A_n\bigcap\cdots\bigcap A_1) = P(A_n|A_{n-1}\bigcap\cdots\bigcap A_1) \cdot P(A_{n-1}\bigcap\cdots\bigcap A_1)$$

例如,三个事件的链式法则如下:

$$P(A_3\bigcap A_2\bigcap A_1) = P(A_3|A_2\bigcap A_1) \cdot P(A_2\bigcap A_1)$$
$$= P(A_3|A_2\bigcap A_1) \cdot P(A_2|A_1) \cdot P(A_1)$$

也可以推导出条件概率本身的公式:

$$P(B|A) = \frac{P(A\bigcap B)}{P(A)}$$

这个公式的解释如下:

- $P(A\bigcap B)$ 表示如果 A 已经发生,我们对 B 的发生感兴趣。换句话说,我们感兴趣的是事件的联合发生,这就是联合概率。
- $P(A)$ 表示我们只对事件 A 发生的结果的子集感兴趣。我们已经知道 A 发生了,因此我们只观察这些结果。

相关事件适用于以下情况:

$$P(A\bigcap B) = P(A)P(B|A)$$
$$P(A\bigcap B) = P(B)P(A|B)$$

利用这个等式,可以将条件概率公式中的 $P(A\bigcap B)$ 的值替换为:

$$P(A \bigcap B) = P(A)P(B|A) = P(B)P(A|B) \Leftrightarrow P(B|A) = \frac{P(A \bigcap B)}{P(A)} = \frac{P(B)P(A|B)}{P(A)}$$

如果知道相反的条件概率 $P(B|A)$，那么上面的公式可以计算条件概率 $P(B|A)$，该方程称为**贝叶斯规则**，在 ML 中经常使用，在贝叶斯统计中，$P(A)$ 和 $P(B|A)$ 分别称为先验概率和后验概率。

贝叶斯规则可用于医学测试领域。假设要确定一个病人是否患有某种疾病。我们做了一个医学测试，其结果是阳性的，但这并不一定意味着病人患有这种疾病。大多数测试都有一个信度值，即对患有某种疾病的人进行测试，其结果呈阳性的百分比。利用这些信息，我们将应用贝叶斯规则来计算病人患病的实际概率，假设测试结果是阳性的。得到以下结果：

$$P(患病|测试结果=阳性) = \frac{P(患病)P(测试结果=阳性|患病)}{P(测试结果=阳性)}$$

此处，$P(患病)$是没有任何先决条件的疾病的一般概率。把这个看作疾病在一般人群中的概率。

接下来，对这种疾病和测试的准确率做一些假设：

- 测试可信度为 98%，即如果测试结果呈阳性，98%的病例也会呈阳性：P（测试结果=阳性 | 患病）=0.98。
- 50 岁以下的人中只有 2%患有这种疾病：P（患病）=0.02。
- 50 岁以下的人的测试中只有 3.9%的人的测试结果是阳性的：P（测试结果=阳性）=0.039。

可以问这样一个问题：如果一项测试对癌症的准确率是 98%，而一个 45 岁的人做了测试，结果是阳性，那么他患病的概率是多少？利用上式，可以计算出：

$$P(患病|测试结果=阳性) = \frac{P(患病)P(测试结果=阳性|患病)}{P(测试结果=阳性)} = \frac{0.02 * 0.98}{0.039} = 0.5$$

下一节将在概率的基础上讨论随机变量和概率分布。

随机变量和概率分布

统计学中将变量定义为描述给定实体的属性。属性值可以因实体而异。例如，可以用一个变量来描述一个人的身高，这个变量对不同的人来说是不同的。假设多次测量同一个人的身高。由于一些随机因素，比如人的姿势或者测量不准确，我们每次会得到略微不同的值。因此，尽管测量相同的东西，变量高度的值也会有所不同。为了解释这些变化，我们将引入随机变量。这些变量的值由一些随机事件决定。与常规变量不同，随机变量可以有多个值，每个值都与某个概率相关。

随机变量有两种：

- **离散的**，可以取不同的单独值。例如，足球比赛中的进球数是一个离散变量。
- **连续的**，它可以取给定区间内的任意值。例如，高度测量是一个连续变量。

随机变量用大写字母表示，随机变量 X 的某个值 x 的概率用 $P(X=x)$ 或 $p(x)$ 表示。随机变量的每一个可能值的概率集合称为概率分布。

根据变量类型，我们有两种概率分布：

- 离散变量的**概率质量函数（PMF）**。下图是 PMF 的一个示例。x 轴表示可能的值，y 轴表示每个值的概率。

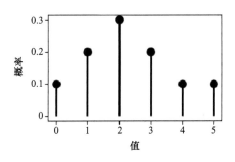

PMF 的一个示例

　　PMF 只针对随机变量的可能值定义。PMF 的所有值都是非负的，它们的和是 1。也就是说，PMF 的事件是互斥但联合穷举的。我们用 $P(X)$ 表示 PMF，其中 X 是随机变量。

- 连续变量的**概率密度函数（PDF）**。与 PMF 不同，PDF 在两个值之间是不间断的（为每个可能的值定义），因此反映了连续变量的性质。下图是一个 PDF 的示例。

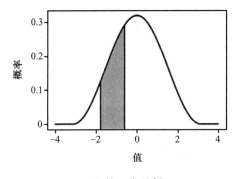

PDF 的一个示例

　　在 PDF 中，概率的计算是针对一个值区间，由该区间所包围的曲线下的表面积给出（如前面图表中标记的阴影面积）。曲线下的总面积是 1。用 f_X 表示 PDF，其中 X 是随机变量。

接下来，让我们关注随机变量的一些属性：

- **平均值（或期望值）**是一个经过多次观察的实验的预期结果。我们用 μ 或 $\mathbb{E}$ 来表示。对于离散变量，它的均值是所有可能值乘以其概率的加权和：

$$\mu_X = \mathbb{E}(X) = x_1 P(X = x_1) + x_2 P(X = x_2) + \cdots + x_n P(X = x_n)$$

$$= \sum_{i=1}^{n} x_i P(X = x_i)$$

以前面的离散变量示例为例，其中定义了一个具有六个可能值（0、1、2、3、4、5）及其各自概率（0.1、0.2、0.3、0.2、0.1、0.1）的随机变量。此处，均值是 $\mu = 0*0.1+1*0.2+2*0.3+3*0.2+4*0.1+5*0.1=2.3$。

连续变量的均值定义为：

$$\mu_X = \mathbb{E}(X) = \int_{-\infty}^{\infty} x f_X(x)\,\mathrm{d}x$$

对于离散变量，可以将 PMF 看作一个查找表，而 PDF 可能更复杂（一个实际的函数或方程），这就是为什么两者之间有不同的符号。我们不会深入讨论连续变量的均值。

- **方差**定义为随机变量偏离均值 μ 的平方差的期望值：

$$\mathrm{Var}(X) = \mathbb{E}([X-\mu]^2)$$

换句话说，方差度量的是随机变量的值与其均值之间的差异。

离散随机变量的方差为：

$$\mathrm{Var}(X) = \sum_{i=1}^{n} (x_i - \mu)^2 P(X = x_i)$$

使用前面的例子，我们计算的平均值是 2.3。新的方差将是 $\mathrm{Var}(X) = (0-2.3)^2 * 0 + (1-2.3)^2 * 1 + \cdots + (5-2.3)^2 * 5 = 2.01$。

连续变量的方差定义为：

$$\mathrm{Var}(X) = \int_{-\infty}^{\infty} (x - \mu)^2 f_X(x)\,\mathrm{d}x$$

- **标准差**度量随机变量的值与期望值之间的差异程度。如果这个定义听起来像方差，那是因为它确实是方差。实际上，标准差的公式如下：

$$\sigma_X = \sqrt{\mathrm{Var}(X)}$$

也可以用标准差来定义方差：

$$\mathrm{Var}(X) = \sigma_X^2$$

标准差与方差的区别是，标准差用与平均值相同的单位表示，而方差用平方单位表示。这一节定义了什么是概率分布。接下来，讨论不同类型的概率分布。

概率分布

我们将从二项试验中离散变量的**二项分布**开始。二项试验只有两种可能的结果：成功或失败。它同时满足以下要求：

- 每个试验都是独立于其他试验的。

- 成功的可能性总是一样的。

二项试验的一个例子是抛硬币实验。

现在，假设这个试验包含 n 次试验。其中 x 是成功的，而每次试验的成功概率为 p。变量 X（不要与 x 混淆）的二项式 PMF 公式如下：

$$P(X) = \frac{n!}{x!\,(n-x)!}\,p^x(1-p)^{n-x}$$

此处，$n!/(x!(n-x)!$ 是二项式系数。这是 x 个成功试验的组合，可以从 n 个试验中选择。如果 $n=1$，有一个二项分布的特殊情况叫作**伯努利分布**。

接下来，讨论连续变量的正态分布（或高斯分布），它非常接近许多自然过程。正态分布定义如下指数 PDF 公式，称为正态方程（最常用的符号之一）：

$$f(x\,|\,\mu,\sigma^2) = N(\mu,\sigma^2) = \frac{1}{\sqrt{2\pi\sigma^2}}e^{-\frac{(x-\mu)^2}{2\sigma^2}}$$

$$= \frac{1}{\sqrt{2\pi\sigma^2}}e^{-\frac{1}{2}\left(\frac{x-\mu}{\sigma}\right)^2}$$

此处，x 是随机变量的值，μ 为平均值，σ 为标准差，σ^2 为方差。由上式得到钟形曲线，如下图所示。

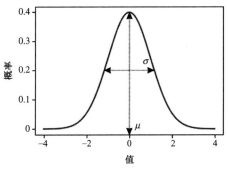

正态分布

正态分布的一些特点如下所示：
- 曲线的中心是对称的，也是最大值。
- 曲线的形状和位置可以用均值和标准差充分描述，其中有：
  - 曲线的中心（及其最大值）等于平均值。也就是说，平均值决定曲线在 x 轴上的位置。
  - 曲线的宽度由标准差决定。

下页图中，我们可以看到具有不同的 μ 和 σ 值的正态分布的示例。
- 正态分布在正/负无穷趋于 0，但不会变成 0。因此，正态分布下的随机变量可以有任何值（尽管有些值的概率很小）。
- 曲线下的表面积等于 1，这是由指数前的常数 $1/\sqrt{2\pi\sigma^2}$ 确定的。

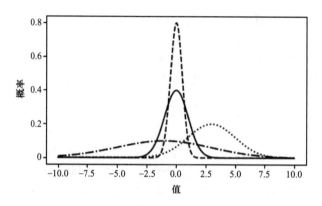

具有不同 μ 和 σ 值的正态分布示例

- $\frac{x-\mu}{\sigma}$（位于指数位置）被称为标准分数（或 z 分数）。一个标准化正态变量的均值
  为 0，标准差为 1。一旦被转换，随机变量就会以标准化的形式参与到方程中。

下一节介绍信息理论的多学科领域，这将帮助我们在神经网络的背景下使用概率论。

信息理论

信息理论试图确定一个事件拥有的信息量。信息量遵循以下原则：

- 事件发生的概率越高，该事件的信息量就越少。相反，如果概率较低，则事件包含
  更多的信息内容。例如，掷硬币的结果（概率为 1/2）提供的信息少于掷骰子的结
  果（概率为 1/6）。
- 独立事件所携带的信息量是其各自信息内容的总和。例如，两次投掷骰子的结果为
  同一面（假设是 4）的信息量是单独投掷的两倍。

将事件 x 的信息量（或自信息量）定义如下：

$$I(x)=-\log P(x)$$

此处，log 是自然对数。例如，如果事件的概率是 $P(x)=0.8$，则 $I(x)=0.22$。或
者，如果 $P(x)=0.2$，则 $I(x)=1.61$。可以看出，事件信息量与事件概率呈反比关系。
自信息 $I(x)$ 的数量是用自然信息单位（**nat**）来衡量的。也可以用以 2 为底的对数 $I(x)=-\log_2(P(x))$ 来计算 $I(x)$，这种情况下用位（bit）来度量它。这两个版本之间没有区别。
本书使用自然对数版本。

讨论一下为什么在前面的公式中使用对数，即使负概率也满足自信息量
和概率之间的互易性。主要原因是对数的积除法规则：

$$\log(x_1 x_2)=\log(x_1)+\log(x_2)$$
$$\log(x_1/x_2)=\log(x_1)-\log(x_2)$$

此处，x_1 和 x_2 是标量值。无须过多细节，这些属性允许我们在训练网络
期间轻松地最小化误差函数。

到目前为止，已经定义了单个结果的信息内容。但是其他的结果呢？为了测量它们，需要度量随机变量概率分布上的信息量。用 $I(X)$ 表示信息量，X 是一个随机离散变量（此处我们关注离散变量）。回想一下，我们将离散随机变量的均值（或期望值）定义为所有可能值乘以其概率的加权和。此处类似，但是要将每个事件的信息内容乘以该事件的概率。

这个度量称为香农熵（或简称为熵），其定义如下：

$$H(X) = \mathbb{E}(I(X)) = \sum_{i=1}^{n} P(X = x_i) I(X = x_n) = -\sum_{i=1}^{n} P(X = x_i) \log P(X = x_i)$$

此处，x_i 表示离散变量值。概率高的事件比概率低的事件有更多权重。可以把熵看作概率分布的事件（结果）的预期（平均）信息量。为了理解这一点，试着计算我们熟悉的抛硬币实验的熵。我们将计算两个例子：

- 首先，假设 $P(正面) = P(反面) = 0.5$。此时熵为：

$$H(X) = -P(正面)\log(P(正面)) - P(反面)\log(P(反面))$$
$$= 0.5 * (-0.69) - 0.5 * (-0.69) = 0.7$$

- 接下来假设，由于某种原因，结果不是等概率的概率分布是 $P(正面) = 0.2$，$P(反面) = 0.8$。熵值为：

$$H(X) = -P(正面)\log(P(正面)) - P(反面)\log(P(反面)) = -0.2 * (-1.62)$$
$$- 0.8 * (-0.22) = 0.5$$

可以看到，当结果出现的概率相等时熵最大，当其中一个结果出现较为普遍时熵减小。在某种意义上，可以把熵看作不确定性或混乱的度量。下图显示了二项事件（如抛硬币）的熵 $H(X)$ 的图，取决于两种结果的概率分布。

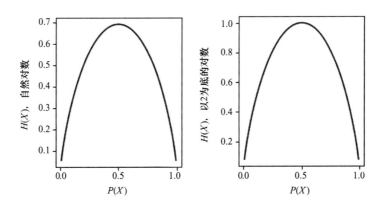

左：自然对数的熵；右：以 2 为底的对数的熵

接下来，假设有一个离散随机变量 X，它有两个不同的概率分布。通常情况下，神经网络产生一些输出概率分布 $Q(X)$，在训练中将其与目标分布 $P(X)$ 进行比较。可以测量这两个具有**交叉熵**的分布的差值，其定义如下：

$$H(P,Q) = -\sum_{i=1}^{n} P(X=x_i) \log Q(X=x_i)$$

例如，计算前一个抛硬币场景的两个概率分布之间的交叉熵。我们预测了分布 Q（正面）$=0.2$，Q（反面）$=0.8$，目标（或真实）分布 P（正面）$=0.5$，P（反面）$=0.5$。交叉熵为：

$$H(P,Q) = -P(\text{正面}) * \log(Q(\text{正面})) - P(\text{反面}) * \log(Q(\text{反面}))$$
$$= -0.5 * (-1.61) - 0.5 * (-0.22) = 0.915$$

另一个衡量两个概率分布差异的方法是 Kullback-Leibler 散度（KL 散度）：

$$D_{KL}(P \,||\, Q) = \sum_{i=1}^{n} P(X=x_i) \log \frac{P(X=x_i)}{Q(X=x_i)}$$
$$= \sum_{i=1}^{n} P(X=x_i) [\log P(X=x_i) - \log Q(X=x_i)]$$
$$= \sum_{i=1}^{n} [P(X=x_i) \log P(X=x_i) - P(X=x_i) \log Q(X=x_i)]$$
$$= H(P,Q) - H(P)$$

对数的乘积法则把第一行公式转换成更直观的第二行形式。很容易看出 KL 散度度量的是目标概率和预测概率之间的差异。如果进一步推导这个方程，还可以看到熵、交叉熵和 KL 散度之间的关系。

抛硬币示例场景的 KL 散度如下：

$$D_{KL}(P||Q) = P(\text{正面}) * [\log(P(\text{正面})) - Q(\text{正面})]$$
$$+ P(\text{反面}) * [\log(P(\text{反面})) - Q(\text{反面})]$$
$$= 0.5(\log(0.5) - \log(0.2)) + 0.5(\log(0.5) - \log(0.8)) = 0.22$$

下一节讨论微分学领域，它将有助于训练神经网络。

1.1.3　微分学

在 ML 算法中，我们关心的是如何通过调整 ML 算法的参数来逼近目标函数。如果把 ML 算法本身看作一个数学函数（在神经网络中），我们可以知道，改变这个函数的一些参数（权重）时，它的输出是如何变化的。幸运的是，微分学处理的是一个函数关于它所依赖的变量的变化率。以下是对其衍生品的简短介绍。

假设有一个函数 $f(x)$，只有一个参数 x，其图形见下页。

可以通过计算函数在这一点上的斜率来相对地了解 $f(x)$ 在任意 x 值下如何随 x 变化。如果斜率为正，函数值增大。相反，如果斜率是负数，函数值就会减小。斜率的计算公式如下：

$$\text{slope} = \frac{\Delta y}{\Delta x} = \frac{f(x + \Delta x) - f(x)}{\Delta x}$$

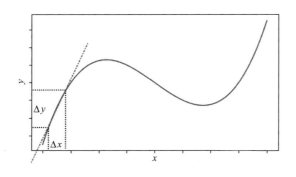

$f(x)$ 和斜率（点虚线）的曲线图

此处的想法很简单，计算 f 在 x 和 $x+\Delta x$ 两个值之间的差别：$\Delta y = f(x+\Delta x) - f(x)$。然后，计算 Δy 和 Δx 的比率来得到斜率。但如果 Δx 太大，那么测量不会很准确，因为函数的部分图（x 和 $x+\Delta x$）之间可能会大幅改变。可以使用一个较小的 Δx 来最小化这个错误。此处，可以关注图中较小的部分。如果 Δx 趋于 0，可以假设斜率反映了图的一个点。此处，称斜率为 $f(x)$ 的**一阶导数**。可以用数学形式表示为：

$$f'(x) = \frac{\mathrm{d}y}{\mathrm{d}x} = \lim_{\Delta x \to 0} \frac{f(x+\Delta x) - f(x)}{\Delta x}$$

此处，$f'(x)$ 和 $\mathrm{d}y/\mathrm{d}x$ 分别是拉格朗日和莱博尼茨对于导数的符号表示。$\lim\limits_{\Delta x \to 0}$ 是极限的数学概念——把它看作 Δx 趋近于 0。求 f 的导数的过程叫作微分。下图为不同 x 值处的斜率。

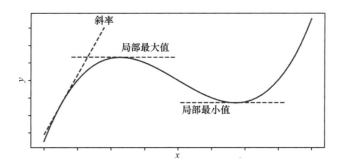

可以看到，在这些点（称为鞍点）上，f 的**局部最小值**和**局部最大值**处的斜率为 0，f 随着 x 的改变既不增大也不减小。

接下来，假设有一个多参数的函数 $f(x_1, x_2, \cdots, x_n)$。f 对任意参数 x_i 的导数称为偏导数，表示为 $\partial f / \partial x_i$。当计算偏导数时，假设所有其他参数（$x_j \neq x_i$）都是常数。用 $\nabla = \left(\frac{\partial}{\partial x_1}, \cdots, \frac{\partial}{\partial x_n} \right)$ 来表示向量分量的偏导数。

最后，介绍一些有用的微分规则：

- **链式法则**：f 和 g 是函数，$h(x) = f(g(x))$。此处，对于任意 x，f 关于 x 的导数如下：

$$h'(x) = f'(g(x))g'(x)$$

$$\text{or}$$

$$\frac{\mathrm{d}h}{\mathrm{d}x} = \frac{\mathrm{d}}{\mathrm{d}x}\big[f(g(x))\big] = \frac{\mathrm{d}}{\mathrm{d}g(x)}\big[f(g(x))\big] \cdot \frac{\mathrm{d}}{\mathrm{d}x}\big[g(x)\big]$$

- **求和法则**：假设 f 和 g 是函数，$h(x) = f(x) + g(x)$。求和法则规定如下：

$$h'(x) = (f(x) + g(x))' = f'(x) + g'(x)$$

- **普通函数**：
  - $x' = 1$
  - $(ax)' = a$，其中 a 是标量
  - $a' = 0$，其中 a 是标量
  - $x^2 = 2x$
  - $(e^x)' = e^x$

神经网络的数学工具和神经网络本身形成了一种知识层。如果把神经网络的实现想象成构建一所房子，那么数学工具就像混合混凝土。我们可以独立地学习如何混合混凝土而不是建造房子。事实上，除了建造房子的特定目的之外，还可以将混凝土用于多种目的。然而，需要知道在建房子之前如何搅拌混凝土。为了继续我们的类比，既然知道了如何混合混凝土（数学工具），我们将关注实际构建房子（神经网络）。

1.2 神经网络的简单介绍

神经网络是一个函数（用 f 表示），它试图近似另一个目标函数 g，可以用以下公式来描述这种关系：

$$g(x) \approx f_\theta(x)$$

在此处，x 为输入数据，而 θ 是神经网络的参数（权值）。目标是找到这样的最佳近似函数 g 的超完备参数 θ。这个通用的定义适用于两者：回归（近似 g 的精确值）和分类（将输入分配到多个可能的类中的一个类）任务。神经网络函数也可以表示为 $f(x;\theta)$。

我们将从神经网络的最小组成部分——神经元开始讨论。

1.2.1 神经元

前面的定义是神经网络的鸟瞰图。现在讨论神经网络的基本构件，即神经元（或**单元**）。单元是数学函数，其定义如下：

$$y = f\left(\sum_{i=1}^{n} x_i w_i + b\right)$$

公式解释如下：

- y 是输出单元（单值）。

- f 是非线性可微激活函数。在神经网络中，激活函数是神经网络中非线性的来源——如果神经网络是完全线性的，它只能近似其他线性函数。
- 激活函数的参数是所有输入单元 x_i（n 为总输入）和偏置权重 b 的加权和（权重 w_i）。输入 x_i 可以是数据输入值，也可以是其他单元的输出。

另外，可以用其向量表示替换 x_i 和 w_i，其中 $x=(x_1，x_2，\cdots，x_n)$，$w=(w_1，w_2，\cdots，w_n)$。此处，公式将使用两个向量的点积：

$$y=f(x\cdot w+b)$$

下图（左）显示了一个神经元。

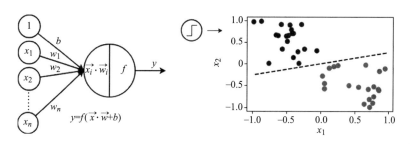

左：一个单元及其等价公式；右：感知器的几何表示

如果 $x\cdot w=0$，输入向量 x 将垂直于权重向量 w。因此，所有在 $x\cdot w=0$ 处的 x 定义了一个向量空间 $\mathbb{R}^n$ 中的超平面，其中 n 是 x 的维数。在二维输入（x_1，x_2）的情况下，可以将超平面表示为一条直线。这可以用感知器（或二元分类器）来说明，感知器是一个有**阈值激活函数** $f(a)=\begin{cases}1，\text{如果 } a\geqslant0\\0，\text{如果 } a<0\end{cases}$ 的神经元，可以将输入分为两类中的一个。有两个输入（x_1,x_2）的感知器的几何表示是分隔这两个类的一条线（或判定边界）（上述图的右图）。这给神经元带来了严重的限制，因为它不能对线性不可分问题进行分类，即使是像 XOR 这样简单的问题。

具有恒等激活函数（$f(x)=x$）的单元等价于多元线性回归，具有 sigmoid 激活函数的单元等价于逻辑回归。

接下来，学习如何分层组织神经元。

1.2.2　层的运算

神经网络组织结构的下一层是单元层，其中将多个单元的标量输出组合在一个输出向量中。层中的单元没有互相连接。这种组织结构有其合理性，原因如下：

- 可以将多元回归推广到一个层，而不是单一单元的线性回归或逻辑回归。换句话说，可以用一个层来近似多个值，而不是用一个单元来近似单个值。这种情况发生在分类输出的情况下，其中每个输出单元表示输入属于某个类的概率。
- 一个单元可以传递有限的信息，因为它的输出是标量。通过组合单元输出，而不是单个激活，可以考虑整个向量。这样，就可以传递更多的信息，不仅因为向量有多个值，而且因为它们之间的相对比率具有额外的含义。

- 因为层中的单元彼此之间没有连接，所以可以将它们的输出计算并行化（从而提高计算速度）。这种能力是近年来 DL 成功的主要原因之一。

在经典的神经网络（即 DL 之前的神经网络，当时它们只是许多 ML 算法中的一种）中，层的主要类型是**全连接（FC）层**。在这一层中，每个单元从输入向量 x 的所有分量接收加权输入。假设输入向量的大小为 m，FC 层有 n 个单元和一个激活函数 f，这对于所有的单元都是一样的。n 个单元中的每一个都有 m 个权重，一个权重对应 m 个输入中的一个。下面是 FC 层单个单元 j 的输出公式。其与 1.2.1 节中定义的公式相同，但此处将包含单元索引：

$$y_j = f\left(\sum_{i=1}^{m} x_i w_{ij} + b_j\right)$$

此处，w_{ij} 为第 j 层单元与第 i 个输入分量之间的权重。可以将连接输入向量和单元的权重表示为一个 $m \times n$ 的矩阵 W。每个矩阵列表示一个层单元的所有输入的权重向量。在本例中，该层的输出向量是矩阵-向量乘法的结果。但是，也可以将多个输入样本 x_i 组合成一个输入矩阵（或**批量**）X，它将同时通过该层。这种情况下，使用矩阵-矩阵乘法，其层输出是一个矩阵。下图是一个 FC 层的示例，以及批量和单例场景中的等效公式：

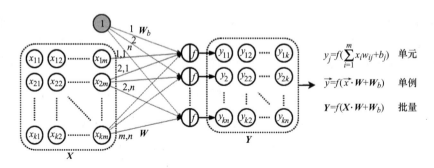

具有向量/矩阵输入和输出及其等价公式的 FC 层

我们明确地分离了偏差矩阵和输入权重矩阵，但在实践中，底层实现可能使用共享的权重矩阵，并在输入数据中附加一行 1。

DL 不限于 FC 层，还有许多其他类型，比如卷积层、池化层等。有些层具有可训练的权重（FC 层、卷积层），而其他层没有（池化层）。还可以将术语函数或运算与层互换使用。例如，在 TensorFlow 和 PyTorch 中，刚才描述的 FC 层是两个顺序运算的组合。首先，执行权重和输入的加权和，然后将结果作为输入提供给激活函数运算。实践中（使用 DL 库的时候），神经网络的基本构造块不是单元，而是以一个或多个张量为输入并输出一个或多个张量的运算。

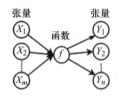

一个具有输入张量和输出张量的函数

接下来，讨论如何在一个神经网络中组合层运算。

1.2.3　神经网络

在 1.2.1 节，我们证明了一个神经元（对层也有效）只能分类线性可分的类。为了克服这一限制，必须在一个神经网络中组合多个层。把神经网络定义为运算的有向图（或层）。图节点是运算，它们之间的边决定了数据流。如果两个运算是相连的，那么第一个运算的输出张量将作为第二个运算的输入，这个输入由边的方向决定。一个神经网络可以有多个输入和输出——输入节点只有传出边，而输出节点只有传入边。

根据这一定义，可以确定两种主要类型的神经网络：

- **前馈神经网络**，用**无环图**表示。
- **循环神经网络（RNN）**，用**循环图**表示。循环是暂时性的；图中的回路连接传播 $t-1$ 时刻某个运算的输出，并将其反馈给下一个时刻 t 的网络。RNN 保持一种内部状态，它代表了之前所有网络输入的一种总结。这个总结以及最新的输入被提供给 RNN。网络产生一些输出，但也更新它的内部状态，并等待下一个输入值。这样，RNN 就可以接受长度可变的输入，比如文本序列或时间序列。

下图是这两种网络的一个例子。

左：前馈网络；右：循环网络

假设，当一个运算接收到来自多个运算的输入时，使用元素依次求和来组合多个输入张量。然后，可以把神经网络表示为一系列嵌套的函数或运算。用 $f^{(i)}(x)$ 表示神经网络，其中 i 是帮助我们区分多种运算的一些索引值。例如，上图中左边的前馈网络的等效公式如下：

$$f_\theta^{(ff)}(x)=f^{(5)}(f^{(3)}(f^{(1)}(x_1)+f^{(4)}(f^{(1)}(x_1)+f^{(2)}(x_2)))+f^{(4)}(f^{(1)}(x_1)+f^{(2)}(x_2)))$$

在图右侧的 RNN 公式为：

$$f_\theta^{(rnn)}(x_t)=f^{(2)}(f^{(1)}(x_t+f^{(2)}(x_{t-1})))$$

用与运算本身相同的索引表示运算的参数（权重）。取一个索引为 l 的 FC 网络层，它从索引为 $l-1$ 的前一层获取输入。以下是带有层索引的单个单元和向量/矩阵层表示的层公式：

$$y_j^{(l)}=f^{(i)}\Big(\sum_{i=1}^{m}y_i^{(l-1)}w_{i,j}^{(l)}+b_j^{(l)}\Big)$$
$$\boldsymbol{y}^{(l)}=f^{(l)}(\boldsymbol{y}^{(l-1)}\cdot\boldsymbol{W}^{(l)}+\boldsymbol{W}_b^{(l)})$$

$$Y^{(l)} = f^{(l)}(Y^{(l-1)} \cdot W^{(l)} + W_b^{(l)})$$

我们已经熟悉了完整的神经网络架构，现在讨论不同类型的激活函数。

1.2.4 激活函数

让我们讨论不同类型的激活函数，从经典的开始：

- **sigmoid**：它的输出边界在 0 和 1 之间，可以解释为神经元激活的概率。由于这些性质，长期以来，sigmoid 是最常用的激活函数。然而，它也有一些不太受欢迎的特性（稍后会详细介绍），这导致了它的受欢迎程度下降。下图展示了 sigmoid 公式、它的导数以及其图像（在我们讨论反向传播时导数很有用）。

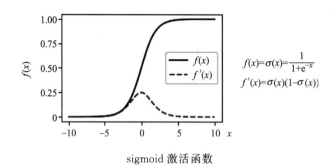

sigmoid 激活函数

- **双曲正切（tanh）**：这个名字说明了一切。与 sigmoid 的原则性区别是 tanh 在（-1, 1）内。下图展示了 tanh 公式及其导数。

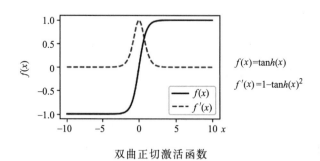

双曲正切激活函数

接下来，关注这个模块的"新人"——函数家族的 *LU（**LU** 代表**线性单元**）。从线性整流函数（ReLU）开始，它在 2011 年首次成功使用（"Deep Sparse Rectifier Neural Networks"，http://proceedings. mlr. press/v15/glorot11a/glorot11a. pdf）。下页图给出 ReLU 公式及其导数。

正如我们所看到的，当 $x > 0$ 时，ReLU 重复它的输入，反之则保持为 0。与 sigmoid 和 tanh 相比，这种激活函数有几个重要的优势：

- 它的导数有助于防止梯度消失（在 1.3.4 节有更多介绍）。严格地说，ReLU 在值为 0

处的导数是未定义的，这使得 ReLU 只能是半可微的（更多信息可以在 https://en. wikipedia. org/wiki/Semidifferentiability 上找到）。但在实践中，它运行得很好。

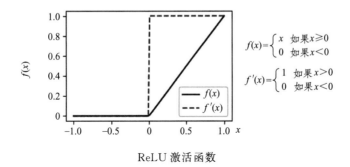

$$f(x)=\begin{cases} x & 如果 x \geq 0 \\ 0 & 如果 x < 0 \end{cases}$$

$$f'(x)=\begin{cases} 1 & 如果 x > 0 \\ 0 & 如果 x < 0 \end{cases}$$

ReLU 激活函数

- 它是幂等的——如果传递一个值给任意数量的激活函数，它不会改变。例如 ReLU(2)＝2，ReLU(ReLU(2))＝2，依此类推。对于 sigmoid，情况不是这样的，它的值在每次传递时都被压缩：$\sigma(\sigma(2))=0.707$。下图是一个 sigmoid 激活函数连续三次激活的例子。

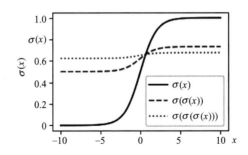

连续激活 sigmoid 函数"压缩"数据

ReLU 的幂等性使其在理论上可以创建比 sigmoid 层更多的网络。

- 它创建了稀疏激活——让我们假设网络的权值是通过正态分布随机初始化的。此处，每个 ReLU 单元的输入都有 0.5 的概率小于 0。因此，大约一半的激活函数的输出也是 0。稀疏激活有许多优点，可以将其粗略地概括为在神经网络环境中的奥卡姆剃刀——使用更简单的数据表示比使用复杂的数据表示能更好地得到相同的结果。
- 前向和反向传递的计算速度都比 sigmoid 的计算速度更快。

然而，在训练时，网络权值可以更新为这样一种方式，即某一层中的 ReLU 单元总是接收到小于 0 的输入，从而使它们也永久地输出为 0。这种现象被称为"dying ReLU"。为了解决这个问题，对 ReLU 进行一些修改。以下是一份不太详尽的列表：

- **Leaky（泄漏）ReLU**：当输入大于 0 时，Leaky ReLU 会像常规 ReLU 一样重复输入。但是，当 $x<0$ 时，Leaky ReLU 输出的是 x 乘以某个常数 $\alpha(0<\alpha<1)$，而不是 0。下面的图给出了 Leaky ReLU 公式、它的导数，以及其对应的图。

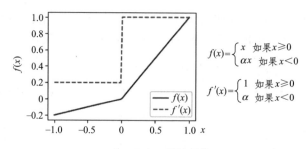

Leaky ReLU 激活函数

- **参数化 ReLU（PReLU，** "Delving Deep into Rectifiers：Surpassing Human-Level Performance on ImageNet Classification"，https：//arxiv.org/abs/1502.01852）：该激活与 Leaky ReLU 相同，但参数 α 是可调的，并在训练期间进行调整。
- **指数线性单元（ELU，** "Fast and Accurate Deep Network Learning by Exponential Linear Units（ELU）"，https：//arxiv.org/abs/1511.07289）：当输入大于 0 时，ELU 和 ReLU 一样重复输入。但是，当 $x<0$ 时，ELU 输出变为 $f(x)=\alpha(e^x-1)$，其中 α 是可调参数。下图为 $\alpha=0.2$ 时的 ELU 公式、它的导数及其对应的图。

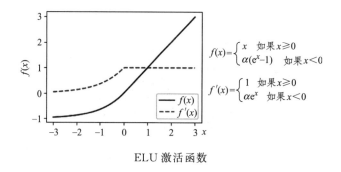

ELU 激活函数

- **缩放指数线性单元（SELU，** "Self-Normalizing Neural Networks"，https：//arxiv.org/abs/1706.02515）：这个激活类似于 ELU，区别为输出（都小于或大于 0）是根据额外的训练参数 λ 来缩放。SELU 是一个更大的概念——自归一化神经网络（SNN）的一部分，它在上述论文中有描述。SELU 公式如下：

$$f(x)=\lambda\begin{cases} x & \text{如果 } x\geq 0 \\ \alpha(e^x-1) & \text{如果 } x<0 \end{cases}$$

最后，我们将提到 **softmax**，它是分类问题中输出层的激活函数。假设最终网络层的输出是一个向量 $z=(z_1,z_2,\cdots,z_n)$，其中 n 个分量代表输入数据属于 n 个可能的类中的一个的概率。此处，每个向量分量的 softmax 输出如下：

$$f(z_i)=\frac{\exp(z_i)}{\sum_{j=1}^{n}\exp(z_j)}$$

这个公式中的分母可以作为一个归一化器。softmax 输出有一些重要的属性：

- 每个 $f(z)$ 的值都在 $[0,1]$ 范围内。
- z 的值的总和等于 1：$\sum_j f(z_j) = 1$。
- 一个额外的好处（实际上是必需的）是这个函数是可微的。

换句话说，可以将 softmax 输出解释为一个离散随机变量的概率分布。然而，它还有一个特性。在归一化数据之前，用指数 e^z 变换每个向量分量。假设两个向量分量是 $z_1 = 1$ 和 $z_2 = 2$。此处 $\exp(1) = 2.7$，$\exp(2) = 7.39$。正如所看到的，变换前后各分量的比率差别很大——0.5 和 0.36。实际上，与较低的分数相比，softmax 提高了获得较高分数的可能性。

下一节将把注意力从神经网络的构建模块转移到它的整体上。更具体地说，我们将演示神经网络如何近似任意函数。

1.2.5 通用逼近定理

通用逼近定理在 1989 年被首次证明，通过具有 sigmoid 激活函数的神经网络，然后在 1991 年，通过具有任意非线性激活函数的神经网络被再次证明。它指出，在 $\mathbb{R}^n$ 的紧致子集上的任意连续函数可以由具有至少一个隐藏层、有限单元数和非线性激活的前馈神经网络逼近到任意准确率。虽然具有单一隐藏层的神经网络在很多任务中表现不佳，但该定理仍然告诉我们，在神经网络中没有理论上不可逾越的限制。这个定理的正式证明太复杂了，此处无法解释，但我们将尝试用一些基础数学来提供一个直观的解释。

 下面这个例子的灵感来自 Michael A. Nielsen 的书 *Neural Networks and Deep Learning*（http://neuralnetworksanddeeplearning.com/）。

实现一个近似方脉冲函数的神经网络（如下图所示），这是一个简单类型的阶梯函数。由于一系列阶梯函数可以逼近 $\mathbb{R}^n$ 的一个紧子集上的任何连续函数，这将使我们了解为什么通用逼近定理成立。

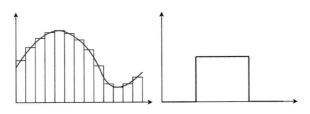

左边的图表描述了一系列阶梯函数的连续函数近似；
右边的图表说明了一个单一的方脉冲阶梯函数

为了理解这个近似是如何工作的，从具有单标量输入 x 和 sigmoid 激活的单个单元开始。以下是该单元的可视化表示及其等效公式：

在下面的图中，可以看到在 $[-10,10]$ 范围内输入不同的 b 和 w 值的公式曲线图。

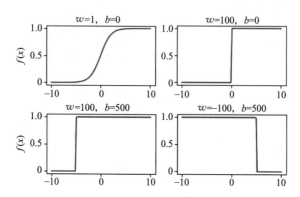

在不同的 w 和 b 值下的神经元输出。网络输入 x 在 x 轴上表示

仔细检查公式和图，可以看到，sigmoid 函数的陡度是由权重 w 决定的，函数在 x 轴上的平移是由公式 $t=-b/w$ 决定的。我们讨论一下上图中的不同场景：

- 左上角的图表显示的是常规的 sigmoid。
- 右上角的图表显示了一个较大的权值 w 将输入 x 放大到一个点，在这个点上单元输出类似于阈值激活。
- 左下角的图表显示了偏差 b 如何沿着 x 轴平移单元激活。
- 右下角的图表显示，我们可以以负权重 w 反转激活，并沿具有偏差 b 的 x 轴转换激活。

可以直观地看到，前面的图包含了方脉冲函数的所有成分。可以通过具有一个隐藏层的神经网络将不同的场景结合起来，隐藏层包含上述两个单元。下图显示了网络架构、单元的权重和偏差，以及网络产生的方脉冲函数：

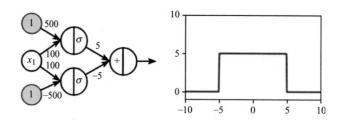

下面是它的工作原理：

- 首先，顶部单元激活函数的上部阶梯激活并保持活跃。
- 底部单元随后激活函数的底部阶梯并保持活跃。由于输出层的权重相同但符号相反，所以隐藏单元的输出可以相互抵消。

● 输出层的权重决定了方脉冲矩形的高度。

这个网络的输出不是 0，而是在（−5,5）区间内。因此，可以用类似的方式在隐藏层中添加更多的单元来近似额外的方脉冲。

现在我们已经熟悉了神经网络的结构，下面关注一下训练过程。

1.3 训练神经网络

本节把训练一个神经网络定义为以最小化代价函数 $J(\theta)$ 的方式调整其参数（权重）的过程。代价函数是对由多个样本组成的训练集的性能度量，以向量表示。每个向量都有一个相关的标签（有监督学习）。最常见的是，代价函数度量网络输出和标签之间的差异。

这一节中，我们将简要回顾一下梯度下降优化算法。如果你已经熟悉它，可以跳过本节。

1.3.1 梯度下降

本节中，我们使用具有单一回归输出和均方误差（MSE）代价函数的神经网络，其定义如下：

$$J(\theta) = \frac{1}{2n}\sum_{i=1}^{n}(f_\theta(\boldsymbol{x}^{(i)}) - t^{(i)})^2$$

此处，公式解释如下：

● $f_\theta(\boldsymbol{x}^{(i)})$ 是神经网络的输出。

● n 是训练集中的样本总数。

● $\boldsymbol{x}^{(i)}$ 为训练样本的向量，上标 i 表示数据集的第 i 个样本。用上标是因为 $\boldsymbol{x}^{(i)}$ 是一个向量，下标是为每个向量分量保留的。$x_j^{(i)}$ 例如，是第 i 个训练样本的第 j 个分量。

● $t^{(i)}$ 是与样本 $\boldsymbol{x}^{(i)}$ 相关的标签。

不应该将第 i 个训练样本的 (i) 上标指数与代表神经网络层索引的 (l) 上标混淆。我们只在梯度下降和代价函数部分使用 (i) 样本索引符号，其他部分使用 (l) 作为层索引符号。

首先，梯度下降计算 $J(\theta)$ 分别对所有网络权重的导数（梯度）。梯度给了我们一个提示，关于 $J(\theta)$ 是如何随着每一个权重变化的。然后，该算法使用这些信息更新权重，使将来出现相同输入/目标对时的 $J(\theta)$ 最小化。目标是逐步达到代价函数的全局最小值。下面是 MSE 和单权重神经网络的梯度下降可视化表示。

下面逐步执行梯度下降：

1）用随机值初始化网络权重。

2）重复操作，直到代价函数低于某个阈值：

（1）前向传递：使用前面的公式计算训练集所有样本的 MSE 的 $J(\theta)$ 代价函数。

（2）反向传递：用链式法则计算 $J(\theta)$ 对所有网络权重的导数：

$$\frac{\partial J(\theta)}{\partial \theta_j} = \frac{\partial \frac{1}{2n} \sum_{i}^{n} (f_\theta(\boldsymbol{x}^{(i)}) - t^{(i)})^2}{\partial \theta_j} = \frac{1}{2n} \sum_{i}^{n} \frac{\partial (f_\theta(\boldsymbol{x}^{(i)}) - t^{(i)})^2}{\partial \theta_j}$$

$$= \frac{1}{n} \sum_{i}^{n} \frac{(\partial f_\theta(\boldsymbol{x}^{(i)})}{\partial \theta_j} [f_\theta(\boldsymbol{x}^{(i)}) - t^{(i)}]$$

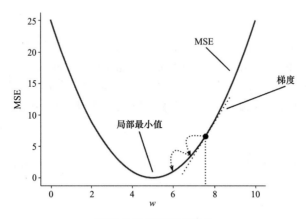

MSE 的梯度下降可视化

 分析一下 $\partial J(\theta)/\partial \theta_j$ 的导数。J 作为网络输出的函数，是 θ_j 的一个函数。因此，它也是神经网络函数本身的函数，即 $J(f(\theta))$。然后，通过链式法则，可以得到 $\dfrac{\partial J(\theta)}{\partial \theta_j} = \dfrac{\partial J(f(\theta))}{\partial \theta_j} = \dfrac{\partial J(f(\theta))}{\partial f(\theta)} \dfrac{\partial f(\theta)}{\partial \theta_j}$

（3）使用这些导数来更新每个网络权重：

$$\theta_j \rightarrow \theta_j - \eta \frac{\partial J(\theta)}{\partial \theta_j} = \theta_j - \eta \frac{1}{n} \sum_{i}^{n} \frac{\partial f_\theta(\boldsymbol{x}^{(i)})}{\partial \theta_j} [f_\theta(\boldsymbol{x}^{(i)}) - t^{(i)}]$$

此处，η 是学习率。

梯度下降法通过累积所有训练样本的误差来更新权重。实际上，可以使用其中两项进行修改：

- **随机（或在线）梯度下降（SGD）** 在每次训练样本后更新权重。
- **小批量梯度下降** 对每 n 个样本（一个小批量）累积误差，并执行一次权重更新。

接下来，讨论一下 SGD 中可以使用的不同代价函数。

1.3.2   代价函数

除了 MSE，还有一些其他的损失函数经常在回归问题中使用。以下是一份非详尽的列表：

- **平均绝对误差（MAE）** 是网络输出和目标之间的绝对误差（而不是平方）的平均值。MAE 的图和公式见下页。

  相对于 MSE，MAE 的一个优点是它能更好地处理离群样本。对于 MSE，如果样

本的误差是 $f_\theta(\boldsymbol{x}^{(i)}) - t^{(i)} > 1$，它会指数下降（因为平方）。与其他样本相比，这个样本的权重过大，这可能会导致结果偏差。在 MAE 中，差异不是指数级的，这个问题不那么明显。

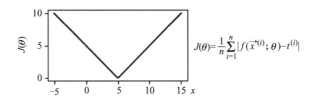

$$J(\theta) = \frac{1}{n}\sum_{i=1}^{n}|f(\vec{x}^{(i)};\theta) - t^{(i)}|$$

另外，MAE 梯度会有相同的值，直到达到最小值，它会立即变成 0。这使得算法更难预测代价函数的最小值有多接近。与 MSE 相比，当接近代价最小值时，斜率逐渐减小。这使得 MSE 更容易优化。综上所述，除非训练数据被异常值破坏，否则通常建议在 MAE 基础上使用 MSE。

- **Huber 损失**试图通过结合 MAE 和 MSE 的属性来解决两者的问题。简而言之，当输出数据和目标数据之间的绝对差低于一个固定参数的值 δ 时，Huber 损失类似于 MSE。相反，当差异大于 δ 时，它与 MAE 相似。这样，它对异常值（差值较大时）的敏感性较低，同时函数的最小值是适当可微的。以下是单一训练样本的三种不同的训练对象的 Huber 损失图及其公式，反映了它的二重性。

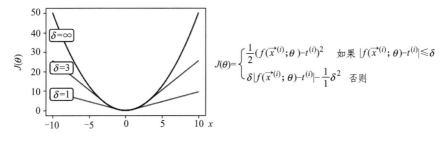

$$J(\theta) = \begin{cases} \frac{1}{2}(f(\vec{x}^{(i)};\theta) - t^{(i)})^2 & \text{如果 } |f(\vec{x}^{(i)};\theta) - t^{(i)}| \leqslant \delta \\ \delta|f(\vec{x}^{(i)};\theta) - t^{(i)}| - \frac{1}{1}\delta^2 & \text{否则} \end{cases}$$

Huber 损失

接下来，关注分类问题的代价函数。以下是一份非详尽的清单：

- **交叉熵**损失：这里省略了一些工作，因为 1.1.2 节已经定义了交叉熵。这种损失通常应用于 softmax 函数的输出。这两者配合得很好。首先，softmax 将网络输出转换为概率分布。然后，交叉熵度量网络输出（Q）与真实分布（P）的差值，作为训练标签提供。它还有另一个好的性质，$H(P, Q_{\text{softmax}})$ 的导数非常简单（虽然计算并不简单）：

$$H'(P, Q_{\text{softmax}}) = Q_{\text{softmax}}(x^{(i)}) - P(t^{(i)})$$

此处，$x^{(i)}/t^{(i)}$ 是第 i 个输入/标签训练对。

- **KL 散度**损失：像交叉熵损失一样，1.1.2 节已经对它进行了介绍，并得到 KL 散度和交叉熵损失之间的关系。其关系可以说明，如果使用两者中的一个作为损失函数，我们也会隐式地使用另一个。

有时，会遇到损失函数和代价函数互换使用的情况。人们通常认为它们稍有不同。我们把损失函数称作训练集的单个样本的网络输出和目标数据之间的差值。代价函数是相同的，但是对训练集的多个样本（批量）进行平均（或求和）。

学习不同的代价函数后，把重点放在通过网络反向传播的误差梯度上。

1.3.3　反向传播

这一节将讨论如何更新网络权重以使代价函数最小化。正如在 1.3.1 节所论证的，这意味着找到代价函数 $J(\theta)$ 对每个网络权重的导数。在链式法则的帮助下我们已经朝这个方向迈出了一步：

$$\frac{\partial J(\theta)}{\partial \theta_j} = \frac{\partial J(f(\theta))}{\partial \theta_j} = \frac{\partial J(f(\theta))}{\partial f(\theta)} \frac{\partial f(\theta)}{\partial \theta_j}$$

此处，$f(\theta)$ 是网络输出，而 θ_j 是第 j 个网络权重。在这一节中，我们学习如何推导所有网络权重的神经网络函数本身（提示：链式法则），通过网络反向传播误差梯度来实现这一点。下面是几个假设：

- 为了简单起见，使用顺序前馈神经网络。顺序意味着每一层从前一层获取输入并将输出发送到下一层。
- 我们定义 w_{ij} 为第 l 层的第 i 个神经元和第 $l+1$ 层的第 j 个神经元之间的权重。也就是说，使用下标 i 和 j，其中有下标 i 的元素属于包含下标 j 的元素的层的前面一层。在多层网络中，l 和 $l+1$ 可以是任意两个连续的层，包括输入层、隐藏层和输出层。
- 用 $y_i^{(l)}$ 表示第 l 层的第 i 个单元的输出，用 $y_j^{(l+1)}$ 表示第 $l+1$ 层的第 j 个单元的输出。
- 用 $a_j^{(l)}$ 表示第 l 层的第 j 个单元的激活函数的输入（即激活前输入的加权和）。

下面的图展示了前面介绍的所有符号。

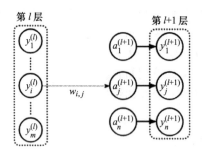

第 l 层表示输入，第 $l+1$ 层表示输出，$w_{i,j}$ 连接第 l 层中的
$y_i^{(l)}$ 对第 $l+1$ 层中的第 j 个神经元的激活

有了这些知识铺垫后，让我们进入正题：

1）首先，假设 l 和 $l+1$ 分别是倒数第二个和最后的（输出）网络层。知道了这个，J 对 $w_{i,j}$ 的导数如下：

$$\frac{\partial J}{\partial w_{i,j}} = \frac{\partial J}{\partial y_j^{(l+1)}} \frac{\partial y_j^{(l+1)}}{\partial a_j^{(l+1)}} \frac{\partial a_j^{(l+1)}}{\partial w_{i,j}}$$

2）让我们关注 $\partial a_j^{(l+1)} / \partial w_{i,j}$。此处，计算第 l 层的输出对其中一个权重 $w_{i,j}$ 的加权和的偏导数。正如在 1.1.3 节中讨论的，在偏导数中，将考虑除 $w_{i,j}$ 常量之外的所有函数参数。当导出 $a_j^{(l+1)}$ 时，它们都变成 0，只剩下 $\partial(y_i^{(l)} w_{i,j}) / \partial w_{i,j} = y_i^{(l)}$。因此，可以得到：

$$\frac{\partial a_j^{(l+1)}}{\partial w_{i,j}} = y_i^{(l)}$$

3）对于网络的任意两个连续的隐藏层（l 和 $l+1$），由第 1）步得出的公式都成立。我们了解 $\partial(y_i^{(l)} w_{i,j}) / \partial w_{i,j} = y_i^{(l)}$，也知道 $\partial y_j^{(l+1)} / \partial a_j^{(l+1)}$ 是我们可以计算的激活函数的导数（参见 1.2.4 节）。需要做的就是计算导数 $\partial J / \partial y_j^{(l+1)}$（回想一下，此处，第 $l+1$ 层是某个隐藏层）。我们注意到这是误差对第 $l+1$ 层的激活函数的导数。现在可以因为以下应用，从最后一层开始反向移动，计算所有的导数：

● 可以计算最后一层的导数。
● 假设可以计算下一层的导数，有一个公式允许我们计算某一层的导数。

4）记住这些步骤，用链式法则得到如下方程：

$$\frac{\partial J}{\partial y_i^{(l)}} = \sum_j \frac{\partial J}{\partial y_j^{(l+1)}} \frac{\partial y_j^{(l+1)}}{\partial y_i^{(l)}} = \sum_j \frac{\partial J}{\partial y_j^{(l+1)}} \frac{\partial y_j^{(l+1)}}{\partial a_j^{(l+1)}} \frac{\partial a_j^{(l+1)}}{\partial y_i^{(l)}}$$

j 的和反映了，在网络的前馈部分，输出 $y_i^{(l)}$ 被反馈给在第 $l+1$ 层的神经元。因此，当误差反向传播的时候它们全都提供给了 $y_i^{(l)}$。

我们可以再一次计算 $\partial y_j^{(l+1)} / \partial a_j^{(l+1)}$。跟着与第 3）步相同的逻辑，可以计算 $\partial a_j^{(l+1)} / \partial y_i^{(l)} = w_{i,j}$。因此，一旦知道了 $\partial J / \partial y_j^{(l+1)}$，可以计算 $\partial J / \partial y_i^{(l)}$。因为可以计算最后一层的 $\partial J / \partial y_j^{(l+1)}$，并且能够反向计算任意一层的 $\partial J / \partial y_i^{(l)}$，所以我们能计算任意一层的 $\partial J / \partial w_{i,j}$。

5）总结一下，假设有一系列层，它适用于以下内容：

$$y_i \rightarrow y_j \rightarrow y_k$$

此处，有以下基本方程：

$$\frac{\partial J}{\partial w_{i,j}} = \frac{\partial J}{\partial y_j^{(l+1)}} \frac{\partial y_j^{(l+1)}}{\partial a_j^{(l+1)}} \frac{\partial a_j^{(l+1)}}{\partial w_{i,j}}$$

$$\frac{\partial J}{\partial y_i^{(l)}} = \sum_j \frac{\partial J}{\partial y_i^{(l+1)}} \frac{\partial y_j^{(l+1)}}{\partial y_j^{(l)}} = \sum_j \frac{\partial J}{\partial y_j^{(l+1)}} \frac{\partial y_j^{(l+1)}}{\partial a_j^{(l+1)}} \frac{\partial a_j^{(l+1)}}{\partial y_j^{(l)}}$$

通过使用这两个方程，可以计算代价对每一层的导数。

6) 如果设 $\delta_j^{(l+1)} = \dfrac{\partial J}{\partial y_j^{(l+1)}} \dfrac{\partial y_j^{(l+1)}}{\partial a_j^{(l+1)}}$，然后 $\delta_j^{(l+1)}$ 表示代价对激活值的变化，可以把 $\delta_j^{(l+1)}$ 看作在神经元 $y_j^{(l+1)}$ 处的误差。可以将这些方程改写为：

$$\frac{\partial J}{\partial y_i^{(l)}} = \sum_j \frac{\partial J}{\partial y_j^{(l+1)}} \frac{\partial y_j^{(l+1)}}{\partial y_i^{(l)}} = \sum_j \frac{\partial J}{\partial y_j^{(l+1)}} \frac{\partial y_j^{(l+1)}}{\partial a_j^{(l+1)}} \frac{\partial a_j^{(l+1)}}{\partial y_i^{(l)}}$$
$$= \sum_j \delta_j^{(l+1)} w_{i,j}$$

由此，可以得到：

$$\delta_i^{(l)} = \Big(\sum_j \delta_j^{(l+1)} w_{i,j} \Big) \frac{\partial y_i^{(l)}}{\partial a_i^{(l)}}$$

这两个方程为我们提供了反向传播的另一种观点，因为代价随激活值的变化而变化。一旦知道了下一层（$l+1$）的变化，它们就为我们提供了计算任意层 l 的变化的方法。

7) 将这些方程组合起来，可以看出：

$$\frac{\partial J}{\partial w_{i,j}} = \delta_j^{(l+1)} \frac{\partial a_j^{(l+1)}}{\partial w_{i,j}} = \delta_j^{(l+1)} y_i^{(l)}$$

8) 各层权重的更新规则如下：

$$w_{i,j} \rightarrow w_{i,j} - \eta \delta_j^{(l+1)} y_i^{(l)}$$

现在熟悉了反向传播，下面讨论训练过程的另一个组成部分：权重初始化。

1.3.4 权重初始化

深度网络训练的一个关键组成部分是随机权重初始化。这很重要，因为有些激活函数，如 sigmoid 和 ReLU，只有它们的输入在一定范围内，才会产生有意义的输出和梯度。

一个著名的例子就是梯度消失问题。为了理解它，考虑一个具有 sigmoid 激活的 FC 层（这个示例对 tanh 也有效）。1.2.4 节展示了 sigmoid 函数及其导数。如果输入的加权和落在（$-5,5$）范围之外，sigmoid 激活实际上变为 0 或 1。本质上，它是饱和的。这在推导 sigmoid 的反向传递过程中是可见的（公式是 $\sigma' = \sigma(1-\sigma)$）。可以看到，在相同的（$-5,5$）输入范围内，导数大于 0。因此，无论试图传播回之前的层的误差是什么，如果激活不在这个范围内，它就会消失（这就是该名称的来源）。

除了 sigmoid 导数的严格意义范围外，我们注意到，即使在最佳条件下，其最大值也只有 0.25。当把梯度传播到 sigmoid 导数，一旦通过，最小会变为其 1/4。因此，即使没有落在期望的范围之外，梯度也可能会在几个层中消失。这是 sigmoid 相对于 ˚LU 函数族的主要缺点之一，在大多数情况下，梯度为 1。

解决这个问题的一种方法是使用*LU 激活。但即便如此，使用更好的权重初始化还是有意义的，因为它可以加速训练过程。一种流行的技术是使用 Xavier/Glorot 初始化器（http://proceedings. mlr. press/v9/glorot10a/glorot10a. pdf）。简而言之，这种技术考虑了单元的输入和输出连接的数量。它有两种变体：

- **Xavier 均匀初始化**，它从范围 $[-a, a]$ 的均匀分布中抽取样本。参数 a 的定义如下：

$$a = \sqrt{\frac{6}{n_{\text{in}} + n_{\text{out}}}}$$

  此处 n_{in} 和 n_{out} 分别表示输入和输出的数量（即输出到当前单元的单元数和当前单元输出的单元数）。

- **Xavier 正态初始化**，从均值为 0、方差为 0 的正态分布（见 1.1.2 节）中抽取样本如下：

$$\text{Var}(w_{i,j}) = \frac{2}{n_{\text{in}} + n_{\text{out}}}$$

建议对 sigmoid 或 tanh 激活函数进行 Xavier/Glorot 初始化。论文 "Delving Deep into Rectifiers：Surpassing Human-Level Performance on ImageNet Classification"（https://arxiv. org/abs/1502.01852）中，提出了一种类似的更适合 ReLU 激活的技术。同样，它有两种变体：

- **He 均匀初始化**，它从范围 $[-a, a]$ 的均匀分布中抽取样本。参数 a 的定义如下：

$$a = \sqrt{\frac{6}{n_{\text{in}}}}$$

- **He 正态初始化**，从均值为 0、方差为 0 的正态分布中抽取样本如下：

$$\text{Var}(w_{i,j}) = \frac{2}{n_{\text{in}}}$$

当输入为负时，ReLU 输出总是 0。如果假设 ReLU 的初始输入集中在 0 附近，那么半数的 ReLU 输出为 0。与 Xavier 初始化相比，He 初始化通过增加两次方差来弥补这一点。

下一节将讨论对标准 SGD 的权重更新规则的一些改进。

1.3.5　SGD 改进

我们将从**动量**开始，它通过使用先前权重更新的值来调整当前权重更新，并扩展 SGD。也就是说，如果第 $t-1$ 步的权重更新较大，会增加第 t 步的权重更新。可以用类比来解释动量。把损失函数的表面想象成小山的表面。现在，假设拿着一个球在山顶（最大值）。如果把球扔下去，由于地球的重力，它会开始滚向山底（最小值）。它滚动的距离越远，速度就越快。换句话说，它将获得动量。

现在，讨论如何在权重更新规则中实现动量。回顾我们在 1.3.1 节中介绍的更新规则，$\theta_j \rightarrow \theta_j - \eta \, \partial J(\theta)/\partial \theta_j$。假设在训练过程的第 t 步：

1）首先，通过包含之前更新的**速度**v_{t-1}，计算当前权重更新值 v_t：

$$v_t \rightarrow \mu v_{t-1} - \eta \partial J(\theta)/\partial \theta_j$$

此处，μ 是一个在 $[0:1]$ 范围内的超参数，称为动量率。在第一次迭代中，v_t 被初始化为 0。

2）然后，执行实际的权重更新：

$$\theta_j \rightarrow \theta_j + v_t$$

对基本动量的改进是 Nesterov **动量**。它依赖于观察到第 $t-1$ 步的动量可能不能反映第 t 步的条件。例如，在第 $t-1$ 步的梯度很陡，因此动量很高。然而，在第 $t-1$ 步的权重更新后，实际上达到了代价函数的最小值，只需要在 t 时刻进行较小的权重更新。尽管如此，仍然会从 $t-1$ 得到较大的动量，这可能会导致调整后的权重跳过最小值。Nesterov 动量提出了改变计算权重更新速度的方式——根据代价函数的梯度来计算 v_t，它是由权重 θ_j 的潜在未来值来计算的。更新后的速度公式如下：

$$v_t \rightarrow \mu v_{t-1} - \eta \partial J(\theta; \theta_j + \mu v_{t-1})/\partial \theta_j$$

如果 $t-1$ 处的动量相对于 t 处的不正确，则改进的梯度会在相同的更新步骤中补偿该误差。

接下来，讨论一下 Adam 自适应学习率算法（"Adam：A Method for Stochastic Optimization"，https://arxiv.org/abs/1412.6980）。它根据以前的权重更新（动量）计算每个权重的个体和自适应学习率。让我们讨论它是如何工作的：

1）首先，需要计算梯度的一阶矩（或均值）和二阶矩（或方差）：

$$m_t \rightarrow \beta_1 m_{t-1} + (1-\beta_1)\frac{\partial J(\theta)}{\partial \theta_j}$$

$$v_t \rightarrow \beta_2 v_{t-1} + (1-\beta_2)\left(\frac{\partial J(\theta)}{\partial \theta_j}\right)^2$$

此处，β_1 和 β_2 是超参数，默认值分别为 0.9 和 0.999。m_t 和 v_t 作为梯度的移动平均值，类似于动量。它们在第一次迭代中被初始化为 0。

2）因为 m 和 v 从 0 开始，所以在训练的初始阶段，它们会偏向于 0。例如，在 $t-1$ 处，$\beta_1 = 0.9$ 并且 $\partial J(\theta)/\partial \theta_j = 10$。此处，$m_1 = 0.9 * 0 + (1-0.9) * 10 = 1$，这比实际为 10 的梯度小了很多。为了补偿这个偏差，计算 m_t 和 v_t 的偏差修正版本：

$$\hat{m_t} \rightarrow \frac{m_t}{1-\beta_1^t}$$

$$\hat{v_t} \rightarrow \frac{u_t}{1-\beta_2^t}$$

3）最后，需要使用以下公式进行权重更新：

$$\theta_j \rightarrow \theta_j - \eta \, \frac{\hat{m_t}}{\sqrt{\hat{v_t}} + \epsilon}$$

此处，η 是学习率，ϵ 是防止被 0 整除的一些小值。

1.4　总结

本章的开始介绍了构建神经网络基础的数学工具。然后，介绍了神经网络及其架构。在此过程中，明确地将数学概念与神经网络的各个组成部分联系起来，并介绍了不同类型的激活函数。最后，全面阐述了神经网络的训练过程，讨论了梯度下降、损失函数、反向传播、权重初始化和 SGD 优化技术。

下一章，我们将讨论错综复杂的卷积网络及其在计算机视觉领域中的应用。

第二部分

计算机视觉

本部分将讨论**深度学习**（DL）在计算机视觉领域的应用。我们将讨论卷积网络、对象检测与图像分割、生成模型（GAN）和神经风格迁移。

第 2 章

理解卷积网络

本章讨论卷积神经网络（CNN）及其在计算机视觉（CV）中的应用。CNN 开启了现代深度学习革命。它们实际上是最近所有 CV 改进的基础，包括生成对抗网络（GAN）、对象检测、图像分割、神经类型迁移等。基于这个原因，我们认为 CNN 值得深入研究，这超出我们对它的基本理解。

为此，首先简要回顾一下 CNN 的构建模块，即卷积层和池化层。我们将讨论目前使用的各种类型的卷积，因为它们反映在大量 CNN 应用中。我们还将学习如何可视化 CNN 的内部状态。然后，我们将关注正则化技术，并实现一个迁移学习例子。

2.1 理解 CNN

在第 1 章中，讨论了许多有坚实数学基础的神经网络运算，卷积也不例外。让我们从定义卷积的数学公式开始：

$$s(t) = (f * g)(t) = \int_{-\infty}^{\infty} f(\tau)g(t-\tau)\mathrm{d}\tau$$

公式释义如下：

● 卷积运算用 $*$ 表示。

● f 和 g 是两个具有共同参数 t 的函数。

● 卷积的结果是第三个函数 $s(t)$（它不是一个单一的值）。

f 与 g 在值为 t 时的卷积是 $f(t)$ 与 $g(t-\tau)$ 的反向（镜像）和移位值的乘积的积分，其中 $t-\tau$ 表示移位。也就是说，对于 f 在 t 时刻的一个单一值，将 g 在 $(t-\infty, t+\infty)$ 范围内平移，然后通过积分连续计算 $f(t)g(t-\tau)$ 的乘积。这个积分（也就是卷积）等于这两个函数的乘积在曲线下的面积。

下页图可以很好地说明这一点。

 在卷积运算中，为了保持运算的可交换性，g 被移位和翻转。在 CNN 中，可以忽略这个属性，在不翻转 g 的情况下实现它。在这种情况下，这个运算称为互相关。这两个术语可以互换使用。

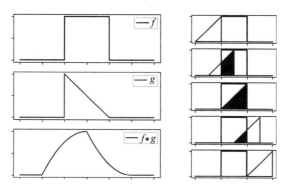

左图：一个卷积，其中 g 被移位和翻转；

右图：卷积运算的逐步演示

对于 t 的离散（整数）值，可以用如下公式（与连续的情况非常相似）来定义卷积：

$$s(t) = (f * g)(t) = \sum_{\tau=-\infty}^{\infty} f(\tau)g(t-\tau)$$

也可以将其推广到具有两个共享输入参数 i 和 j 的函数的卷积：

$$s(i,j) = (f * g)(i,j) = \sum_{m=-\infty}^{\infty}\sum_{n=-\infty}^{\infty} f(i,j)g(i-m,j-n)$$

可以用类似的方法推导出三个参数的公式。

在 CNN 中，函数 f 是卷积运算的输入（也称为卷积层）。取决于输入维度的数量，有 1D、2D，或 3D 的卷积。一个时间序列的输入是一个 1D 向量，一个输入图像是一个 2D 矩阵，一个 3D 点云数据是一个 3D 张量。另外，函数 g 被称为内核（或过滤器）。它与输入数据具有相同的维数，并且由一组可学习的权重定义。例如，一个大小为 n 的过滤器对于一个 2D 卷积来说就是一个 $n \times n$ 矩阵。下图展示了应用于单个 3×3 切片上的 2×2 过滤器的 2D 卷积。

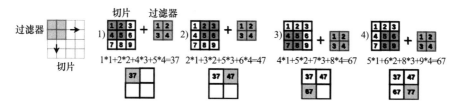

在一个 3×3 的切片上应用一个 2×2 过滤器进行 2D 卷积

卷积的工作原理如下：

1）沿着输入张量的所有维度滑动过滤器。

2）在所有输入位置，将每个过滤器权重与给定位置对应的输入张量单元相乘。作为单个输出单元的输入单元称为**感受野**。将所有这些值相加以产生单个输出单元的值。

与全连接层不同的是，全连接层的每个输出单元从所有的输入中收集信息，卷积输出单元的激活是由感受野的输入决定的。这一原则适用于分层结构的数据，比如图像。例如，相邻的像素构成有意义的形状和对象，但图像一端的像素不太可能与另一端的像素有关系。使用一个全连接层来连接所有的输入像素和每个输出单元就像在大海捞针。它无法知道输入像素是否在输出单元的感受野内。

过滤器会突出感受野的一些特殊特征。运算的输出是一个张量（被称为特征图），它标记了特征被检测到的位置。因为在整个输入张量中使用相同的过滤器，所以卷积是平移不变的。也就是说，它可以检测到相同的特征，而不考虑它们在图像上的位置。但是，卷积既没有旋转不变性（不能保证旋转后检测到一个特征），也没有缩放不变性（不能保证在不同尺度检测到相同的伪影）。

下图是 1D 卷积和 3D 卷积的例子（我们已经介绍了一个 2D 卷积的例子）。

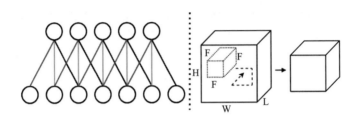

1D 卷积：过滤器（用多色线表示）在单轴上滑动；
3D 卷积：过滤器（用虚线表示）在三个轴上滑动

CNN 卷积可以有多个过滤器，突出显示不同的特征，从而产生多个输出特征图（每个过滤器一个）。它还可以从多个特征图中收集输入，例如，从前一个卷积的输出收集输入。特征图（输入或输出）的组合称为数据体（volume）。在此上下文中，还可以将特征图称为切片。尽管这两个术语指的是同一件事，我们可以将切片看作 volume 的一部分，而特征图将其强调为特征映射。

正如本节前面提到的，每个 volume（以及过滤器）都由一个张量表示。例如，红、绿、蓝（RGB）图像由三个 2D 切片（每个颜色通道有一个切片）组成的 3D 张量表示。但在 CNN 中，在小批量中为样本索引增加了一个维度。此处，1D 卷积会有 3D 输入和输出张量。它们的轴顺序可以是 NCW 或 NWC，其中 N 为小批量样本的索引，C 为 volume 中深度切片的索引，W 为每个样本的向量大小。同理，2D 卷积也可以用张量 $NCHW$ 或 $NHWC$ 表示，其中 H 和 W 分别为切片的高度和宽度。一个 3D 卷积将有一个 $NCLHW$ 或 $NLHWC$ 顺序，其中 L 表示切片的深度。

使用 2D 卷积来处理 RGB 图像。然而，可以将这三种颜色考虑为额外的维度，从而使 RGB 图像 3D 化。那为什么不用 3D 卷积呢？这样做的原因是，尽管可以把输入想象成 3D 的，但输出仍然是 2D 网格。如果使用 3D 卷积，输出结果也是 3D 的，这在 2D 图像中是没有任何意义的。

假设有 n 个输入切片和 m 个输出切片。在这种情况下，将在 n 个输入切片的集合上应用 m 个过滤器。每个过滤器将生成一个独特的输出切片，突出显示过滤器检测到的特征（n 到 m 的关系）。

根据输入切片和输出切片的关系，得到跨通道和深度的卷积，如下图所示。

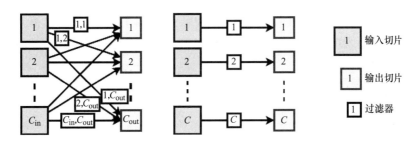

左：跨通道卷积，右：深度卷积

讨论一下它们的属性：

- **跨通道卷积**：一个输出切片接收来自所有输入切片的输入（n 对 1 关系）。对于多个输出切片，关系变为 n 对 m。换句话说，每个输入切片对应于每个输出切片的输出。每对输入/输出切片使用对该对唯一的一个单独的过滤器切片。用 F 表示过滤器的大小（等宽等高），用 C_{in} 表示输入 volume 的深度，用 C_{out} 表示输出 volume 的深度。这样，可以在 2D 卷积中，用以下公式计算权重 W：

$$W = (C_{in} * F^2 + 1) * C_{out}$$

此处，+1 表示每个过滤器的偏置权值。假设有三个切片，想要应用 4 个 5×5 的过滤器。如果这样做，卷积过滤器将有 $(3 * 5 * 5 + 1) * 4 = 304$ 个权重，4 个输出切片（输出 volume 深度为 4），每个切片一个偏置。对于每个输出切片的过滤器，三个输入切片中的每一个都有 3 个 5×5 的过滤器块，一个偏置，$3 * 5 * 5 + 1 = 76$ 权值。

- **深度卷积**（或**逐通道卷积**）：每个输出切片从单个输入切片接收输入。这是前一个例子的一种逆转。在最简单的形式中，在单个输入切片上应用一个过滤器来生成单个输出切片。在本例中，输入/输出 volume 具有相同的深度，即 C。还可以指定一**个通道乘数**（整数 m），在单个输出切片上应用 m 个过滤器来产生 m 个输出切片。这是 1 对 m 关系的情况。此时，输出切片总数为 $n * m$，可以用以下公式计算 2D 深度卷积的权重 W：

$$W = (C * F^2 + C) * m$$

此处，m 为通道乘数，+C 表示每个输出切片的偏差。

卷积运算也可以用另外两个参数来描述：

- **步长**是每一步在输入切片上滑动过滤器的位置数。默认情况下，步长为 1。如果它大于 1，称它为**跨步卷积**。最大步长增加了输出神经元的感受野。对于步长为 2 的卷积，输出切片的大小大约为输入切片的 1/4。换句话说，与步长为 1 的卷积相比，步长为 2 的卷积的一个输出神经元覆盖的区域要大 4 倍。下面层的神经元将逐渐从输入图像的较大区域捕获输入。

- 在进行卷积运算之前，用零的行和列**填充**输入切片的边缘。使用填充的最常见的方法是生成与输入维度相同的输出。新填充的零将参与到与切片的卷积运算中，但它们不会影响结果。

知道了输入的维度和过滤器的大小，就可以计算输出切片的维度。假设输入切片的大小为 I（等高、等宽），过滤器的大小为 F，步长为 S，填充为 P，此处输出切片的大小 O 由下式给出：

$$O = \frac{I + 2P - F}{S} + 1$$

除了跨步卷积，还可以使用**池化**操作来增加较深神经元的感受野，并减少未来的切片大小。池化将输入切片分割成一个网格，其中每个网格单元代表大量神经元的感受野（就像卷积一样）。然后，对网格的每个单元应用一个池化操作。与卷积相似，池化用步长 S 和感受野 F 的大小来描述，如果输入切片的大小为 I，那么池化的输出大小公式如下：

$$O = \frac{I - F}{S} + 1$$

实际上，只使用了两种组合。第一个是 2×2 的感受野，步长为 2；第二个是 3×3 的感受野，步长为 2（重叠）。最常见的池化操作如下：

- **最大池化**：它传播感受野的输入的最大值。
- **平均池化**：它传播感受野中输入的平均值。
- **全局平均池化（GAP）**：与平均池化相同，但池化区域大小与特征图相同为 $I \times I$。GAP 执行了一种极端类型的降维：输出是单个标量，它代表了整个特征图的平均值。

通常，会用一个池化（或跨步卷积）层替换一个或多个卷积层。这样，卷积层可以检测到各层感受野大小上的特征，因为更深的层的感受野集合大小大于网络开始处（初始层）的感受野。与初始层相比，更深的层有更多的过滤器（因此拥有更大的 volume 深度）。在网络开始时的特征检测器在一个小的感受野上工作。它只能检测有限数量的特征，如边缘或线，这些特征在所有类之间共享。

另外，更深的层将检测到更复杂和众多的特征。例如，如果有多个类，比如汽车、树或人，每个类都有自己的一组特征（比如轮胎、门、树叶和脸）。这将需要更多的特征检测器。通过添加一个或多个全连接层，最终卷积（或池化）的输出被"转换"到目标标签。

现在已经对卷积、池化操作和 CNN 有了一个概述，下一节将关注不同类型的卷积操作。

2.1.1　卷积类型

到目前为止，已经讨论了最常见的卷积类型。接下来讨论它的一些变体。

转置卷积

在目前讨论的卷积运算中，输出维数要么等于要么小于输入维数。与之相反，转置卷积（Matthew D. Zeiler、Dilip Krishnan、Graham W. Taylor 和 Rob Fergus 在 "Deconvolutional Networks" 中首次提出，https://www.matthewzeiler.com/mattzeiler/deconvolutionalnetworks.pdf）允许上采样输入数据（它们的输出维数大于输入维数）。这种运算也被称为**反卷积**、**小数步长卷积**或**子像素卷积**。这些名称有时会导致混淆。为了澄清一些事情，请注意，转置卷积实际上是一个常规卷积，它使用的是稍微修改过的输入切片或卷积过滤器。

更详细的解释，将从单个输入切片和输出切片上的 1D 常规卷积开始。

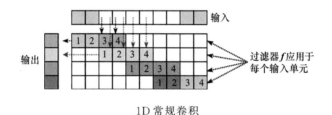

1D 常规卷积

它使用大小为 4、步长为 2 和填充为 2 的过滤器（在上述图的"输入"中用灰色表示）。输入是一个大小为 6 的向量，输出是一个大小为 4 的向量。过滤器是一个向量 $f=[1，2，3，4]$，它始终是相同的，但是它用不同的颜色表示被应用到的每个位置。各自的输出单元用相同的颜色表示。箭头显示哪些输入单元对应一个输出单元。

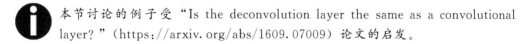
本节讨论的例子受 "Is the deconvolution layer the same as a convolutional layer？"（https://arxiv.org/abs/1609.07009）论文的启发。

接下来，将讨论相同的示例（1D、单个输入切片与输出切片、大小为 4、步长为 2 和填充为 2 的过滤器），但是这是对于转置卷积的。下面的图表显示了可以实现它的两种方式。

详细讨论一下：

- 在第一种情况下，有一个步长为 2 的常规卷积和一个大小为 4 的由转置行矩阵（相当于列矩阵）表示的过滤器：$f^{\mathrm{T}}=[1,2,3,4]^{\mathrm{T}}$（如下图左侧所示）。请注意，卷积是在输出层上进行的，而不是在常规卷积的输入层上进行的。通过设置步长大于 1，相对于输入，可以增加输出大小。此处输入切片的大小为 I，过滤器的大小为

F，步长为 S，输入的填充为 P，因此一个转置卷积的输出切片的大小 O 由下式给出：

$$O=S(I-1)+F-2P$$

在这个场景中，大小为 4 的输入产生大小为 2 * (4−1)＋4−2 * 2＝6 的输出。还在输出向量的开始和结束处裁剪 2 个单元，因为它们只从单个输入单元收集输入。

- 在第二种情况下，在现有的子像素之间填充虚值的 0 值子像素（如下图右侧所示）。这就是子像素卷积这个名字的由来。可以把它看作是图像内部的填充，而不仅仅是边界填充。一旦输入以这种方式转置，就会变成应用一个常规卷积。

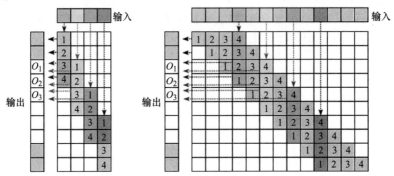

左图：步长为 2 的卷积，与转置过滤器 *f* 一起应用。输出的开始和结束处的 2 个像素被裁剪；右图：步长为 0.5 的卷积，应用于输入数据上，填充子像素。输入用 0 值像素填充

比较两种场景中的两个输出单元 O_1 和 O_3。如上图所示，在任何一种情况下，O_1 接收来自第一个和第二个输入单元的输入，O_3 接收来自第二个和第三个输入单元的输入。事实上，这两种情况的唯一区别在于参与计算的权重的索引。然而，权重是在训练中获得的，所以索引并不重要。因此，这两个运算是等价的。

接下来，从子像素的角度来看 2D 的转置卷积（输入在底部）。与 1D 情况一样，在输入切片中插入 0 值的像素和填充，以实现上采样。

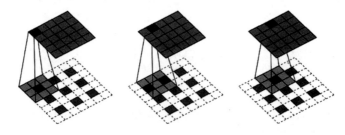

填充为 1、步长为 2 的 2D 转置卷积的前 3 个步骤：来源：
https://github.com/vdumoulin/conv_algorithm，https://arxiv.org/abs/1603.07285

常规卷积的反向传播运算是一个转置卷积。

1×1 的卷积

1×1（或逐点/点）卷积是卷积的一种特殊情况，其中卷积过滤器的每个维度的大小都为 1（2D 卷积为 1×1，3D 卷积为 1×1×1）。首先，这没有意义——一个 1×1 的过滤器不会增加输出神经元的感受野的大小。这种卷积的结果是逐点缩放。但它还有另一种用途——可以用它来改变输入 volume 和输出 volume 之间的深度。

为了理解它，回想一下，通常有一个深度为 D 个切片的输入 volume，M 个过滤器用于 M 个输出切片。每个输出切片都是通过对所有输入切片应用一个过滤器生成的。如果使用 1×1 的过滤器并且 $D != M$，则输出相同大小的切片，但不同的 volume 深度。同时，不会改变在输入和输出之间感受野的大小。最常见的用例是减少输出 volume，或 $D > M$（维度减少），它的昵称为"瓶颈"层。

深度可分离卷积

在跨通道卷积中的输出切片使用单个过滤器接收来自所有输入切片的输入。过滤器尝试学习 3D 空间中的特征，其中两个维度是空间（切片的高度和宽度），第三个维度是通道。因此，过滤器映射空间相关性和跨通道相关性。

深度可分离卷积（**DSC**，"Xception：Deep Learning with Depthwise Separable Convolutions"，https://arxiv.org/abs/1610.02357）可以完全解耦跨通道和空间相关性。DSC 结合了两种运算：深度卷积和 1×1 卷积。在深度卷积中，单个输入切片产生单个输出切片，因此它只映射空间（而不是跨通道）相关性。对于 1×1 卷积则相反，它只映射跨通道相关性。下图表示 DSC。

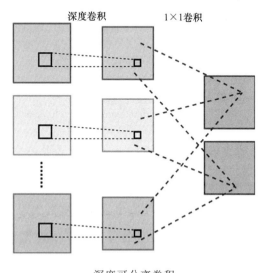

深度可分离卷积

DSC 通常在第一次（深度）运算后实现无非线性。

比较一下标准卷积和深度可分离卷积。假设有 32 个输入/输出通道和一个 3×3 大小的过滤器。在一个标准的卷积中，一个输出切片是 32 个输入切片中的每个切片应用一个过滤器的结果，有 32 * 3 * 3＝288 个权重（不包括偏差）。在类似的深度卷积中，过滤器只有 3 * 3＝9 个权重，而 1 × 1 卷积的过滤器有 32 * 1 * 1＝32 个权重。总权重数为 32＋9＝41。因此，深度可分离卷积与标准卷积相比，速度更快，存储效率更高。

空洞卷积

回想一下之前介绍的离散卷积公式。为了解释空洞卷积（"Multi-Scale Context Aggregation by Dilated Convolutions"，https://arxiv.org/abs/1511.07122），从以下公式入手：

$$s(t) = (f *_l g)(t) = \sum_{\tau=-\infty}^{\infty} f(\tau)g(t - l\tau)$$

用 $*_l$ 表示空洞卷积，其中 l 是一个正整数，叫作膨胀因子。空洞卷积的关键在于输入上应用过滤器的方式。不是在 $n×n$ 的感受野上应用 $n×n$ 过滤器，而是在大小为 $(n×l-1)×(n×l-1)$ 的感受野上贫乏地使用同一个过滤器。仍然用一个输入切片单元乘以每个过滤器的权重，但是这些单元之间的距离是 l。常规卷积是 $l＝1$ 的空洞卷积的一种特殊情况。下面的图表可以很好地说明这一点。

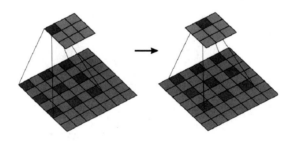

一个膨胀因子为 2 的空洞卷积：此处显示了操作的前两个步骤。底层是输入，
顶层是输出。来源：https://github.com/vdumoulin/conv_arithmetic

空洞卷积可以成倍地增加感受野的大小，而不会失去分辨率或覆盖范围。也可以通过跨步卷积或池化来增加感受野大小，但代价是失去分辨率和/或覆盖率。为了理解它，假设有一个步长 $s>1$ 的跨步卷积。在这种情况下，输入切片为输出切片的 s 倍（分辨率损失）。如果进一步增加 $-s$，使 $s>n$（n 是池化或卷积核的大小），会失去覆盖范围，因为输入切片的一些区域根本不会参与输出。此外，空洞卷积不会增加计算和内存开销，因为过滤器使用的权重与常规卷积相同。

2.1.2　提高 CNN 的效率

最近**深度学习（DL）**取得进展的主要原因之一是它能够非常快速地运行**神经网络（NN）**。这在很大程度上是因为神经网络算法的性质和**图形处理单元（GPU）**的细节之间可以良好匹配。在第 1 章中，强调了矩阵乘法在神经网络中的重要性。为了证明这一点，也可以把卷积转换为矩阵乘法。矩阵乘法是不易平行的（相信我，embarrassingly parallel 是一个术语，你可以搜索它）。每个输出单元的计算与任何其他输出单元的计算无关。因此，可以并行计算所有的输出。

并非巧合的是，GPU 非常适合这样的高度并行运算。一方面，与**中央处理器（CPU）**相比，GPU 有大量的计算核。尽管 GPU 内核比 CPU 内核快，仍然可以并行计算更多的输出单元。但更重要的是 GPU 是针对内存带宽进行优化的，而 CPU 是针对延迟进行优化的。这意味着 CPU 可以非常快速地获取小块内存，但是当获取大块内存时就会很慢，GPU 则相反。正因为如此，对于神经网络来说，在进行大矩阵乘法等任务时，GPU 具有优势。

除了硬件方面的细节，还可以在算法方面对 CNN 进行优化。CNN 的大部分计算时间都花在了卷积本身上。尽管卷积的实现非常简单，但在实践中，还有更有效的算法可以实现同样的结果。尽管当代 DL 库（如 TensorFlow 或 PyTorch）为开发人员隐藏了此类细节，但在本书中，我们的目标是对 DL 有更深入的（双关）理解。

因此，下一节将讨论两种最流行的快速卷积算法。

卷积转换为矩阵乘法

本节描述了用于将卷积转换为矩阵乘法的算法，就像它在 cuDNN 库中实现的一样（"cuDNN：Efficient Primitives for Deep Learning"，https://arxiv.org/abs/1410.0759）。为了理解这个，假设在 RGB 输入图像上执行一个跨通道的 2D 卷积。卷积的参数如下表所示

参数	符号	值
小批量大小	N	1
输入特征图（volume 深度）	C	3（每个 RGB 通道有 1 个输入特征图）
输入图像的高度	H	4
输入图像的宽度	W	4
输出特征图（volume 深度）	K	2
过滤器的高度	R	2
过滤器的宽度	S	2
输出特征图的高度	P	2（根据输入/过滤器的大小）
输出特征图的宽度	Q	2（根据输入/过滤器的大小）

为了简单起见，假设填充为 0 和步长为 1。用 D 表示输入张量，用 F 表示卷积过滤器张量。矩阵卷积的工作方式如下：

1）将张量 D 和 F 分别展开到 $D \rightarrow D_m$ 和 $F \rightarrow F_m$ 矩阵中。

2）然后，将矩阵相乘得到输出矩阵，$O_m = D_m \cdot F_m$。

在第 1 章中讨论了矩阵乘法。现在讨论如何展开矩阵中的张量。下图展示了如何做到这一点。

每个特征图都有不同的颜色（R、G、B）。在常规卷积中，过滤器有一个正方形的形状，将它应用在一个正方形的输入区域上。在转换中，将 D 的每一个可能的方形区域展开为 D_m 的一列。将 F 的每个方形组件展开为 F_m 的一行。用这种方式，每个输出单元的输

入和过滤器数据位于矩阵 $\boldsymbol{D}_m$ 和 $\boldsymbol{F}_m$ 的一列或一行中。这可以作为矩阵乘法计算的输出值。转换后的输入、过滤器、输出的维度如下：

- $\dim(\boldsymbol{D}_m) = CRS \times NPO = 12 \times 4$
- $\dim(\boldsymbol{F}_m) = K \times CRS = 2 \times 12$
- $\dim(\boldsymbol{O}_m) = K \times NPQ = 2 \times 4$

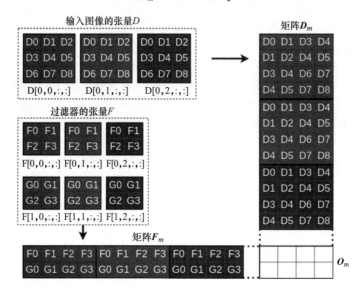

卷积转换为矩阵乘法：灵感来自 https://arxiv.org/abs/1410.0759

为了理解这个转换，学习一下如何用常规卷积算法计算第一个输出单元：

$$O[0,0,0,0] = D[0,0,0,0] * F[0,0,0,0] + D[0,0,0,1] * F[0,0,0,1]$$
$$+ D[0,0,1,0] * F[0,0,1,0] + D[0,0,1,1] * F[0,0,1,1]$$
$$+ D[0,1,0,0] * F[0,1,0,0] + D[0,1,0,1] * F[0,1,0,1]$$
$$+ D[0,1,1,0] * F[0,1,1,0] + D[0,1,1,1] * F[0,1,1,1]$$
$$+ D[0,2,0,0] * F[0,2,0,0] + D[0,2,0,1] * F[0,2,0,1]$$
$$+ D[0,2,1,0] * F[0,2,1,0] + D[0,2,1,1] * F[0,2,1,1]$$

接下来，观察一下以矩阵乘法形式展现的相同公式：

$$\boldsymbol{O}_m[0,0] = \boldsymbol{D}_m[0,0] * \boldsymbol{F}_m[0,0] + \boldsymbol{D}_m[1,0] * \boldsymbol{F}_m[0,1] + \boldsymbol{D}_m[2,0] * \boldsymbol{F}_m[0,2]$$
$$+ \boldsymbol{D}_m[3,0] * \boldsymbol{F}_m[0,3] + \boldsymbol{D}_m[4,0] * \boldsymbol{F}_m[0,4] + \boldsymbol{D}_m[5,0] * \boldsymbol{F}_m[0,5]$$
$$+ \boldsymbol{D}_m[6,0] * \boldsymbol{F}_m[0,6] + \boldsymbol{D}_m[7,0] * \boldsymbol{F}_m[0,7] + \boldsymbol{D}_m[8,0] * \boldsymbol{F}_m[0,8]$$
$$+ \boldsymbol{D}_m[9,0] * \boldsymbol{F}_m[0,9] + \boldsymbol{D}_m[10,0] * \boldsymbol{F}_m[0,10] + \boldsymbol{D}_m[11,0] * \boldsymbol{F}_m[0,11]$$

如果比较这两个方程的分量，会发现它们完全一样。也就是说，$D[0,0,0,0] = \boldsymbol{D}_m[0,0]$，$F[0,0,0,0] = \boldsymbol{F}_m[0,0]$，$D[0,0,0,1] = \boldsymbol{D}_m[0,1]$，$F[0,0,0,1] = \boldsymbol{F}_m[0,1]$ 等。可以对其余的输出单元执行相同的操作。因此，这两种方法的输出是相同的。

矩阵卷积的一个缺点是增加了内存的使用。在上面的图中，可以看到一些输入元素被重复了多次（最多 $RS=4$ 次，比如 D4）。

Winograd 卷积

与直接卷积相比，Winograd 算法（"Fast Algorithms for Convolutional Neural Networks"，https://arxiv.org/abs/1509.09308）可以将运算速度提高 2~3 倍。为了解释这一点，使用与前一节提到的相同的符号，但是此处使用一个 3×3（$R=S=3$）的过滤器。假设输入切片大于 4×4（$H>4$，$W>4$）。

下面是如何计算 Winograd 卷积：

1）将输入图像分割为与步长为 2 的重叠的 4×4 的切片，如下图所示。

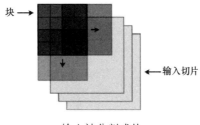

输入被分割成块

 图中块的大小可以变化，但为了简便，只关注 4×4 的块。

2）使用以下两个矩阵乘法转换每个块：

$$D_t = (BD)B^T$$

$$
\begin{bmatrix} \circ & \circ & \circ & \circ \\ \circ & \circ & \circ & \circ \\ \circ & \circ & \circ & \circ \\ \circ & \circ & \circ & \circ \end{bmatrix} = \left(\begin{bmatrix} 1 & 0 & -1 & 0 \\ 0 & 1 & 1 & 0 \\ 0 & -1 & 1 & 0 \\ 0 & 1 & 0 & -1 \end{bmatrix} \cdot \begin{bmatrix} \cdot & \cdot & \cdot & \cdot \\ \cdot & \cdot & \cdot & \cdot \\ \cdot & \cdot & \cdot & \cdot \\ \cdot & \cdot & \cdot & \cdot \end{bmatrix} \right) \cdot \begin{bmatrix} 1 & 0 & -1 & 0 \\ 0 & 1 & 1 & 0 \\ 0 & -1 & 1 & 0 \\ 0 & 1 & 0 & -1 \end{bmatrix}^T
$$

在上式中，矩阵 D 是输入切片（带圆值的切片），而矩阵 B 是一个特殊的矩阵，它是由 Winograd 算法的结果得到的（更多信息可以在本节开始处提到的论文中找到）。

3）使用以下两个矩阵乘法转换过滤器：

$$F_t = (GF)G^T$$

$$
\begin{bmatrix} \times & \times & \times & \times \\ \times & \times & \times & \times \\ \times & \times & \times & \times \\ \times & \times & \times & \times \end{bmatrix} = \left(\begin{bmatrix} 1 & 0 & 0 \\ 1/2 & 1/2 & 1/2 \\ 1/2 & -1/2 & 1/2 \\ 0 & 0 & 1 \end{bmatrix} \cdot \begin{bmatrix} \cdot & \cdot & \cdot \\ \cdot & \cdot & \cdot \\ \cdot & \cdot & \cdot \end{bmatrix} \right) \cdot \begin{bmatrix} 1 & 0 & 0 \\ 1/2 & 1/2 & 1/2 \\ 1/2 & -1/2 & 1/2 \\ 0 & 0 & 1 \end{bmatrix}^T
$$

上式中，矩阵 F（点值矩阵）是一个输入切片和一个输出切片之间的 $3×3$ 卷积过滤器。G 和它的转置 G^T 是一个特殊的矩阵，它们是由 Winograd 算法得到的。注意，转换后的过滤器矩阵 F 与输入块 D_t 有相同的维数。

4）将转换后的输出作为转换后的输入和过滤器的**数组元素依次相乘**（$\odot$ 符号）来计算：

$$O_t = F_t \odot D_t$$

$$
\begin{bmatrix} \otimes & \otimes & \otimes & \otimes \\ \otimes & \otimes & \otimes & \otimes \\ \otimes & \otimes & \otimes & \otimes \\ \otimes & \otimes & \otimes & \otimes \end{bmatrix}
=
\begin{bmatrix} \times & \times & \times & \times \\ \times & \times & \times & \times \\ \times & \times & \times & \times \\ \times & \times & \times & \times \end{bmatrix}
\odot
\begin{bmatrix} \circ & \circ & \circ & \circ \\ \circ & \circ & \circ & \circ \\ \circ & \circ & \circ & \circ \\ \circ & \circ & \circ & \circ \end{bmatrix}
$$

5）将输出转换回原始形式：

$$O = (AO_t)A^T$$

$$
\begin{bmatrix} \cdot & \cdot \\ \cdot & \cdot \end{bmatrix}
=
\left(
\begin{bmatrix} 1 & 1 & 1 & 0 \\ 0 & 1 & -1 & -1 \end{bmatrix}
\cdot
\begin{bmatrix} \otimes & \otimes & \otimes & \otimes \\ \otimes & \otimes & \otimes & \otimes \\ \otimes & \otimes & \otimes & \otimes \\ \otimes & \otimes & \otimes & \otimes \end{bmatrix}
\right)
\cdot
\begin{bmatrix} 1 & 1 & 1 & 0 \\ 0 & 1 & -1 & -1 \end{bmatrix}^T
$$

A 是一个转置矩阵，它可以在形式上让 $O_t \rightarrow O$，使输出转换回原始形式，这由直接卷积得到。如上式和下图所示，通过 Winograd 卷积，可以同时计算 $2×2$ 的输出块（4 个输出单元）。

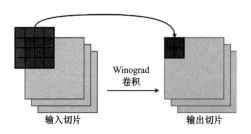

输入切片　　　　　　　输出切片

Winograd 卷积允许同时计算 4 个输出单元

乍一看，Winograd 算法似乎比直接卷积执行了更多的操作。那么，它的执行速度如何更快呢？为了找出答案，关注 $D \rightarrow D_t$ 的转换。这里的关键是必须执行 $D \rightarrow D_t$，只执行一次，然后 D_t 可以参与所有 K（按照符号）的输出切片的输出。因此，$D \rightarrow D_t$ 的性能损失在所有输出中平摊，对性能的影响不大。接下来，看一下 $F \rightarrow F_t$ 转换。这个速度更快，因为一旦计算 F_t，就可以应用它 $N×P×Q$ 次（跨越输出切片的所有单元和批量中的所有图像）。因此，这种转换的性能损失可以忽略不计。类似地，输出转换 $O_t \rightarrow O$ 的性能损失被平摊到输入通道 C 上。

最后，将讨论数组元素依次相乘，即 $O_t = F_t \odot D_t$，这在输出切片的所有单元上被应用了 $P×Q$ 次，并占用了大量计算时间。它由 16 个标量乘法运算组成，允许计算 $2×2$ 的输出块，这导致一个输出单元进行 4 次乘法。将其与直接卷积进行比较，在直接卷积中，必须执行 3 * 3＝9 次标量乘法（每个过滤器元素乘以每个感受野的输入单元）来获得单个输出。因此，Winograd 卷积需要的运算减少了（9/4 = 2.25）。

> 当使用更小的过滤器尺寸（例如 3×3）时，利用 Winograd 卷积有更多的好处。有较大过滤器（例如 11×11）的卷积可以有效地实现快速傅里叶转换（FFT）卷积，这超出了本书的范围。

在下一节中，通过观察 CNN 的内部状态来了解其内部工作机制。

2.1.3 可视化 CNN

对神经网络的批评声之一是其结果无法解释。通常认为神经网络是一个黑盒，它的内部逻辑是隐藏的。这可能是一个严重的问题。一方面，不太可能信任以我们不理解的方式运行的算法，另一方面，如果不知道 CNN 是如何工作的，就很难提高它的准确性。正因为如此，在接下来的章节中，将讨论两种可视化 CNN 内部层的方法，这两种方法都将帮助我们了解它们的学习方式。

导向反向传播

导向反向传播（"Striving for Simplicity：The All Convolutional Net"，https://arxiv.org/abs/1412.6806）使我们能够将 CNN 的某一层的单个单元学习的特征可视化。下图显示了该算法的工作原理。

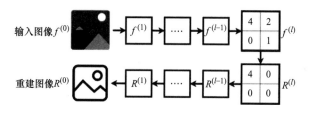

导向反向传播的可视化，灵感来自 https://arxiv.org/abs/1412.6806

下面是逐步执行的步骤：

1）首先，从一个具有 ReLU 激活的常规 CNN（例如 AlexNet、VGG 等）开始。

2）然后，向网络提供一张图像 $f^{(0)}$，并将它前向传播，直到到达感兴趣的图层 l。这可以是任何网络层——隐藏层或输出层、卷积层或全连接层。

3）将该层的输出张量 $f^{(l)}$ 的除一次激活外的所有激活值设为 0。例如，如果对分类网络的输出层感兴趣，选择激活最大的单元（相当于预测的类），并将其值设置为 1。所有其他单元将被设置为 0。这样做可以分离出有问题的单元，看看输入图像的哪个部分对它影响最大。

4）最后，反向传播所选单元的激活值，直到到达输入层和重建图像 $(R)^{(0)}$。反向传递非常类似于常规反向传播（但不相同），也就是说，仍然使用转置卷积作为前向卷积的反向运算。但是，在本例中，感兴趣的是它的图像恢复属性，而不是误差传播。正因为如此，我们不受传播一阶导数（梯度）的要求的限制，并且可以以改善可视化的方式来修改信号。

为了理解反向传递，使用一个 3×3 输入切片和输出切片的卷积示例。假设使用的是一个 1×1 的过滤器，它的单个权重等于 1（重复输入）。下图展示了这个卷积，以及 3 种不同的方式来实现反向传递。

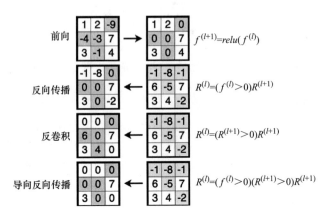

卷积和 3 种不同的图像重建方法，灵感来自 https://arxiv.org/abs/1412.6806

详细讨论 3 种不同的方式来实现反向传递：

- **常规反向传播**：反向信号以输入图像为前提条件，因为它依赖于前向激活（见 1.3.3 节）。网络使用 ReLU 激活函数，所以信号只会通过在前向传播中有正激活的单元。
- **转置卷积网络**：l 层的反向信号只依赖于 $l+1$ 层的反向信号。转置卷积只把 $l+1$ 层的正值传送到 l 层，而不管前向激活是什么。理论上，信号并不以输入图像为前提条件。在本例中，转置卷积尝试根据图像的内部知识和图像类来恢复图像。然而，这并不完全正确——如果网络包含最大池化层，那么转置卷积将为每个池化层存储所谓的 switch。每一个 switch 代表有前向传递的最大激活的单元的映射。这个映射决定了如何通过反向传递来传送信号。
- **导向反向传播**：这是转置卷积和常规反向传播的组合。它只会传送 l 中具有正前向激活和 $l+1$ 层中具有正反向激活的信号。这增加了从较高的层到常规反向传播的额外导向信号。本质上，这一步防止负梯度进行反向传递。其原理是，作为启动单元的抑制器的单元将被阻塞，重建图像将不受它们的影响。导向反向传播执行得非常好，它不需要使用转置卷积网络的 switch，而是将信号传送到每个池化区域中的所有单元。

下面的截图显示了一个重建图像，这是由导向反向传播和 AlexNet 生成的。

梯度加权类激活映射

为了理解梯度加权类激活映射（"Grad-CAM: Visual Explanations from Deep Networks via Gradient-Based Localization"，https://arxiv.org/abs/1610.02391），引用论文

进行说明：

"Grad-CAM 使用任何目标概念的梯度（比如'狗'的数据表示，甚至是'狗'这个字），将知识传递到最后的卷积层来生成粗略的定位图，定位图突出了图像中对于预测概念至关重要的区域。"

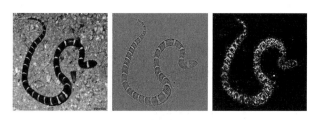

从左到右：原始图像、颜色重建、在 AlexNet 上使用导向反向传播的灰度重建；
这些图像是使用 https://github.com/utkuozbulak/pytorch-cnn-visualizations 生成的

下面是运行 Grad-CAM 算法的截图。

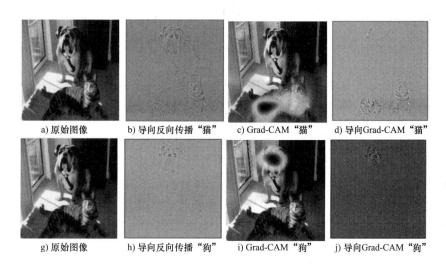

a) 原始图像　　b) 导向反向传播"猫"　　c) Grad-CAM "猫"　　d) 导向Grad-CAM "猫"

g) 原始图像　　h) 导向反向传播"狗"　　i) Grad-CAM "狗"　　j) 导向Grad-CAM "狗"

Grad-CAM 模式。来自 https://arxiv.org/abs/1610.02391

现在讨论它是如何工作的：

1）从分类 CNN 模型（例如 VGG）开始。

2）向 CNN 提供一幅图像，并将其传播到输出层。

3）如同导向反向传播，使用最大激活的输出单元（相当于预测的 c 类），将其设置为 1，并将所有其他输出设置为 0。换句话说，创建预测的一个独热编码向量 y^c。

4）使用反向传播计算 y^c 对于最后一层卷积层的特征图像 A^k 的梯度 $\partial y^c / \partial A_{ij}^k$。$i$ 和 j 为特征图像中的单元坐标。

5）计算标量权重 α_k^c，它度量特征图 k 对预测类 c 的"重要度"：

$$\alpha_k^c = \overbrace{\frac{1}{Z}\sum_i \sum_j}^{\text{全局平均池化}} \underbrace{\frac{\partial y^c}{\partial A_{ij}^k}}_{\text{梯度}}$$

6）计算最后一个卷积层的标量权重与前向激活特征图的加权组合，然后使用 ReLU：

$$L_{\text{Grad-CAM}}^c = \text{ReLU}\underbrace{\left(\sum_k \alpha_k^c A^k\right)}_{\text{线性组合}}$$

注意，将标量重要度权重α_k^c乘以张量特征图A^k，结果是一个与特征图维度相同的热图（本例中 VGG 和 AlexNet 维度为 14×14）。它将突出特征图中对 c 类最重要的区域。ReLU 丢弃了负激活，因为我们只对增加y^c的特征感兴趣。将这个热图上采样回输入图像的大小，然后在上面叠加，如下截图所示：

从左到右：输入图像、上采样热图、热图叠加在输入图像（RGB）上、灰度热图。
图像是使用 https://github.com/utkuozbulak/pytorch-cnn-visualizations 生成的

Grad-CAM 的一个问题是将热图的上采样从 14×14 提高到 224×224，因为它不能为每个类提供重要特征的细粒度视角。为了缓解这一问题，论文的作者提出了一种 Grad-CAM 和导向反向传播的组合方法（在本节开始的 Grad-CAM 模式中展示）。采用上采样的热图，并用元素依次相乘的方式将其与导向反向传播相结合。输入图像包含两个对象：一只狗和一只猫。因此，可以使用这两个类（图中的两行）运行 Grad-CAM。这个示例展示了不同的类如何检测同一图像中的不同相关特征。

下一节讨论如何利用正则化来优化 CNN。

2.1.4　CNN 正则化

正如在第 1 章中所讨论的，神经网络可以近似任何函数。但是，能力越大，责任越大。神经网络可能会学习近似目标函数的噪声，而不是它的有用组件。例如，假设正在训练一个神经网络来对一幅图像是否包含汽车进行分类，但是由于某种原因，训练集中大部分都是红色的汽车。结果可能是神经网络将红色与汽车关联在一起，而不是将汽车的形状与汽车关联。现在，如果网络在推理模式下看到一辆绿色的汽车，它可能不会识别出汽车，因为颜色不匹配。这个问题被称为过拟合，它是机器学习的核心问题（在深度网络中更是如此）。这一节讨论几种防止它的方法。这些技术统称为**正则化**。

在神经网络中，这些正则化技术通常会在训练过程中人为地施加一些限制或阻碍，以防止网络过于接近目标函数。它们试图引导网络学习目标函数的一般近似，而不是具体的近似，希望这种表示能很好地泛化以前未见过的测试数据集示例。你可能已经熟悉这些技巧，所以只对它进行简短介绍：

- **输入特征缩放**：$x = \dfrac{x - x_{\min}}{x_{\max} - x_{\min}}$。这个运算将所有输入缩放至 $[0, 1]$ 范围内。例如，亮度为 125 的像素的缩放值将会是 $\dfrac{125 - 0}{250 - 0} = 0.5$。特征缩放的实现是很快速且简单的。

- **输入标准分数**：$x = \dfrac{x - \mu}{\sigma}$。此处，$\mu$ 和 σ 是所有训练数据的平均值和标准差。它们通常针对每个输入维度分别计算。例如，在 RGB 图像中，计算每个通道的平均值 μ 和 σ。应该注意到 μ 和 σ 必须在训练数据上进行计算，然后应用到测试数据上。或者，如果在整个数据集上计算 μ 和 σ 是不现实的，那么可以为每个样本计算 μ 和 σ。

- **数据增强**：在将训练样本输入网络之前，通过对其进行随机修改（旋转、倾斜、缩放等），人为地增大训练集的大小。

- **L2 正则化**（或权重衰减）：此处，在代价函数中添加一个特殊的正则化项。假设正在使用 MSE（见 1.3.1 节）。MSE ＋ L2 正则化公式如下：

$$J(\theta) = \underbrace{\frac{1}{2n} \sum_{i=1}^{n} (f(\boldsymbol{x}^{(i)}; \theta) - t^{(i)})^2}_{\text{MSE}} + \lambda \overbrace{\frac{1}{2n} \sum_{j=1}^{k} w_j^2}^{L2\,正则化}$$

此处，w_j 是 k 个网络总权重中的一个，而 λ 是权重衰减系数。其基本原理是，如果网络权重 w_j 很大，那么代价函数也会增加。实际上，权重衰减会惩罚较大的权重。这可以防止网络过于依赖与这些权重相关的几个特征。当网络被强制处理多个特征时，过拟合的机会更小。在实践中，当计算权重衰减的代价函数（前面的公式）对每个权重的导数，然后将其传播到权重本身时，权重更新规则会从 $w \to w - \eta \nabla(J(w))$ 变成 $w \to w - \eta(\nabla(J(w) - \lambda w))$。

- **丢弃法**：此处，随机且定期地从网络中移除一些神经元（以及它们的输入和输出连接）。在一个小批量的训练中，每个神经元都有一个随机丢弃的概率 p。这是为了确保没有神经元会过度依赖其他神经元，从而"学习"一些对网络有用的东西。

- **批标准化**（**BN**，"*Batch Normalization: Accelerating Deep Network Training by Reducing Internal Covariate Shift*"，https://arxiv.org/abs/1502.03167）：这是一种对网络的隐藏层应用数据处理的方法，类似于标准分数。它以保持其平均激活值接近 0 和标准差接近 1 的方式规范化每个小批量（由此命名）的隐藏层的输出。$D = \{\boldsymbol{x}_1, \cdots, \boldsymbol{x}_n\}$ 是大小为 n 的小批量。D 的每个样本都是一个向量，即 $\boldsymbol{x}_i$，$x_i^{(k)}$ 是一个向量索引为 k 的单元。为了清晰，省略下面公式中的 (k) 上标，也就是说，写作 x_i，但指的是 $x_i^{(k)}$。可以通过以下方式计算整个小批量中每个激活的 BN，即 k：

1) $\mu_D = \frac{1}{n}\sum_{i=1}^{n} x_i$：这是小批量的平均值。为所有样本的每个位置 k 分别计算 μ。

2) $\sigma_D = \frac{1}{n}\sum_{i=1}^{n} (x_i - \mu_D)^2$：这是小批量的标准差。为所有样本的每个位置 k 分别计算 σ。

3) $\hat{x_i} = \frac{x_i - \mu_D}{\sqrt{\sigma_D^2 + \epsilon}}$：标准化每个样本。（是一个为保持数值稳定性而增加的常数。

4) $y_i = \gamma \hat{x_i} + \beta = BN_{\gamma,\beta}(x_i)$：$\gamma$ 和 β 是可学习的参数，并且在小批量的所有样本的每个位置 k（$\gamma^{(k)}$ 和 $\beta^{(k)}$）上计算它们（也同样应用于 μ 和 σ）。在卷积层中，每个样本 x 是一个具有多个特征图的张量。一方面，为了保持卷积特性，计算了所有样本中每个位置的 μ 和 σ，但是在所有特征图的匹配位置使用相同的 μ 和 σ。另一方面，根据每个特征图计算 γ 和 β，而不是根据每个位置。

本节总结了对 CNN 的结构和内部工作机制的分析。此时，通常会继续进行一些 CNN 编码示例。但在本书中，我们想做一些不同的事情。因此，我们不会实现一个普通的前馈 CNN，这个你以前可能已经做过了。取而代之的是，下一节将介绍迁移学习技术——一种将预先训练好的 CNN 模型用于新任务的方法。但是不要担心，我们仍然会从头开始实现 CNN。我们将在第 3 章做这件事。通过这种方式，能够利用那一章的知识创建一个更复杂的网络架构。

2.2　迁移学习介绍

假设想在某一任务上训练一个模型，这个任务不像 ImageNet 那样有现成的标签训练数据。给训练样本贴上标签可能是昂贵的、耗时的且容易出错的。那么，当一个工程师想要用有限的资源解决一个真正的 ML 问题时，该怎么做呢？进入**迁移学习（TL）**阶段。

TL 是将现有的经过训练的 ML 模型应用于一个新的但相关的问题的过程。例如，可以使用一个在 ImageNet 上训练过的网络，并将其重新用于对杂货店的商品进行分类。或者，可以使用一个驾驶模拟器游戏训练一个神经网络来驾驶一辆模拟的汽车，然后使用这个网络驾驶一辆真实的汽车（但是不要在家里尝试）。TL 是一个通用的 ML 概念，适用于所有 ML 算法，这里讨论 CNN。它如下工作。

从一个现有的预先训练过的网络开始。最常见的场景是从 ImageNet（它可以是任何数据集）获得一个预先训练好的网络。TensorFlow 和 PyTorch 都有可以使用的受欢迎的 ImageNet 预训练神经结构。或者，可以用我们选择的数据集来训练网络。

CNN 末端的全连接层充当网络语言（训练中学习的抽象特征表示）和我们的语言之间的翻译器，我们的语言是每个样本的类。可以将 TL 看作是翻译到另一种语言的过程。从网络的特征开始，它是最后一个卷积层或池化层的输出。然后，将它们翻译为新任务的不同类的集。可以通过删除一个已存在的预训练网络的最后一层全连接层（或所有的全连接层），并用另一层代替它（这一层代表新问题的类）来实现该操作。

看看下页图所示的 TL 场景。

然而，不能机械地做这一点，并期望新的网络能够工作，因为仍然需要用与新任务相关的数据来训练新的层。这里，有两种选择：

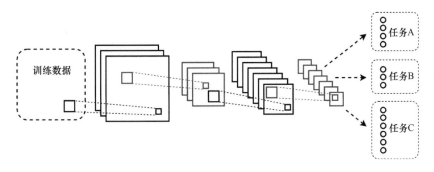

在 TL 中，可以将预先训练好的网络的全连通层替换为一个新的问题

- **使用网络的原始部分作为特征提取器，并且只训练新的层**：在这种情况下，向网络提供一批新数据的训练，并前向传播以查看网络的输出。这部分工作就像常规训练一样。但在反向传递中，锁定了原始网络的权重，并只更新了新的层的权重。当对新问题的训练数据有限时，推荐使用这种方法。通过锁定大部分网络权重，可以防止对新数据的过拟合。
- **微调整个网络**：在这个场景中，将训练整个网络，而不仅仅训练最后新添加的层。更新所有网络权重是可能的，但也可以在第一层锁定一些权重。这里的想法是，初始层检测与特定任务无关的一般特征，因此重用它们是有意义的。另外，更深的层可能会检测到特定任务的特征，所以最好更新它们。当有更多的训练数据时，可以使用这种方法，而不需要担心过拟合。

2.2.1　使用 PyTorch 实现迁移学习

现在知道了 TL 是什么，看看它在实践中是否有效。本节使用 **PyTorch 1.3.1** 和 torchvision 0.4.2 包在 CIFAR - 10 图像上应用高级 ImageNet 预训练网络。我们将使用这两种类型的 TL。最好在 GPU 上运行本节例子。

 本示例部分基于 https://github. com/pytorch/tutorials/blob/master/beginner
_source/transfer_learning_tutorial. py。

让我们开始吧。

1）进行以下导入：

```
import torch
import torch.nn as nn
import torch.optim as optim
import torchvision
from torchvision import models, transforms
```

2）为了方便，定义 batch_size：

```
batch_size = 50
```

3）定义训练数据集。我们必须考虑几件事：

- CIFAR‑10 图像为 32×32，ImageNet 网络期望 224×224 的输入。由于使用 ImageNet-based 网络，因此将 32×32 的 CIFAR 图像上采样到 224×224。
- 使用 ImageNet 平均值和标准差来标准化 CIFAR‑10 数据，因为这是网络所期望的。
- 还将以随机水平或垂直翻转的形式增加一些数据：

```
# training data
train_data_transform = transforms.Compose([
    transforms.Resize(224),
    transforms.RandomHorizontalFlip(),
    transforms.RandomVerticalFlip(),
    transforms.ToTensor(),
    transforms.Normalize((0.4914, 0.4821, 0.4465), (0.2470,
    0.2435, 0.2616))
])

train_set = torchvision.datasets.CIFAR10(root='./data',
                            train=True, download=True,
                            transform=train_data_transform)

train_loader = torch.utils.data.DataLoader(train_set,
                            batch_size=batch_size,
                            shuffle=True, num_workers=2)
```

4）对验证/测试数据执行相同的步骤，但是这次没有增加数据：

```
val_data_transform = transforms.Compose([
    transforms.Resize(224),
    transforms.ToTensor(),
    transforms.Normalize((0.4914, 0.4821, 0.4465), (0.2470, 0.2435,
    0.2616))
])

val_set = torchvision.datasets.CIFAR10(root='./data',
                            train=False, download=True,
                            transform=val_data_transform)

val_order = torch.utils.data.DataLoader(val_set,
                            batch_size=batch_size,
                            shuffle=False, num_workers=2)
```

5）选择 device，最好是在 CPU 上有一个备用的 GPU：

```
device = torch.device("cuda:0" if torch.cuda.is_available() else
"cpu")
```

6）定义模型的训练。与 TensorFlow 不同，在 PyTorch 中，必须手动遍历训练数据。该方法在整个训练集（1 个 epoch）上迭代一次，并在每次前向传递之后应用优化器：

```
def train_model(model, loss_function, optimizer, data_loader):
    # set model to training mode
    model.train()

    current_loss = 0.0
    current_acc = 0

    # iterate over the training data
    for i, (inputs, labels) in enumerate(data_loader):
        # send the input/labels to the GPU
        inputs = inputs.to(device)
        labels = labels.to(device)

        # zero the parameter gradients
        optimizer.zero_grad()

        with torch.set_grad_enabled(True):
            # forward
            outputs = model(inputs)
            _, predictions = torch.max(outputs, 1)
            loss = loss_function(outputs, labels)

            # backward
            loss.backward()
            optimizer.step()

        # statistics
        current_loss += loss.item() * inputs.size(0)
        current_acc += torch.sum(predictions == labels.data)

total_loss = current_loss / len(data_loader.dataset)
total_acc = current_acc.double() / len(data_loader.dataset)

print('Train Loss: {:.4f}; Accuracy: {:.4f}'.format(total_loss,
total_acc))
```

7）定义模型的测试/验证。这与训练阶段非常相似，但将跳过反向传播部分：

```
 def test_model(model, loss_function, data_loader):
    # set model in evaluation mode
    model.eval()

    current_loss = 0.0
    current_acc = 0
```

```
# iterate over  the validation data
for i, (inputs, labels) in enumerate(data_loader):
    # send the input/labels to the GPU
    inputs = inputs.to(device)
    labels = labels.to(device)

    # forward
    with torch.set_grad_enabled(False):
        outputs = model(inputs)
        _, predictions = torch.max(outputs, 1)
        loss = loss_function(outputs, labels)

    # statistics
    current_loss += loss.item() * inputs.size(0)
    current_acc += torch.sum(predictions == labels.data)

total_loss = current_loss / len(data_loader.dataset)
total_acc = current_acc.double() / len(data_loader.dataset)

print('Test Loss: {:.4f}; Accuracy: {:.4f}'.format(total_loss,
total_acc))

return total_loss, total_acc
```

8) 定义第一个 TL 场景，使用预先训练好的网络作为特征提取器：

- 使用一个叫作 ResNet‒18 的流行网络。在第 3 章详细讨论这个问题。PyTorch 会自动下载预训练的权重。
- 用 10 个输出（每个 CIFAR‒10 类有 1 个输出）的新层替换上一个网络层。
- 从反向传递中排除现有网络层，只将新添加的全连接层传递给 Adam 优化器。
- 进行 epochs 训练，评估每个 epoch 后的网络准确率。
- 在 plot_accuracy 函数的帮助下绘制测试准确率。它的定义很简单，你可以在本书的代码库中找到它。

下面是 tl_feature_extractor 函数，它实现了所有上述功能：

```
def tl_feature_extractor(epochs=5):
    # load the pretrained model
    model = torchvision.models.resnet18(pretrained=True)

    # exclude existing parameters from backward pass
    # for performance
    for param in model.parameters():
        param.requires_grad = False

    # newly constructed layers have requires_grad=True by default
    num_features = model.fc.in_features
    model.fc = nn.Linear(num_features, 10)
```

```
# transfer to GPU (if available)
model = model.to(device)

loss_function = nn.CrossEntropyLoss()

# only parameters of the final layer are being optimized
optimizer = optim.Adam(model.fc.parameters())

# train
test_acc = list()  # collect accuracy for plotting
for epoch in range(epochs):
    print('Epoch {}/{}'.format(epoch + 1, epochs))

    train_model(model, loss_function, optimizer, train_loader)
    _, acc = test_model(model, loss_function, val_order)
    test_acc.append(acc)

plot_accuracy(test_acc)
```

9）实现微调方法（tl_fine_tuning）。这个函数类似于 tl_feature_extractor，但是在这里，训练的是整个网络：

```
def tl_fine_tuning(epochs=5):
    # load the pretrained model
    model = models.resnet18(pretrained=True)

    # replace the last layer
    num_features = model.fc.in_features
    model.fc = nn.Linear(num_features, 10)

    # transfer the model to the GPU
    model = model.to(device)

    # loss function
    loss_function = nn.CrossEntropyLoss()

    # We'll optimize all parameters
    optimizer = optim.Adam(model.parameters())

    # train
    test_acc = list()  # collect accuracy for plotting
    for epoch in range(epochs):
        print('Epoch {}/{}'.format(epoch + 1, epochs))

        train_model(model, loss_function, optimizer, train_loader)
        _, acc = test_model(model, loss_function, val_order)
        test_acc.append(acc)

    plot_accuracy(test_acc)
```

10）最后，可以通过以下两种方式来运行整个程序：

- 调用 `tl_fine_tuning()` 来使用 5 个 epoch 的微调 TL 方法。
- 调用 `tl_feature_extractor()` 来使用特征提取方法对网络进行 5 个 epoch 的训练。

下图是两种情况下 5 个 epoch 后网络的准确率。

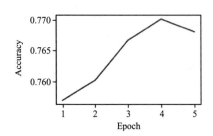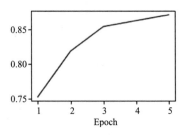

左：特征提取 TL 准确率；右：微调 TL 准确率

由于所选择的 ResNet 18 预训练模型尺寸较大，网络在特征提取场景中开始过拟合。

2.2.2 使用 TensorFlow 2.0 实现迁移学习

本节将再次实现两个迁移学习场景，但这次使用 **TensorFlow 2.0.0 (TF)**。这样，就可以比较这两个库。代替 ResNet 18，将使用 ResNet50V2 架构（更多的介绍见第 3 章）。除了 TF 之外，以下示例还需要 TF Datasets 1.3.0 包（https://www.tensorflow.org/datasets），它是各种流行的 ML 数据集的集合。

 本示例部分基于 https://github.com/tensorflow/docs/blob/master/site/en/tutorials/images/transfer_learning.ipynb。

让我们开始吧。

1）和往常一样，首先需要做导入：

```
import matplotlib.pyplot as plt
import tensorflow as tf
import tensorflow_datasets as tfds
```

2）定义小批量和输入图像的大小（图像大小由网络架构决定）：

```
IMG_SIZE = 224
BATCH_SIZE = 50
```

3）借助 TF 数据集加载 CIFAR-10 数据集。`repeat()` 方法允许在多个 epoch 中重用数据集：

```
data, metadata = tfds.load('cifar10', with_info=True,
as_supervised=True)
raw_train, raw_test = data['train'].repeat(), data['test'].repeat()
```

4）定义 `train_format_sample` 和 `test_format_sample` 函数，它们将把输入图像转换为合适的 CNN 输入。这些函数扮演与 `transforms` 相同的角色。运行 Compose 对

象，这是在2.2.1节中定义的。输入的转换如下：

- 将图像大小调整为 96×96，即期望的网络输入大小。
- 每个图像通过转换其值来标准化，使它位于（−1；1）间隔中。
- 标签被转换为独热编码。
- 对训练图像进行水平和垂直随机翻转。

看看实际的实现：

```
def train_format_sample(image, label):
    """Transform data for training"""
    image = tf.cast(image, tf.float32)
    image = tf.image.resize(image, (IMG_SIZE, IMG_SIZE))
    image = (image / 127.5) - 1
    image = tf.image.random_flip_left_right(image)
    image = tf.image.random_flip_up_down(image)

    label = tf.one_hot(label,
metadata.features['label'].num_classes)

    return image, label


def test_format_sample(image, label):
    """Transform data for testing"""
    image = tf.cast(image, tf.float32)
    image = tf.image.resize(image, (IMG_SIZE, IMG_SIZE))
    image = (image / 127.5) - 1

    label = tf.one_hot(label,
    metadata.features['label'].num_classes)

    return image, label
```

5）接下来是一些样板代码，将这些转换器分配到训练/测试数据集，并将其分割成小批量：

```
# assign transformers to raw data
train_data = raw_train.map(train_format_sample)
test_data = raw_test.map(test_format_sample)

# extract batches from the training set
train_batches = train_data.shuffle(1000).batch(BATCH_SIZE)
test_batches = test_data.batch(BATCH_SIZE)
```

6）定义特征提取模型：

- 使用 Keras 作为预训练的网络和模型定义，因为它是 TF 2.0 不可分割的一部分。
- 加载预训练的 ResNet50V2 网络，不包括最终的全连接层。
- 然后，调用 base_model.trainable= False，冻结所有网络权重，阻止它们进行训练。

- 最后，添加一个 GlobalAveragePooling2D 操作，然后在网络的末端添加一个新的可训练的全连接层。

下面的代码实现了这一点：

```
def build_fe_model():
    # create the pretrained part of the network, excluding FC
    layers
    base_model =
tf.keras.applications.ResNet50V2(input_shape=(IMG_SIZE,
    IMG_SIZE, 3), include_top=False, weights='imagenet')

    # exclude all model layers from training
    base_model.trainable = False

    # create new model as a combination of the pretrained net
    # and one fully connected layer at the top
    return tf.keras.Sequential([
        base_model,
        tf.keras.layers.GlobalAveragePooling2D(),
        tf.keras.layers.Dense(
            metadata.features['label'].num_classes,
            activation='softmax')
    ])
```

7）定义微调模型。它与特征提取的唯一区别是，只冻结了一些底层的预先训练过的网络层（而不是全部）。下面是它的实现：

```
def build_ft_model():
    # create the pretrained part of the network, excluding FC
    layers
    base_model =
tf.keras.applications.ResNet50V2(input_shape=(IMG_SIZE,
    IMG_SIZE, 3), include_top=False, weights='imagenet')

    # Fine tune from this layer onwards
    fine_tune_at = 100

    # Freeze all the layers before the `fine_tune_at` layer
    for layer in base_model.layers[:fine_tune_at]:
        layer.trainable = False

    # create new model as a combination of the pretrained net
    # and one fully connected layer at the top
    return tf.keras.Sequential([
        base_model,
        tf.keras.layers.GlobalAveragePooling2D(),
        tf.keras.layers.Dense(
            metadata.features['label'].num_classes,
            activation='softmax')
    ])
```

8）最后，实现 train_model 函数，它训练并评估 build_fe_model 或 build_ft_ model 函数创建的模型：

```
def train_model(model, epochs=5):
    # configure the model for training
    model.compile(optimizer=tf.keras.optimizers.Adam(lr=0.0001),
                  loss='categorical_crossentropy',
                  metrics=['accuracy'])

    # train the model
    history = model.fit(train_batches,
                        epochs=epochs,
steps_per_epoch=metadata.splits['train'].num_examples //
BATCH_SIZE,
                        validation_data=test_batches,
validation_steps=metadata.splits['test'].num_examples //
BATCH_SIZE,
                        workers=4)

    # plot accuracy
    test_acc = history.history['val_accuracy']

    plt.figure()
    plt.plot(test_acc)
    plt.xticks(
        [i for i in range(0, len(test_acc))],
        [i + 1 for i in range(0, len(test_acc))])
    plt.ylabel('Accuracy')
    plt.xlabel('Epoch')
    plt.show()
```

9）使用以下代码运行特征提取或微调 TL：

- train_model(build_ft_model())

- train_model(build_fe_model())

如果机器有 GPU，TF 会自动使用它，否则，它将使用 CPU。下图显示了 2 种情况下 5 个 epoch 后网络的准确率。

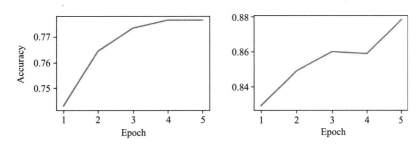

左：特征提取 TL；右：微调 TL

2.3   总结

本章首先快速回顾了 CNN，并讨论了转置卷积、深度可分离卷积和空洞卷积。接下来，讨论了通过将卷积表示为矩阵乘法或使用 Winograd 卷积算法来提高 CNN 的性能。然后，专注于利用导向反向传播和 Grad-CAM 对 CNN 进行可视化。接下来，讨论了最流行的正则化技术。最后，我们学习了迁移学习，并同时使用 PyTorch 和 TF 实现了相同的 TL 任务，以比较这两个库。

下一章将讨论一些流行的高级 CNN 架构。

第 3 章

高级卷积网络

在第 2 章中，讨论了卷积神经网络（CNN）的组成部分及其性质。本章将进一步讨论一些流行的 CNN 架构。这些网络通常将多个原始卷积和/或池化操作组合在一个新的构件中，作为一个复杂架构的基础。这使我们能够构建具有高代表性的深度（有时是宽度的）网络，这些网络能够很好地完成复杂的任务，如 ImageNet 分类、图像分割、语音识别等。这些模型中有许多是作为 ImageNet 挑战的参与者首次发布的，它们通常都取得了较好的效果。为了简化任务，讨论图像分类上下文中的所有架构。我们仍将讨论更复杂的任务，但这会在第 4 章进行。

3.1 AlexNet 介绍

讨论的第一个模型是 2012 年 **ImageNet 大规模视觉识别挑战赛**（**ILSVRC**，或简称为 ImageNet 挑战赛）的获胜者。它的昵称是 AlexNet（"ImageNet Classification with Deep Convolutional Neural Networks"，https://papers. nips. cc/paper/4824-imagenet-classifi- cation-with-deep-convolutional-neural-networks. pdf），它以该论文的作者之一 Alex Krizhevsky 的名字命名。虽然现在很少使用这种模型，但它是当代深度学习的一个重要里程碑。

它的网络架构如下图所示。

该模型有 5 个互相关的卷积层、3 个重叠的最大池化层、3 个全连接层和 ReLU 激活。输出是 1000 路的 softmax（每个 ImageNet 类有一个）。第一和第二卷积层使用局部响应标准化——一种标准化，有点类似于批标准化（BN）。全连接层有 0.5 的丢弃率。为了防止过拟合，从 256×256 的输入图像中随机选取 227×227 个裁剪来训练网络。网络测试集 top-1 和 top-5 的错误率分别为 37.5% 和 17.0%。

下一节讨论由牛津大学视觉几何组在 2014 年引入的神经网络架构，当时它在 ImageNet 挑战赛中获得亚军。

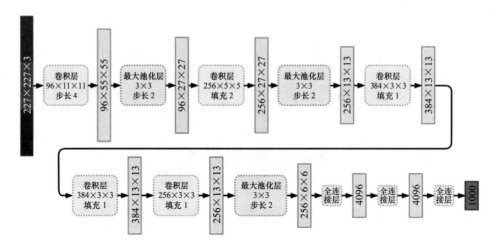

AlexNet 架构。最初的模型被一分为二，所以它可以容纳 2 个 GPU 的内存

3.2　VGG 介绍

接下来讨论的架构是**视觉几何组（Visual Geometry Group，VGG）**（来自牛津的 Visual Geometry Group，"Very Deep Convolutional Networks for Large-Scale Image Recognition"，https://arxiv.org/abs/1409.1556）。VGG 网络家族现今仍然很流行，经常被用作比较新架构的基准。在 VGG 之前（例如 LeNet‐5：http://yann.lecun.com/exdb/lenet/ 和 AlexNet），网络的初始卷积层使用感受野较大的过滤器，如 11×11。此外，网络通常有交替的单卷积层和池化层。论文的作者观察到，一个具有大过滤器大小的卷积层可以被两个或更多带有较小过滤器的卷积层（分解卷积）的堆叠所取代。例如，可以将一个 5×5 的层替换为两个 3×3 的层的堆叠，或将一个 7×7 的层替换为三个 3×3 的层的堆叠。

这种结构有以下几个优点：

- 最后一个堆叠层的神经元具有与带有大过滤器的单层相同的感受野大小。
- 与具有大过滤器大小的单层相比，堆叠层的权重数和运算次数更小。假设用两个 3×3 的层替换一个 5×5 的层，并假设所有的层都有相同数量的输入和输出通道（切片），M。5×5 层的总权重数（不含偏差）为 $5 * 5 * M * M = 25 * M^2$。单个 3×3 层的总权重数为 $3 * 3 * M * M = 9 * M^2$，两层的总权重数为 $2 * (3 * 3 * M * M) = 18 * M^2$，这让效率提高 28%（18/25 = 0.72）。过滤器越大，效率会越高。
- 堆叠多层使得决策函数更具鉴别性。

VGG 网络是由两个、三个或四个层叠的卷积层，并结合一个最大池化层组成的多个块构成的。下表中可以看到两个最流行的变体 **VGG16** 和 **VGG19**。

随着 VGG 网络的深度增加，卷积层中的宽度（过滤器的数量）也在增加。有多对 volume 深度为 128/256/512 的跨通道卷积，它们与相同深度的其他层相连。此外，还有两个 4096 单元的全连接层，一个 1000 单元的全连接层和一个 softmax（每个 ImageNet 类有一个）。因此，VGG 网络有大量的参数（权重），这使得它们的内存效率低，计算成本高。尽管如此，这仍然是一种流行而简单的网络架构，通过添加批标准化，该架构得到了进一步的改进。

VGG16	VGG19
conv 3×3, 64	conv 3×3, 64
conv 3×3, 64	conv 3×3, 64
max pool	
conv 3×3, 128	conv 3×3, 128
conv 3×3, 128	conv 3×3, 128
max pool	
conv 3×3, 256	conv 3×3, 256
conv 3×3, 256	conv 3×3, 256
conv 3×3, 256	conv 3×3, 256
	conv 3×3, 256
max pool	
conv 3×3, 512	conv 3×3, 512
conv 3×3, 512	conv 3×3, 512
conv 3×3, 512	conv 3×3, 512
	conv 3×3, 512
max pool	
conv 3×3, 512	conv 3×3, 512
conv 3×3, 512	conv 3×3, 512
conv 3×3, 512	conv 3×3, 512
	conv 3×3, 512
max pool	
fc–4096	
fc–4096	
fc–1000	
softmax	

VGG16 和 VGG19 网络的架构，以每个网络的权重层数命名

下一节使用 VGG 作为示例，说明如何使用 TensorFlow 和 PyTorch 加载预先训练好的网络模型。

使用 PyTorch 和 TensorFlow 的 VGG

PyTorch 和 TensorFlow 都有预先训练过的 VGG 模型。接下来讨论如何使用它们。Keras 是 TensorFlow 2 的正式组成部分，因此，使用其加载模型：

```
import tensorflow as tf

# VGG16
vgg16 = tf.keras.applications.vgg16.VGG16(include_top=True,
                                          weights='imagenet',
                                          input_tensor=None,
                                          input_shape=None,
                                          pooling=None,
                                          classes=1000)

# VGG19
vgg19 = tf.keras.applications.vgg19.VGG19(include_top=True,
                                          weights='imagenet',
                                          input_tensor=None,
                                          input_shape=None,
                                          pooling=None,
                                          classes=1000)
```

通过设置 weights='imagenet' 参数,网络将加载预先训练好的 ImageNet 权重(它们将自动下载)。可以将 include_top 设置为 False,这将排除迁移学习场景的全连接层。在本例中,还可以通过将元组值设置为 input_shape (卷积层将自动放缩以匹配所需的输入形状) 来使用任意的输入大小。这是可能的,因为卷积过滤器是沿着整个特征图共享的。因此,可以对不同大小的特征图使用相同的过滤器。

继续讨论使用 PyTorch 的情况,这时可以选择是否使用预训练模型 (它也是自动下载的):

```
import torchvision.models as models
model = models.vgg16(pretrained=True)
```

可以使用我们描述的过程,尝试其他预训练模型。为了避免重复,不再在本节中提供其他架构的相同代码示例。

下一节讨论最流行的 CNN 架构之一,它是在 VGG 之后发布的。

3.3 理解残差网络

残差网络 (ResNet,"Deep Residual Learning for Image Recognition",https://arxiv.org/abs/1512.03385) 是在 2015 年发布的,当时它们赢得了那年 ImageNet 挑战赛的所有五个类别。在第 1 章中,提到神经网络的层不受顺序的限制,而是形成一个图。这是我们要学习的第一个架构,它利用了这种灵活性。这也是第一个成功训练了深度超过 100 层的网络架构。

由于更好的权重初始化、新的激活函数以及标准化层,现在可以训练深度网络。但是,论文作者进行了一些实验,观察到一个 56 层的网络比一个 20 层的网络有更多的训练和测试错误,他们认为情况不应该如此。理论上,可以采用一个浅层网络,并在其之上堆叠恒等层 (这些恒等层的输出只是在重复输入),从而产生一个与浅层网络完全相同的深层网络。然而,他们的实验的性能还不能匹配浅层网络的性能。

为了解决这个问题，他们提出了一种残差块构成的网络。残差块由两个或三个顺序卷积层和一个单独的并行恒等、（中继器）快捷连接组成，连接第一层的输入和最后一层的输出。在下面的截图中可以看到三种类型的残差块。

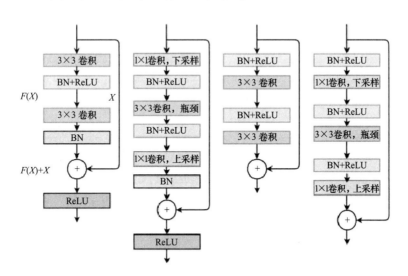

从左到右：原始残差块、原始瓶颈残差块、预激活残差块、预激活瓶颈残差块

每个块有两条并行路径。左边的路径与其他网络相似，由顺序卷积层+批标准化组成。右边的路径包含恒等快捷连接（也称为跳跃连接）。这两条路径通过元素依次求和进行合并。也就是说，左右张量具有相同的形状，第一个张量的一个元素被加到第二个张量中相同位置的元素上。输出是一个与输入形状相同的张量。实际上，前向传播块学习的特征，同时也传播原始的未修改的信号。这样，可以更接近作者所描述的原始场景。由于有了跳跃连接，网络可以决定跳过一些卷积层，这实际上减少了它自己的深度。残差块使用这样的方式填充，使块的输入和输出具有相同的尺寸。多亏了这一点，可以为任意深度的网络堆叠任意数量的块。

现在，看看图中的块有什么不同：

- 第一个块包含两个 3×3 的卷积层。这是原始的残差块，但如果层很宽，堆叠多个块会使计算代价昂贵。
- 第二个块与第一个块等价，但它使用了瓶颈层。首先，使用一个 1×1 卷积来向下采样输入 volume 的深度（见第 2 章）。然后，对被减少的输入应用一个 3×3（瓶颈）卷积。最后，用另一个 1×1 的卷积将输出扩展到所需的深度。这一层的计算开销比第一层少。
- 第三个块是由同一作者于 2016 年发布的最新版本（"Identity Mappings in Deep Residual Networks"，https://arxiv.org/abs/1603.05027）。它使用预激活，其中批标准化和激活函数位于卷积层之前。乍一看，这可能有些奇怪，但是由于这种设计，跳跃连接路径可以在整个网络中不间断地运行。这与其他残差块相反，其中至少有一个激活函数位于跳跃连接的路径上。堆叠的残差块的组合仍然具有顺序正确的层。

- 第四个块是第三个块的瓶颈版本。其原理与瓶颈残差层 v1 相同。

在下表中，可以看到论文作者提出的网络家族。

输出大小	18层	34层	50层	101层	152层
112×112	7×7卷积层，步长2				
56×56	3×3最大池化层，步长2				
56×56	3×3,64 3×3,64 ×2	3×3,64 3×3,64 ×3	1×1,64 3×3,64 1×1,256 ×3	1×1,64 3×3,64 1×1,256 ×3	1×1,64 3×3,64 1×1,256 ×3
28×28	3×3,128 3×3,128 ×2	3×3,128 3×3,128 ×4	1×1,128 3×3,128 1×1,512 ×4	1×1,128 3×3,128 1×1,512 ×4	1×1,128 3×3,128 1×1,512 ×8
14×14	3×3,256 3×3,256 ×2	3×3,256 3×3,256 ×6	1×1,256 3×3,256 1×1,1024 ×6	1×1,256 3×3,256 1×1,1024 ×23	1×1,256 3×3,256 1×1,1024 ×36
7×7	3×3,512 3×3,512 ×2	3×3,512 3×3,512 ×3	1×1,512 3×3,512 1×1,2048 ×3	1×1,512 3×3,512 1×1,2048 ×3	1×1,512 3×3,512 1×1,2048 ×3
1×1	平均池化层，1000采样全连接, softmax				

最流行的残差网络家族。残差块用圆角矩形表示

它们的一些特性如下：

- 它们从一个步长为 2 的 7×7 卷积层开始，然后是 3×3 最大池化层。这一层也作为一个向下采样的步骤——与输入的 224×224 相比，网络的其余部分开始于一个更小的 56×56 的切片。
- 网络其余部分的下采样采用改进的步长为 2 的残差块实现。
- 平均池化下采样在所有残差块之后，1000 单元全连接 softmax 层之前输出。

ResNet 家族网络会流行，不仅因为它们的准确率，还因为它们相对简单和残差块的通用性。如前所述，由于填充，残差块的输入和输出形状可以是相同的。可以将残差块按不同的配置堆叠起来，以解决训练集大小和输入维数范围广泛的各种问题。由于这种普遍性，我们将在下一节中实现 ResNet 的一个示例。

实现残差块

本节使用 PyTorch 1.3.1 和 torchvision 0.4.2 实现一个预激活 ResNet 来对 CIFAR-10 图像进行分类。让我们开始吧。

1) 和往常一样，从导入开始。注意，使用简短的 F 表示 PyTorch 的功能模块 (https://pytorch.org/docs/stable/nn.html#torch-nn-functional)：

```
import matplotlib.pyplot as plt
import torch
import torch.nn as nn
import torch.nn.functional as F
import torch.optim as optim
import torchvision
from torchvision import transforms
```

2）定义预激活常规（非瓶颈）残差块。将其实现为 nn.Module——所有神经网络模块的基类。从类定义和 __init__ 方法开始：

```
class PreActivationBlock(nn.Module):
    expansion = 1
    def __init__(self, in_slices, slices, stride=1):
        super(PreActivationBlock, self).__init__()

        self.bn_1 = nn.BatchNorm2d(in_slices)
                                out_channels=slices,kernel_size=3,
                                stride=stride, padding=1,
                                bias=False)

        self.bn_2 = nn.BatchNorm2d(slices)
        self.conv_2 = nn.Conv2d(in_channels=slices,
                                out_channels=slices,kernel_size=3,
                                stride=1, padding=1,
                                bias=False)

        # if the input/output dimensions differ use convolution for
        the shortcut
        if stride != 1 or in_slices != self.expansion * slices:
            self.shortcut = nn.Sequential(
                nn.Conv2d(in_channels=in_slices,
                        out_channels=self.expansion * slices,
                        kernel_size=1,
                        stride=stride,
                        bias=False)
            )
```

在 __init__ 方法中，只定义可学习的块组件——包括卷积和批标准化操作。另外，请注意实现 shortcut 连接的方式。如果输入维数和输出维数相同，可以直接使用输入张量实现快捷连接。但是，如果维度不同，必须在与主路径相同的步长和输出通道下，用 1×1 卷积来转换输入。维度可能因高度/宽度（stride ! = 1）或深度（in_slices ! = self.expansion * slices）而不同。self.expansion 是一个超参数，它包含在原始 ResNet 实现中。它允许扩展残差块的输出深度。

3）实际的数据传播是通过 forward 方法实现的（请注意缩进，因为它是 PreActivationBlock 的成员）：

```
def forward(self, x):
    out = F.relu(self.bn_1(x))

    # reuse bn+relu in downsampling layers
    shortcut = self.shortcut(out) if hasattr(self, 'shortcut')
    else x

    out = self.conv_1(out)

    out = F.relu(self.bn_2(out))
    out = self.conv_2(out)

    out += shortcut

    return out
```

使用函数 F.relu 表示激活函数，因为它没有可学习的参数。然后，如果跳跃连接是一个卷积而不是恒等连接（也就是说，块的输入/输出维数不同），将重用 F.relu (self.bn_1(x)) 为快捷连接添加非线性和批标准化。否则，我们只是重复输入。

4）实现残差块的瓶颈版本。使用与非瓶颈实现相同的模板。从类定义和 __init__ 方法开始：

```
class PreActivationBottleneckBlock(nn.Module):
    expansion = 4
    def __init__(self, in_slices, slices, stride=1):
        super(PreActivationBottleneckBlock, self).__init__()

        self.bn_1 = nn.BatchNorm2d(in_slices)
        self.conv_1 = nn.Conv2d(in_channels=in_slices,
                                out_channels=slices, kernel_size=1,
                                bias=False)

        self.bn_2 = nn.BatchNorm2d(slices)
        self.conv_2 = nn.Conv2d(in_channels=slices,
                                out_channels=slices, kernel_size=3,
                                stride=stride, padding=1,
                                bias=False)

        self.bn_3 = nn.BatchNorm2d(slices)
        self.conv_3 = nn.Conv2d(in_channels=slices,
                                out_channels=self.expansion *
                                slices,
                                kernel_size=1,
                                bias=False)

        # if the input/output dimensions differ use convolution for
the shortcut
        if stride != 1 or in_slices != self.expansion * slices:
            self.shortcut = nn.Sequential(
                nn.Conv2d(in_channels=in_slices,
                          out_channels=self.expansion * slices,
                          kernel_size=1, stride=stride,
                          bias=False)
            )
```

expansion 参数在原始实现之后为 4。self.conv_1 卷积运算表示 1×1 下采样瓶颈连接，self.conv_2 是真实的卷积，self.conv_3 是上采样 1×1 卷积。快捷机制遵循与 PreActivationBlock 中相同的逻辑。

5）实现 PreActivationBottleneckBlock.forward 方法。同样，它遵循与 Pre-ActivationBlock 相同的逻辑：

```
def forward(self, x):
    out = F.relu(self.bn_1(x))

    #  reuse bn+relu in downsampling layers
    shortcut = self.shortcut(out) if hasattr(self, 'shortcut')
    else x

    out = self.conv_1(out)

    out = F.relu(self.bn_2(out))

    out = self.conv_2(out)

    out = F.relu(self.bn_3(out))
    out = self.conv_3(out)

    out += shortcut

    return out
```

6）实现残差网络本身。从类定义（它继承了 nn. Module）和 __init__ 方法开始：

```
class PreActivationResNet(nn.Module):
    def __init__(self, block, num_blocks, num_classes=10):
        """
        :param block: type of residual block (regular or
        bottleneck)
        :param num_blocks: a list with 4 integer values.
            Each value reflects the number of residual blocks in
            the group
        :param num_classes: number of output classes
        """

        super(PreActivationResNet, self).__init__()

        self.in_slices = 64

        self.conv_1 = nn.Conv2d(in_channels=3, out_channels=64,
                                kernel_size=3, stride=1, padding=1,
                                bias=False)

        self.layer_1 = self._make_group(block, 64, num_blocks[0],
        stride=1)
        self.layer_2 = self._make_group(block, 128, num_blocks[1],
        stride=2)
```

```
self.layer_3 = self._make_group(block, 256, num_blocks[2],
    stride=2)
self.layer_4 = self._make_group(block, 512, num_blocks[3],
    stride=2)
self.linear = nn.Linear(512 * block.expansion, num_classes)
```

网络中包含四组残差块，就像最初的实现一样。每组的块数由 `num_blocks` 参数指定。最初的卷积使用的是步长为 1 的 3×3 过滤器，而不是原来的步长为 2 的 7×7 过滤器。这是因为 32×32 的 CIFAR-10 图像远小于 224×224 的 ImageNet 图像，没有必要进行下采样。

7）实现 `PreActivationResNet._make_group` 方法，该方法创建一个残差块组。组中的所有块的步长都为 1，除了第一个块，其中 `stride` 作为参数提供：

```
def _make_group(self, block, slices, num_blocks, stride):
    """Create one residual group"""

    strides = [stride] + [1] * (num_blocks - 1)
    layers = []
    for stride in strides:
        layers.append(block(self.in_slices, slices, stride))
        self.in_slices = slices * block.expansion

    return nn.Sequential(*layers)
```

8）实现 `PreActivationResNet.forward` 方法，通过网络传播数据。可以看到在全连接的最后一层之前的下行采样平均池化：

```
def forward(self, x):
    out = self.conv_1(x)
    out = self.layer_1(out)
    out = self.layer_2(out)
    out = self.layer_3(out)
    out = self.layer_4(out)
    out = F.avg_pool2d(out, 4)
    out = out.view(out.size(0), -1)
    out = self.linear(out)

    return out
```

9）一旦完成网络，可以实现几种 ResNet 配置。以下为 ResNet34，它具有 34 个卷积层，分组在 [3,4,6,3] 的非瓶颈残差块中：

```
def PreActivationResNet34():
    return PreActivationResNet(block=PreActivationBlock,
                               num_blocks=[3, 4, 6, 3])
```

10）最后，可以训练网络。从定义训练和测试数据集开始。我们不会详细讨论实现的细节，因为已经在第 2 章中看到了一个类似的场景。用 4 个像素填充样本来增加训练集，然后从中随机取出 32×32 的裁剪。具体实现如下：

```
# training data transformation
transform_train = transforms.Compose([
    transforms.RandomCrop(32, padding=4),
    transforms.RandomHorizontalFlip(),
    transforms.ToTensor(),
    transforms.Normalize((0.4914, 0.4821, 0.4465), (0.2470, 0.2435,
    0.2616))
])

# training data loader
train_set = torchvision.datasets.CIFAR10(root='./data', train=True,
                                          download=True,
                                          transform=transform_train)

train_loader = torch.utils.data.DataLoader(dataset=train_set,
                                           batch_size=100,
                                           shuffle=True,
                                           num_workers=2)

# test data transformation
transform_test = transforms.Compose([
    transforms.ToTensor(),
    transforms.Normalize((0.4914, 0.4821, 0.4465), (0.2470, 0.2435,
    0.2616))
])

# test data loader
testset = torchvision.datasets.CIFAR10(root='./data', train=False,
                                       download=True,
                                       transform=transform_test)

test_loader = torch.utils.data.DataLoader(dataset=testset,
                                          batch_size=100,
                                          shuffle=False,
                                          num_workers=2)
```

11）然后，实例化网络模型和训练参数——交叉熵损失和 Adam 优化器：

```
# load the pretrained model
model = PreActivationResNet34()

# select gpu 0, if available
# otherwise fallback to cpu
device = torch.device("cuda:0" if torch.cuda.is_available() else
"cpu")

# transfer the model to the GPU
model = model.to(device)

# loss function
loss_function = nn.CrossEntropyLoss()

# We'll optimize all parameters
optimizer = optim.Adam(model.parameters())
```

12）可以为 EPOCHS 个 epoch 训练网络。train_model、test_model 和 plot_ac-curacy 函数与 2.2.1 节中的一样，在这里不再重复它们的实现。代码如下：

```
# train
EPOCHS = 15

test_acc = list()  # collect accuracy for plotting
for epoch in range(EPOCHS):
    print('Epoch {}/{}'.format(epoch + 1, EPOCHS))

    train_model(model, loss_function, optimizer, train_loader)
    _, acc = test_model(model, loss_function, test_loader)
    test_acc.append(acc)

plot_accuracy(test_acc)
```

并且在下图中，可以看到 15 次迭代（训练可能需要一段时间）的测试准确率。

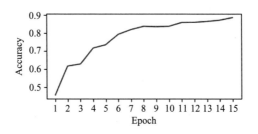

15 个 epoch 的测量准确率

 本节中的代码部分基于 https://github.com/kuangliu/pytorch-cifar 中的预激活 ResNet 实现。

本节讨论了各种类型的 ResNet，然后使用 PyTorch 实现一个 ResNet。在下一节中，讨论 Inception 网络——另一个网络家族，它将并行连接的使用提升到一个新的水平。

3.4 理解 Inception 网络

Inception 网络（"Going Deeper with Convolutions"，https://arxiv.org/abs/1409.4842）在 2014 年赢得了 ImageNet 挑战赛（这里似乎有一个模式）。从那时起，作者发布了该架构的多个改进（版本）。

 有趣的事实："Inception" 这个名字部分来自 "We need to go deeper"，与电影 Inception 有关。

Inception 网络背后的理念源于一个基本前提，即图像中的对象具有不同的规模。一个遥远的对象可能占据图像的一小块区域，但同样的对象，一旦靠近，可能占据图像的大部分区域。这给标准的神经网络带来了困难，因为不同层的神经元对输入图像的感受野大小是固定的。一个常规的网络可以很好地探测到一定规模的对象，但是如果没有规模，就可能无法探测到它们。为了解决这一问题，作者提出了一种新颖的架构：由 Inception 块组成的体系结构。Inception 块从一个公共的输入开始，然后将输入分割成不同的平行路径（或塔）。每个路径要么包含具有不同大小过滤器的卷积层，要么包含池化层。这样，对相同的输入数据应用不同的感受野。在 Inception 块的末尾，将串联不同路径的输出。在接下来的几节中，讨论 Inception 网络的不同变体。

3.4.1 Inception v1

下图显示了 Inception 块的第一个版本，它是 GoogLeNet 网络架构的一部分（https://arxiv.org/abs/1409.4842）。GoogLeNet 包含九个这样的 Inception 块。

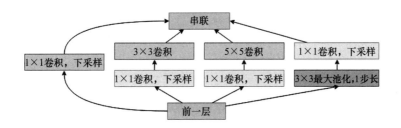

Inception v1 块，灵感来自 https://arxiv.org/abs/1409.4842

v1 块有四条路径：

- 1×1 卷积，它作为一种对输入的中继器
- 1×1 的卷积，后面跟着一个 3×3 的卷积
- 1×1 的卷积，后面跟着一个 5×5 的卷积
- 3×3 的步长为 1 的最大池化

块中的层使用填充，使输入和输出具有相同的形状（但不同的深度）。填充也是必要的，因为根据过滤器的大小，每个路径将产生具有不同形状的输出。这对所有版本的 Inception 块都有效。

这个 Inception 块的另一个主要创新是使用了下采样 1×1 卷积。之所以需要它们，是因为所有路径的输出都被串联起来，以产生块的最终输出。串联的结果是具有四倍深度的输出。如果另一个 Inception 块在当前的块之后，它的输出深度将再次增加至四倍。为了避免这种指数增长，块使用 1×1 卷积来减少每条路径的深度，从而减少块的输出深度。这使在不耗尽资源的情况下创建更深层的网络成为可能。

GoogLeNet 还利用了辅助分类器——也就是，它在不同的中间层上有两个额外的分类输出（具有相同的 groundtruth 标签）。在训练期间，损失的总价值是辅助损失和实际损失的加权和。

3.4.2　Inception v2 和 v3

Inception v2 和 v3 一起发布，并且提出了对最初的 Inception 块的一些改进（"Rethinking the Inception Architecture for Computer Vision"，https://arxiv.org/abs/1512.00567）。第一个是将 5×5 卷积分解为两个 3×3 的卷积。在 3.2 节中讨论了这种方法的优点。

可以在下图中看到新的 Inception 块。

下一个改进是将 $n \times n$ 卷积分解为两个堆叠的不对称 $1 \times n$ 和 $n \times 1$ 卷积。例如，可以将单个 3×3 卷积分解为两个 1×3 和 3×1 卷积，其中 3×1 卷积应用 1×3 卷积的输出。在第一种情况下，过滤器的大小为 $3 * 3 = 9$，而在第二种情况下（如下图所示），组合的大小为 $(3 * 1) + (1 * 3) = 3 + 3 = 6$，提高 33% 效率。

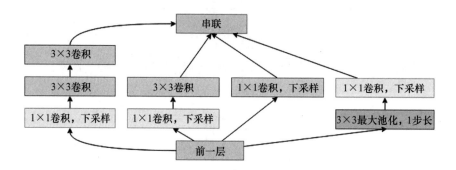

Inception 块 A，灵感来自 https://arxiv.org/abs/1512.00567

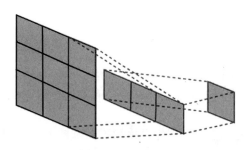

将一个 3×3 卷积分解为 1×3 和 3×1 卷积。
灵感来自 https://arxiv.org/abs/1512.00567

论文作者引入了两个新的块，利用了分解卷积。这些块中的第一个（总体看是第二个）相当于 Inception 块 A：

第二个（总体看是第三个）块与之前类似，但是不对称的卷积是并行的，从而导致更大的输出深度（更多串联的路径）。这里的假设是网络拥有的特征（不同的过滤器）越多，它的学习速度就越快（在第 2 章中也讨论了对更多过滤器的需求）。然而，更宽的层需要更多的内存和计算时间。作为一种折中，这个块仅在其他块之后，网络的较深部分使用。

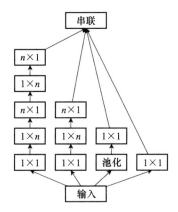

Inception 块 B. 当 $n=3$ 时，相当于块 A。
灵感来自 https://arxiv.org/abs/1512.00567

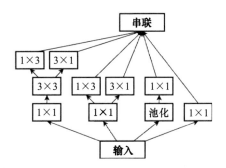

Inception 块 C，灵感来自 https://arxiv.org/abs/1512.00567

利用这些新的块，论文作者提出了两个新的 Inception 网络：v2 和 v3。该版本的另一个主要改进是使用了批标准化，这是由同一位作者引入的。

3.4.3　Inception v4 和 Inception‑ResNet

在 Inception 网络的最新版本中，论文作者介绍了三个新的精简的 Inception 块，它们建立在以前版本的基础上（"Inception‑v4，InceptionResNet and the Impact of Residual Connections on Learning"，https://arxiv.org/abs/1602.07261）。其中引入了 7×7 的非对称分解卷积，用平均池化代替最大池化。更重要的是，创建了一个残差/Inception 的混合网络，称为"Inception‑ResNet"，其中 Inception 块包含了残差连接。可以在下页图中看到一个这样的块的示意图。

本节讨论了不同类型的 Inception 网络以及在不同的 Inception 块中使用的不同原则。

接下来，讨论一个更新的 CNN 架构，它将 Inception 的概念带到了一个新的深度（或者应该说宽度）。

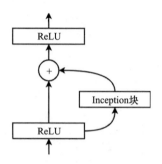

带有残差跳跃连接的 Inception 块

3.5 Xception 介绍

到目前为止，所有的 Inception 块都是从将输入分割成几条并行路径开始的。每条路径继续进行降维 1×1 的跨通道卷积，然后是常规的跨通道卷积。一方面，1×1 连接映射了跨通道的相关性，但不映射空间相关性（因为 1×1 过滤器的大小）。另一方面，随后的跨通道卷积映射了这两种相关性的类型。回顾一下在第 2 章中介绍的**深度可分离卷积（DSC）**，它结合了以下两种运算：

- **深度卷积**：在深度卷积中，单个输入切片产生单个输出切片，因此它只映射空间（而不是跨通道）相关性。
- **1×1 的跨通道卷积**：对于 1×1 的卷积，有相反的结果，也就是说，它们只映射跨通道的相关性。

Xception（"Xception：Deep Learning with Depthwise Separable Convolutions"，https://arxiv.org/abs/1610.02357）的作者提出，实际上，可以将 DSC 看作 Inception 块的一个极端版本，其中每个深度输入/输出切片对表示一条并行路径。并行路径的数量等于输入切片数。下图展示了一个简化的 Inception 块和由它到一个 Xception 块的转换。

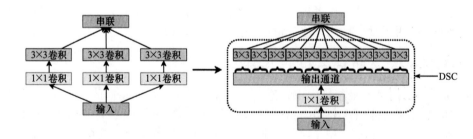

左：简化的 Inception 模块。右：Xception 块。灵感来自 https://arxiv.org/abs/1610.02357

Xception 块和 DSC 有两个不同之处：

- 在 Xception 中，1×1 卷积在前，而不是像 DSC 那样在后。但是，这些运算无论如何都要被堆叠起来,可以假设顺序是不重要的。

- Xception 块在每次卷积后使用 ReLU 激活,而 DSC 在跨通道卷积后不使用非线性激活。实验表明,不用非线性深度卷积的网络收敛速度更快,收敛准确率更高。

下图是 Xception 网络的架构示意图。

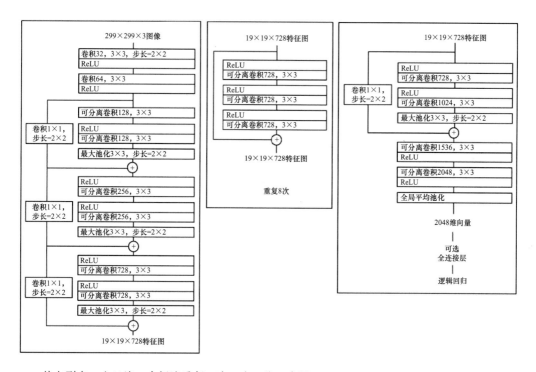

从左到右:入口流、中间流重复 8 次、出口流。来源:https://arxiv.org/abs/1610.02357

Xception 网络是由线性堆叠的 DSC 构建的,它的一些特性如下:

- 网络包含 36 个卷积层,结构为 14 个模块,除了第一个和最后一个模块外,所有模块周围都有线性残差连接。这些模块被分为 3 个顺序的虚拟流——入口流、中间流和出口流。
- 在入口流和出口流中采用 3×3 最大池化下采样;中间流无下采样;在全连接层在全局平均池化之前。
- 所有卷积和 DSC 之后都进行批标准化。
- 所有 DSC 的深度乘数都是 1(没有扩展深度)。

本节总结了一系列基于 Inception 的模型。下一节着重介绍一个特殊的模型,它优先考虑较小的内存占用率和计算效率。

3.6　MobileNet 介绍

本节讨论一个叫作 MobileNet 的轻量级 CNN 模型("MobileNetV2:Inverted Resid-

uals and Linear Bottlenecks", https://arxiv. org/abs/1801. 04381)。我们关注这个模型
的第二个版本（"MobileNetV1 was introduced in MobileNets：Efficient Convolutional Neural
Networks for Mobile Vision Applications", https://arxiv. org/abs/1704. 04861)。

MobileNet 的目标是那些内存和计算能力有限的设备，比如移动电话。为了减少内
存，网络使用 DSC、线性瓶颈和反向残差。

我们已经熟悉 DSC，所以讨论其他两个：

● **线性瓶颈**：为了理解这个概念，引用论文中的描述：

"考虑一个由 n 个层 L_i 组成的深度神经网络，每一层都有一个维数为 $h_i \times w_i \times d_i$ 的
激活张量。在这一节中，我们将讨论这些激活张量的基本属性，把它们当作维度
为 d_i、包含 $h_i \times w_i$ 个"像素"的容器。非正式地说明，对于真实图像的输入集，
可以说层（对于任何层 L_i）激活的集合形成了"兴趣流形"。长期以来，人们一直
认为神经网络中的兴趣流形可以嵌入到低维的子空间中。换句话说，当观察一个
深度卷积层的所有 d-channel 像素时，这些值中编码的信息实际上存在于一些可嵌
入低维子空间的流形中。"

一种方法是用 1×1 的瓶颈卷积。但是，论文的作者认为，如果这个卷积之后是像
ReLU 这样的非线性激活，这可能会导致大量信息的丢失。如果 ReLU 输入大于
0，则该单元的输出等于输入的线性变换。但是，如果输入更小，那么 ReLU 崩
溃，该单元的信息丢失。因此，MobileNet 使用没有非线性激活的 1×1 瓶颈卷积。

● **倒残差**：在残差网络部分，引入了瓶颈残差块，其中非快捷路径中的数据流为**输
入->1×1 瓶颈卷积->3×3 卷积->1×1 上采样卷积**。换句话说，它遵从从**宽->
窄->宽**的数据表示。论文作者认为，瓶颈实际上包含了所有必要的信息，而扩展
层仅仅作为一个实现细节，伴随着张量的非线性变换。因此，建议在瓶颈连接之间
使用快捷连接。

基于这些属性，MobileNet 模型是由以下构建块组成。

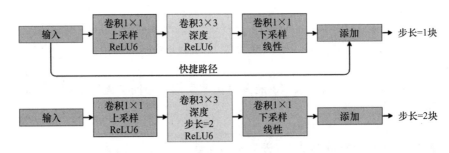

顶部：步长为 1 的残差块。底部：步长为 2 的块

模型采用 ReLU6 非线性：ReLU6 = min（max（输入，0），6）。最大激活值限制为
6，用这种方式，非线性在低精度浮点计算中具有更好的鲁棒性。这是因为 6 最多可以取
3 位，剩下的留给数字的浮点部分。

除步长外，块还用一个膨胀因子 t 来描述，它决定了瓶颈卷积的膨胀率。

块的输入维度和输出维度关系如下表所示。

输入	运算	输出
$h \times w \times k$	1×1 conv2d, ReLU6	$h \times w \times (tk)$
$h \times w \times tk$	3×3 dwise s=s, ReLU6	
$\frac{h}{s} \times \frac{w}{s} \times tk$	$\frac{h}{s} \times \frac{w}{s} \times (tk)$ linear 1×1 conv2d	$\frac{h}{s} \times \frac{w}{s} \times k'$

输入维度和输出维度的关系。来源：https://arxiv.org/abs/1801.04381

上表中，h 和 w 为输入的高度和宽度，s 为步长，k 和 k' 为通道的输入和输出数。最后，下表是完整的模型架构。

输入	运算	t	c	n	s
$224^2 \times 3$	conv2d	—	32	1	2
$112^2 \times 32$	bottleneck	1	16	1	1
$112^2 \times 16$	bottleneck	6	24	2	2
$56^2 \times 24$	bottleneck	6	32	3	2
$28^2 \times 32$	bottleneck	6	64	4	2
$14^2 \times 64$	bottleneck	6	96	3	1
$14^2 \times 96$	bottleneck	6	160	3	2
$7^2 \times 160$	bottleneck	6	320	1	1
$7^2 \times 320$	conv2d 1×1	—	1280	1	1
$7^2 \times 1280$	avgpool 7×7	—	—	1	
$1 \times 1 \times 1280$	conv2d 1×1	—	k	—	

MobileNetV2 架构。来源：https://arxiv.org/abs/1801.04381

每一行描述一组一个或多个相同的块，重复 n 次。同一组中的所有层具有相同数量的输出通道 c。每个序列的第一层有一个步长为 s，其他的步长都为 1。所有的空间卷积都使用 3×3 的核。如上表所述，膨胀因子 t 总是应用于输入大小。

下一个讨论的模型是一个具有新型构建块的网络模型，其中所有层都是相互连接的。

3.7 DenseNet 介绍

当减少网络参数时，DenseNet（"Densely Connected Convolutional Network"，https://arxiv.org/abs/1608.06993）尝试缓解梯度消失问题，改善特征传播。我们已经了解 ResNet 如何通过使用跳跃连接引入残差块来解决这个问题。DenseNet 从这个想法中获得了一些灵感，并进一步引入了密集块。密集块由顺序卷积层组成，其中任何层都与随后的所有层直接连接。换句话说，一个网络层 l 将从前面所有网络层接

收输入 x_l

$$x_1 = H_1([x_0, x_1, \cdots, x_{l-1}])$$

这里，$[x_0, x_1, \cdots, x_{l-1}]$ 是前面网络层的**串联**输出特征图。这与 ResNet 不同，在 ResNet 中使用元素依次求和组合不同的层。H_l 是一个复合函数，它定义了三种类型的 DenseNet 块（下图只显示了两种）。

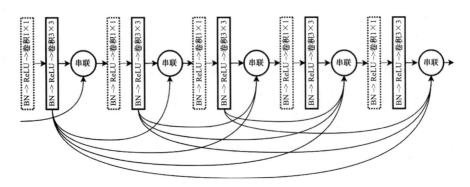

密集块：降维层（虚线）是 DenseNet-B 架构的一部分，而 DenseNet-A 没有降维层。
图中没有显示 DenseNet-C

下面定义：

● **DenseNet-A**：这是基块，其中 H_l 由批标准化、激活函数和 3×3 卷积组成：

$$H_l = BN \rightarrow ReLU \rightarrow 卷积 3 \times 3$$

● **DenseNet-B**：论文作者还介绍了密集块的第二种类型——DenseNet-B，它在每次拼接后降维为 1×1 卷积：

$$H_l = BN \rightarrow ReLU \rightarrow 瓶颈卷积 1 \times 1 \rightarrow BN \rightarrow ReLU \rightarrow 卷积 3 \times 3$$

● **DenseNet-C**：进一步修改，在每个密集块后增加一个下采样 1×1 卷积。B 和 C 的组合称为 DenseNet- BC。

密集块由它的卷积层数和每一层的输出 volume 深度来确定，在这里称为**增长率**。假设密集块的输入 volume 深度为 k_0，每个卷积层的输出 volume 深度为 k。然后，因为连接，第 l 层的输入 volume 深度将会是 $k_0 + k_x(l-1)$。尽管密集块的后面的层的 volume 输入深度较大（因为有许多连接），DenseNet 依然可以在增长率低至 12 时起作用，这减少了参数的总数。为了理解它的工作原理，把特征图看作网络的**集体知识**（或全局状态）。每一层都将自己的 k 个特征图添加到这个状态，增长率决定了这一层贡献给它的信息量。由于结构密集，全局状态可以从网络中的任何地方访问（因此称为全局状态）。换句话说，不需要像传统网络架构那样从某一层复制到下一层，这允许从某较少数量的特征图开始。

为了使串联成为可能，密集块使用填充，使得块中所有输出切片的高度和宽度都相同。但正因为如此，在一个密集块内，下采样是不可能的。所以，密集网络由多个顺序密集块组成，并通过下采样池化操作进行分割。

论文作者提出了一个 DenseNet 家族，其总体架构类似于 ResNet。

层	输出大小	DenseNet-121	DenseNet-169	DenseNet-201	DenseNet-264
卷积	112×112	7×7卷积，步长2			
池化	56×56	3×3最大池化，步长2			
密集块(1)	56×56	$\begin{bmatrix}1×1卷积\\3×3卷积\end{bmatrix}×6$	$\begin{bmatrix}1×1卷积\\3×3卷积\end{bmatrix}×6$	$\begin{bmatrix}1×1卷积\\3×3卷积\end{bmatrix}×6$	$\begin{bmatrix}1×1卷积\\3×3卷积\end{bmatrix}×6$
过渡层(1)	56×56	1×1卷积			
	28×28	2×2平均池化，步长2			
密集块(2)	28×28	$\begin{bmatrix}1×1卷积\\3×3卷积\end{bmatrix}×12$	$\begin{bmatrix}1×1卷积\\3×3卷积\end{bmatrix}×12$	$\begin{bmatrix}1×1卷积\\3×3卷积\end{bmatrix}×12$	$\begin{bmatrix}1×1卷积\\3×3卷积\end{bmatrix}×12$
过渡层(2)	28×28	1×1卷积			
	14×14	2×2平均池化，步长2			
密集块(3)	14×14	$\begin{bmatrix}1×1卷积\\3×3卷积\end{bmatrix}×24$	$\begin{bmatrix}1×1卷积\\3×3卷积\end{bmatrix}×32$	$\begin{bmatrix}1×1卷积\\3×3卷积\end{bmatrix}×48$	$\begin{bmatrix}1×1卷积\\3×3卷积\end{bmatrix}×64$
过渡层(3)	14×14	1×1卷积			
	7×7	2×2平均池化，步长2			
密集块(4)	7×7	$\begin{bmatrix}1×1卷积\\3×3卷积\end{bmatrix}×16$	$\begin{bmatrix}1×1卷积\\3×3卷积\end{bmatrix}×32$	$\begin{bmatrix}1×1卷积\\3×3卷积\end{bmatrix}×32$	$\begin{bmatrix}1×1卷积\\3×3卷积\end{bmatrix}×48$
分类层	1×1	7×7全局平均池化			
		1000D全连接			

DenseNet 网络家族。来源：https://arxiv.org/abs/1608.06993

它们具有以下特性：
- 从一个 7×7 步长为 2 的下采样卷积开始。
- 进一步用步长为 2 的 3×3 最大池化进行下采样。
- 四组 DenseNet-B 块。网络家族的不同在于每一组中的密集块的数量。
- 下采样由密集组间步长为 2 的 2×2 池化操作的过渡层处理。
- 过渡层进一步包含 1×1 瓶颈卷积，以减少特征图的数量。该卷积的压缩比由一个超参数 θ 来指定，其中 $0 < \theta \leqslant 1$。如果输入的特征图的数量为 m，则输出的特征图的数量为 θm。
- 密集块以一个 7×7 的全局平均池化结束，然后是一个 1000 单元的全连接 softmax 层。

DenseNet 的作者还发布了一个改进的 DenseNet 模型，称为 MSDNet（"Multi-Scale Dense Networks for Resource Efficient Image Classification"，https://arxiv.org/abs/1703.09844）。它（顾名思义）使用了多规模的密集块。

通过 DenseNet，结束了对传统 CNN 架构的讨论。在下一节中，讨论是否有可能自动化寻找最佳神经网络架构的过程。

3.8　神经架构搜索的工作原理

到目前为止讨论的神经网络模型都是由其作者设计的。但是，如果可以让计算机自已来设计神经网络呢？让我们开始介绍**神经架构搜索（NAS）**，这是一种自动设计神经网络的技术。

介绍之前，看看网络架构是由什么组成的：

- 图的运算，它表示网络。正如在第 1 章中所讨论的，这些运算包括（但不限于）卷积、激活函数、全连接层、标准化等。
- 每个运算的参数。例如，卷积参数是类型（跨通道、深度等）、输入维度、输入切片和输出切片的数量、步长和填充。

> 这组架构参数的集合是神经网络 ML 算法所有超参数的子集，其他参数包括学习率、小批量大小、优化算法（例如 Adam 或 SGD）。因此，可以将 NAS 视为一类超参数优化问题（为 ML 算法选择最优超参数的任务）。超参数优化本身就是自动化机器学习（AutoML）的组成部分之一。这是一个更广泛的过程，旨在自动化 ML 解决方案的所有步骤。自动化机器学习算法首先选择算法的类型（例如决策树或神经网络），然后对所选算法进行超参数优化。由于本书关注的是神经网络，所以假设已经选择了算法，现在设计网络。

本节讨论使用强化学习的基于梯度的 NAS（"Neural Architecture Search with Reinforcement Learning"，https://arxiv.org/abs/1611.01578）。基于一点，本节不会讨论强化学习，我们将专注于算法。基于梯度的 NAS 的前提是可以将网络定义表示为字符串（token 序列）。假设生成一个连续的 CNN，它只包含卷积。

然后，字符串定义的一部分看起来如下所示。

$$\cdots;\underbrace{FW_{filter\ w};FH_{filter\ h};SW_{stride\ w};SH_{stride\ h};N_{num\ filters};}_{CNN层定义}$$

$$\underbrace{FW_{filter\ w};FH_{filter\ h};SW_{stride\ w};SH_{stride\ h};N_{num\ filters};}_{CNN层定义}\cdots$$

$$\cdots;\underbrace{3;3;2;2;32}_{CNN层};\underbrace{3;3;1;1;64}_{CNN层};\cdots$$

不必指定层的类型，因为只使用卷积。为了简单起见，排除了填充。为了清楚地说明，第一行的下标文本被包含在图中，但不会包括在算法版本中。

算法概述如下图所示。

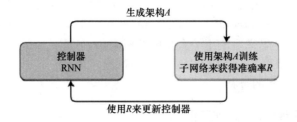

NAS 的概述。来源：https://arxiv.org/abs/1611.01578

从控制器开始。它是一种 RNN，其任务是生成新的网络结构。虽然还没有讨论 RNN（见第 7 章），但会尝试解释它是如何工作的。在第 1 章中，提到 RNN 维持一个内部状态——一个它之前所有输入的总结。基于该内部状态和最新的输入样本，网络生成一个新的输出，更新其内部状态，并等待下一个输入。

这里，控制器将生成描述网络架构的字符串序列。控制器的输出是序列的单个token。它可以是过滤器的高度/宽度、步长的高度/宽度，或者输出过滤器的数量。token 的类型取决于当前生成的架构的长度。一旦有了这个 token，就将它作为输入反馈给 RNN 控制器。然后，网络生成序列的下一个 token。

这个过程如下图所示。

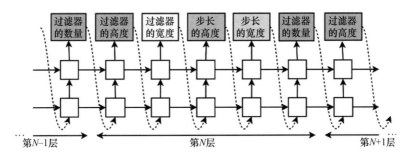

用 RNN 控制器生成一个网络架构。输出 token 作为输入反馈给控制器以生成下一个 token。
来源：https://arxiv.org/abs/1611.01578

图中的白色方框表示 RNN 控制器，它由一个两层**长短期记忆（LSTM）**单元（沿 y 轴）组成。虽然图中显示了 RNN 的多个实例（沿着 x 轴），但它实际上是同一个网络。它只是在时间上**展开**，来表示序列生成的过程。也就是说，沿着 x 轴的每个步骤表示网络定义的单个 token。第 t 步用 softmax 分类器进行 token 预测，然后在第 $t+1$ 步作为控制器输入。继续这个过程，直到生成的网络长度达到一定的值。一开始这个值很小（短网络），但是随着训练的进行逐渐增加（长网络）。

为了更好地理解 NAS，讨论算法的执行过程：

1）控制器生成一个新的架构 A。

2）算法用上述架构构建并**训练**一个新的网络，直到算法收敛。

3）算法在训练集的保留部分测试新网络，并测量误差 R。

4）算法使用误差 R 来更新控制器参数θ_c。由于控制器是 RNN，这就意味着需要训练网络并调整网络的权重。模型参数的更新可以减小未来架构的误差 R。称为 REINFORCE 的强化学习算法使它成为可能，该过程的实现超出了本节的范围。

5）算法重复这些步骤，直到生成的网络的误差 R 低于某个阈值。

该控制器可以生成具有一定限制条件的网络架构。正如本节前面提到的，最严重的问题是生成的网络只包含卷积层。为了简化，每个卷积层自动包括批标准化和 ReLU 激活。但在理论上，控制器可以生成更复杂的架构，包含其他层（如池化层或标准化层）。

可以通过在层的类型的架构序列中添加额外的控制器步骤来实现这一点。

　　论文作者实现了一种技术，允许在生成的架构中添加残差跳跃连接。它与一种称为锚点的特殊类型的控制器一起工作。第 N 层的锚点具有基于内容的 sigmoid。一个 sigmoid $j(j=1,2,3,\cdots,N-1)$ 表示当前层与第 j 层之间有残差连接的概率。

　　修改后的控制器如下图所示。

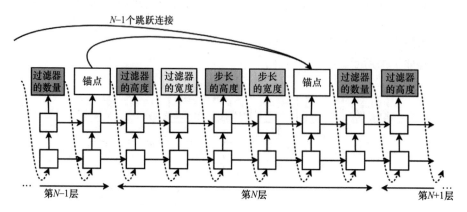

带有锚点的 RNN 控制器用于残差连接。来源：https://arxiv.org/abs/1611.01578

　　如果一个层有许多输入层，那么所有的输入都沿着通道（深度）维度串联起来。跳跃连接可能会在网络设计中产生一些问题：

- 网络的第一个隐藏层（即没有连接到任何其他输入层的隐藏层）使用输入图像作为输入层。
- 在网络的末端，将所有未串联的层的输出以最终隐藏状态串联起来，发送给分类器。
- 要串联的输出可能具有不同的大小。在这种情况下，较小的特征图被填充来匹配较大特征图的大小。

　　在实验中，论文作者使用了一个 2 层 LSTM 单元的控制器，每层 35 个单元。对于每一次卷积，控制器必须从{1,3,5,7}中选择值作为过滤器的高度和宽度，并且多个过滤器的数量必须是{24,36,48,64}中的一个。此外，论文作者还进行了两组实验，一组允许控制器选择的步长在{1,2,3}中，另一组则允许控制器选择固定步长为 1。

　　一旦控制器生成一个架构，新的网络就会对 CIFAR‐10 数据集的 45 000 个图像进行 50 个 epoch 的训练。其余 5000 个图像用于验证。在训练期间，控制器从 6 层的架构深度开始，然后在每 1600 次迭代中增加 2 层深度。表现最好的模型的验证准确率为 3.65%。它是在 12 800 个架构中使用 800 个 GPU 后被发现的。计算量大的原因是每一个新的网络都要从头开始训练，但只产生一个可以用来训练控制器的准确率值。最近，新的 ENAS 算法（"Efficient Neural Architecture Search via Parameter Sharing"，https://arxiv.org/abs/1802.03268）通过在生成的模型之间共享权重，使得显著减少 NAS 的计算资源成为可能。

下一节讨论一种新型的神经网络，它试图克服目前所讨论的 CNN 的一些局限性。

3.9　胶囊网络介绍

胶囊网络（"Dynamic Routing Between Capsules"，https://arxiv.org/abs/1710.09829）是为了克服标准 CNN 的一些限制而介绍的。要理解胶囊网络背后的思想，首先需要了解卷积网络的局限性。

3.9.1　卷积网络的局限性

以 Hinton 教授自己的一句话开始：

"卷积神经网络中使用的池化运算是一个巨大的错误，而它运行得如此良好实则是一场灾难。"

正如在第 2 章中提到的，CNN 是**平移不变**的。想象一张脸的位置在右半部分的图像。平移不变性意味着 CNN 非常擅长判断图像中包含了一张脸，但是它不能判断这张脸是在图像的左边还是右边。这种问题的主要罪魁祸首是池化层。每个池化层都引入了一点平移不变性。例如，最大池化路由只转发一个输入神经元的激活，但后续的层不知道哪个神经元被路由。

通过堆叠多个池化层，逐渐增大感受野的大小。但是，因为没有一个池化层传递这样的信息，所以被检测到的对象可能在新的感受野的任何地方。因此，也增加了平移不变性。起初，这似乎是一件好事，因为最终的标签必须是平移不变性的。但是，这带来了一个问题，因为 CNN 无法识别一个对象相对于另一个对象的位置，所以 CNN 会将下面这两幅图像识别为一张脸，因为它们都包含了一张脸的组成部分（鼻子、嘴和眼睛），而不管它们之间的相对位置如何。

这也被称为**毕加索问题**，如下图所示。

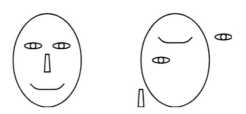

卷积网络将把这两张图像识别为一张脸

但是，这还不是全部问题。即使仅仅是人脸的**方向**不同，例如，如果脸被完全颠倒，CNN 也会被迷惑。克服这个问题的一种方法是在训练期间使用数据增强（旋转）的方式。但是，这样的做法仅仅显示了网络的局限性。必须明确地展示不同方向的对象，并告诉CNN 这实际上是同一个对象。

到目前为止，已经看到 CNN 丢弃了平移信息（平移不变性），并且不理解对象的方向问题。在计算机视觉中，平移和方向的结合称为**姿态**。姿态足以在坐标系中唯一地识别对象的属性。我们用计算机图形来说明这一点。一个 3D 对象，比如一个立方体，完全由它的姿态和边长来定义。将 3D 对象的表示转换为屏幕上图像的过程称为渲染。只要知道它的姿态和立方体的边长，就可以从我们喜欢的任何角度渲染它。

因此，如果能以某种方式训练一个网络来理解这些属性，就不必向网络提供同一个对象的多个增强版本。但是 CNN 不能这样做，因为它的内部数据表示不包含关于对象姿态的信息（只包含关于其类型的信息）。相比之下，胶囊网络**保存**了对象的类型和姿态**信息**。因此，它们可以检测到可以相互转换的对象，这被称为**同变性**。也可以把它看作**反向图形**，也就是说，根据渲染的图像重构对象的属性。

为了解决这些问题，这篇论文的作者提出了一种新型的网络构建块，称为**胶囊**，而不是神经元。

3.9.2 胶囊

胶囊的输出是一个向量，而神经元的输出是标量。胶囊输出的向量具有以下含义：
- 向量的元素代表了对象的姿态和其他属性。
- 向量的长度在（0，1）范围内，表示在该位置检测到该特征的概率。提醒一下，向量的长度是 $|v| = \sqrt{\sum_{i=1}^{n} v_i^2}$ ，其中 v_i 是向量的元素。

考虑一个探测人脸的胶囊。如果开始在图像上移动人脸，胶囊向量的值将会改变来反映位置的变化。然而，向量的长度将始终保持不变，因为探测脸的概率不会随着位置而改变。

胶囊在相互连接的层中被组织，就像一个常规的网络。某一层的胶囊作为下一层胶囊的输入。就像 CNN 一样，较浅的层检测基本特征，较深的层将它们组合成更抽象和复杂的特征。但是现在，胶囊也可以传递位置信息，而不仅仅是探测到的对象信息。这使得更深的胶囊不仅可以分析特征的存在，而且可以分析特征之间的关系。例如，某一胶囊层可以检测嘴、脸、鼻子和眼睛。接下来的胶囊层不仅可以验证这些特征的存在，还可以验证它们是否具有正确的空间关系。只有当两个条件都为真时，随后的层才能验证这张脸是存在的。这是对胶囊网络的一个高层次的概述。现在，讨论胶囊到底是如何工作的。

可以在下面的截图中看到胶囊的示意图：

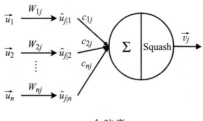

一个胶囊

按照以下步骤进行分析：

1）胶囊的输入是来自前一层胶囊的输出向量，u_1，u_2，…，u_n。

2）用每个向量u_i乘以它对应的权重矩阵W_{ij}来生成**预测向量**$\widehat{u_{j|i}} = W_{ij} \cdot u_i$。权重矩阵 W 编码来自前一层的胶囊和当前层的高级特征之间的空间关系和其他关系。例如，假设当前层中的胶囊检测人脸，上一层的胶囊检测嘴（u_1）、眼睛（u_2）和鼻子（u_3）。然后，在给出嘴的位置后，就可以通过$\widehat{u_{j|1}} = W_{1j} \cdot u_1$知道人脸的预测位置。以同样的方式，通过$\widehat{u_{j|2}} = W_{2j} \cdot u_2$可以在知道眼睛的检测位置的基础上预测人脸的位置，通过$\widehat{u_{j|3}} = W_{3j} \cdot u_3$可以在知道鼻子的检测位置的基础上预测人脸的位置。如果所有三个较低级别的胶囊向量在相同的位置上一致，那么当前胶囊可以确定这样的人脸确实存在。在这个例子中只使用了位置，但是向量可以编码特征之间的其他类型的关系，比如规模和方向。权重 W 是通过反向传播来学习的。

3）将向量$\widehat{u_{i|j}}$乘以标量耦合系数c_{ij}。这些系数是一组独立的参数，与权重矩阵无关。它们存在于任意两个胶囊之间，并表明哪个高级别胶囊将从低级别胶囊接收输入。但是，与通过反向传播来调整权重矩阵不同，耦合系数是通过一个称为**动态路由**的过程在前向传递过程中动态计算的。我们将在下一节中介绍它。

4）计算加权输入向量的和。这一步类似于神经元的加权和，但是是以向量形式计算：

$$s_j = \sum_j c_{ij} \widehat{u_{j|i}}$$

5）通过压缩向量s_j来计算胶囊v_j的输出。在这里，压缩意味着在不改变方向的情况下，对向量进行变换，使其长度在（0，1）范围内。如前所述，胶囊向量的长度表示检测到的特征的概率，在（0，1）范围内对其进行压缩反映了这一点。为此，论文作者提出了一个新的公式：

$$v_j = \frac{|s_j|^2}{1 + |s_j|^2} \frac{s_j}{|s_j|}$$

现在我们知道了胶囊的结构，下一节将描述计算不同层的胶囊之间耦合系数的算法，也就是它们之间彼此传递信号的机制。

动态路由

下面描述计算耦合系数c_{ij}的动态路由过程，如下页图所示。

有一个较低级别的胶囊 I，它必须决定是否将它的输出发送给两个较高级别胶囊 J 和 K 中的一个。暗点和亮点表示预测向量$\widehat{u_{j|*}}$和$\widehat{u_{k|*}}$，J 和 K 已经从其他较低级别的胶囊中接收到这两个预测向量。从 I 胶囊到 J 胶囊和 K 胶囊的箭头指向从 I 到 J 和 K 的预测向量$\widehat{u_{j|i}}$和$\widehat{u_{k|i}}$。聚类预测向量（较亮的点）表示在高级别特征上彼此一致的较低级别的胶囊。例如，如果 K 胶囊描述的是一张人脸，那么聚类预测向量就会显示较低级别的特征，

比如嘴巴、鼻子和眼睛。相反，分散的（深色的）点表示不一致的胶囊。如果 I 胶囊预测的是一个汽车轮胎，它将不同意 K 的聚类预测。

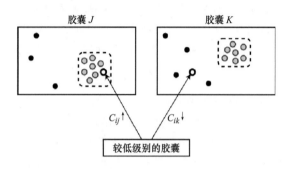

动态路由的例子。分组的点表示彼此一致的较低级别的胶囊

但是，如果 J 中的聚类预测代表的特征是车头灯、挡风玻璃或挡泥板，那么 I 的预测将与它们一致。较低级别的胶囊有一种方法来确定它们是否属于某个较高级别的胶囊聚类或分散的组。如果它们落在聚类的组中，它们就会增加与胶囊相对应的耦合系数，并将它们的向量路由向那个方向。反之，如果它们属于分散的组，则系数会减小。

用论文作者介绍的逐步实现的算法来形式化这个知识：

1）对于所有在 l 层的 i 胶囊和在 $l+1$ 层的 j 胶囊来说，初始化 $b_{ij} \leftarrow 0$，其中 b_{ij} 是一个等价于 c_{ij} 的临时变量。所有 b_{ij} 的向量表示是 $\boldsymbol{b}_i$。在算法开始时，i 胶囊有相同的机会将其输出路由到（$l+1$）层的任何胶囊。

2）重复 r 次迭代，其中 r 是一个参数：

（1）对于 l 层的所有 i 胶囊：$\boldsymbol{c}_i \leftarrow softmax(\boldsymbol{b}_i)$。胶囊的所有传出耦合系数 $\boldsymbol{c}_i$ 之和为 1（它们具有概率性），因此使用 softmax。

（2）对于（$l+1$）层的所有 i 胶囊：$\boldsymbol{s}_j \leftarrow \sum_i c_{ij} \widehat{\boldsymbol{u}_{j|i}}$。也就是说，计算（$l+1$）层的所有非压缩的输出向量。

（3）对于（$l+1$）层的所有 i 胶囊，计算压缩向量：$\boldsymbol{v}_j \leftarrow squash(\boldsymbol{s}_j)$。

（4）对于 l 层的所有 i 胶囊和（$l+1$）层的所有 j 胶囊：$b_{ij} \leftarrow b_{ij} + \widehat{\boldsymbol{u}_{j|i}} \cdot \boldsymbol{v}_j$。这里，$\widehat{\boldsymbol{u}_{j|i}} \cdot \boldsymbol{v}_j$ 是较低级别 i 胶囊的预测向量和高级别 j 胶囊向量的输出向量的点积。如果点积较高，则 i 胶囊与其他低级别的胶囊一致，将它们的输出路由到 j 胶囊，并且耦合系数增加。

论文作者最近发布了一种更新的动态路由算法，该算法使用了一种称为期望最大化的聚类技术。你可以在原论文 "Matrix capsules with EM routing"（https://ai.google/research/pubs/pub46653）中了解更多信息。

3.9.3　胶囊网络的结构

本节描述胶囊网络的结构，论文作者使用该网络对 MNIST 数据集进行分类。网络输

入为 28×28 的 MNIST 灰度图像,步骤如下:

1) 从有 256 个 9×9 过滤器、步长为 1 和 ReLU 激活的单一卷积层开始。输出 volume 的形状为 (256,20,20)。

2) 有另一个卷积层,包含 256 个 9×9 个过滤器、步长为 2。输出 volume 的形状为 (256,6,6)。

3) 使用该层的输出作为第一个胶囊层的基础,称为 PrimaryCaps。取 (256,6,6) 输出 volume,将其分割为 32 个单独的 (8,6,6) 块。即 32 个块中,每个块包含 8 个 6 ×6 的切片。从每个切片取一个具有相同坐标的激活值,并将这些值组合到一个向量中。例如,可以取切片 1 的激活 (3,7)、切片 2 的激活 (3,7) 等,并将它们组合成长度为 8 的向量。有 36 个这样的向量。然后,把每个向量**转换**成一个胶囊,共 36 个胶囊。PrimaryCaps 层的输出 volume 的形状为 (32,8,6,6)。

4) 第二层被称为 DigitCaps。它包含 10 个胶囊(每有 1 个数位),其输出是一个长度为 16 的向量。DigitCaps 层的输出 volume 的形状为 (10,16)。在推理过程中,计算每个 DigitCaps 胶囊向量的长度。然后取向量最长的胶囊作为网络的预测结果。

5) 在训练过程中,网络在 DigitCaps 之后增加了 3 个全连接层,最后一个层有 784 个神经元(28×28)。在前向训练传递中,最长的胶囊向量作为这些层的输入。试图从那个向量开始重构原始图像。然后,将重构图像与原始图像进行比较,其差值作为先后传递的额外正则化损失。

胶囊网络是一种新的、有前途的计算机视觉方法。然而,它们还没有被广泛采用,在本书中讨论的任何深度学习库中都没有正式的实现,但是你可以找到多种第三方实现。

3.10 总结

本章讨论了一些 CNN 流行的架构:经典架构、AlexNet 和 VGG。然后,特别关注作为最著名的网络架构之一的 ResNet。还讨论了 Inception 网络的各种变体以及与之相关的 Xception 和 MobileNetV2 模型。此外讨论了神经架构搜索中令人兴奋的新的 ML 领域。最后,讨论了胶囊网络——一种新型的 CV 网络,它试图克服 CNN 固有的一些局限性。

在第 2 章中,我们已经看到了如何应用这些模型,如在迁移学习场景中,使用 ResNet 和 MobileNet 来完成分类任务。下一章介绍了如何将其中一些模型应用于更复杂的任务,如对象检测和图像分割。

第 4 章

对象检测与图像分割

第 3 章讨论了一些最流行的和性能最好的**卷积神经网络（CNN）**模型。为了关注每个网络的架构细节，我们在分类问题的背景下查看了这些模型。在计算机视觉任务领域，分类是相当简单的，因为它给图像分配了一个标签。本章把注意力转移到两个更有趣的计算机视觉任务上——对象检测和语义分割，而网络架构将处于次要地位。可以说这些任务比分类更加复杂，因为模型需要对图像有更全面的了解。它必须能够检测不同的对象以及它们在图像上的位置。与此同时，任务的复杂性允许有更多创造性的解决方案。本章将讨论其中的一些解决方案。

4.1 对象检测介绍

对象检测是在图像或视频中寻找特定类的对象实例的过程，例如人脸、汽车和树。与分类不同，对象检测可以检测多个对象以及它们在图像中的位置。

对象检测器会返回一个已检测到的对象列表，每个对象的信息如下：

- 对象（人、汽车、树等）的类。
- 在 [0,1] 范围内的概率（或置信度分数），表示检测器对该位置上存在对象的置信度。这类似于常规分类器的输出。
- 图像中对象所在矩形区域的坐标。这个矩形称为**边界框**。

下页图中，可以看到一个对象检测算法的典型输出。每个边界框上都有对象类型和置信度分数。

接下来，概述解决对象检测任务的不同方法。

4.1.1 对象检测的方法

本节概述三种方法：

- **经典滑动窗口**：使用一个常规的分类网络（分类器）。这种方法可以与任何类型的分类算法一起工作，但它相对缓慢且容易出错：

对象检测器的输出

1）建立一个图像金字塔：这是同一幅图像不同规模的组合（见下图）。例如，每个缩放后的图像可以为前一个的 1/2。通过这种方式，无论对象在原始图像中的大小是多少，都能够检测到对象。

2）在整个图像中滑动分类器：也就是说，使用图像的每个位置作为分类器的输入，产生的结果将会确定该位置中的对象类型。每个位置的边界框就是用作输入的图像区域。

3）对于每个对象，有多个重叠的边界框：我们会进行一些启发法来把它们组合到一个单一的预测中。

下图是滑动窗口方法的示意图。

滑动窗口加图像金字塔对象检测

- **两阶段检测方法**：这些方法非常准确，但相对缓慢。顾名思义，它们包括两个步骤：

1）有一种特殊类型的 CNN，称为**区域候选网络（RPN）**，它扫描图像并提出许多可能的边界框，或感兴趣的区域（**RoI**），这些区域可能是对象的位置。但是，该网络不能检测对象的类型，而只检测该区域中是否存在对象。

2）感兴趣的区域被发送到第二阶段进行对象分类，这决定了每个边界框中的实际对象。

- **单阶段（或一次）检测方法**：在这里，一个 CNN 生成对象类型和边界框。这些方法通常更快，但准确率低于两阶段检测方法。

在下一节中，我们将介绍 YOLO——一种准确且有效的单阶段检测算法。

4.1.2　使用 YOLO v3 进行对象检测

本节讨论最流行的检测算法之一，即 YOLO。这个名称是"You Only Live Once"这句流行格言的首字母缩写，它反映了算法的单阶段特性。论文作者已经发布了三个版本，对算法进行了增量改进。本书只讨论最新的版本 v3（更多细节，请参见"YOLO v3：An Incremental Improvement"，https://arxiv.org/abs/1804.02767）。

该算法从所谓的**主干**网络开始，该网络被称为 Darknet-53（以卷积层数命名）。训练它对 ImageNet 数据集进行分类，就像第 3 章中的网络一样。它是全卷积的（没有池化层）并使用残差连接。

下图显示了主干架构。

	类型	过滤器	大小	输出
	卷积的	32	3×3	256×256
	卷积的	64	3×3/2	128×128
1×	卷积的	32	1×1	
	卷积的	64	3×3	
	残差的			128×128
	卷积的	128	3×3/2	64×64
2×	卷积的	64	1×1	
	卷积的	128	3×3	
	残差的			64×64
	卷积的	256	3×3/2	32×32
8×	卷积的	128	1×1	
	卷积的	256	3×3	
	残差的			32×32
	卷积的	512	3×3/2	16×16
8×	卷积的	256	1×1	
	卷积的	512	3×3	
	残差的			16×16
	卷积的	1024	3×3/2	8×8
4×	卷积的	512	1×1	
	卷积的	1024	3×3	
	残差的			8×8
	平均池化		全局	
	连接		1000	
	Softmax			

Darknet-53 模型（来源：https://arxiv.org/abs/1804.02767）

　　网络训练完成后，它将作为后续对象检测训练阶段的基础。这是一个特征提取迁移学习的例子，在第 2 章中描述过。将主干的全连接层替换为新的随机初始化的卷积层和全连接层。新的全连接层将在一次传递中输出所有检测到的对象的边界框、对象类和置信度分数。

　　例如，本节开头的人行横道上的行人图像中的边界框就是使用单次网络传递生成的。YOLO v3 以三种不同的规模预测边界框。该系统使用与特征金字塔网络类似的概念从这些规模中提取特征（更多信息见 "Feature Pyramid Networks for Object Detection"，https://arxiv.org/abs/1612.03144）。在检测阶段，利用背景（"Microsoft COCO：Common Objects in Context"，https://arxiv.org/abs/1405.0312，http://cocodataset.org）对象检测数据集中的常见对象对网络进行训练。

　　接下来，讨论 YOLO 是如何运作的：

　　1）将图像分割成 $S \times S$ 单元的网格（在后面的图中，可以看到一个 3×3 的网格）：

- 网络将每个网格单元的中心视为区域的中心，对象可能位于该区域的中心。
- 对象可能完全位于单元内。然后，它的边界框将小于单元。或者，它可以跨越多个单元，这样边界框就会变大。YOLO 涵盖了这两种情况。
- 该算法可以在**锚框**的帮助下检测网格单元中的多个对象（稍后详细介绍），但是 1 个对象只与 1 个单元关联（1 对 n 关系）。也就是说，如果对象的边界框覆盖多个单元，就把对象与边界框中心所在的单元关联起来。例如，下图中的 2 个对象跨越多个单元，但是它们都被分配到中央单元，因为它们的中心位于中央单元中。
- 一些单元可能包含对象，而另一些可能不包含。我们只对那些包含对象的单元感兴趣。

　　下图显示了一个 3×3 单元的网格，有 2 个对象和它们的边界框（虚线）。2 个对象都与中间的单元相关联，因为它们的边界框的中心在那个单元中。

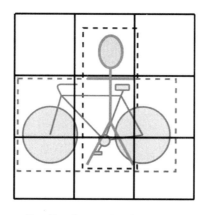

一个包含 3×3 单元的网格和 2 个对象的对象检测 YOLO 示例

2）网络将为每个网格单元输出多个可能的检测对象。例如，如果网格是 3×3 的，那么输出将包含 9 个可能检测到的对象。为了清晰起见，讨论单个网格单元/检测对象的输出数据（及其对应的标签）。它是一个值为 $[b_x, b_y, b_h, b_w, p_c, c_1, c_2, \cdots, c_n]$ 的数组，其中值如下所示：

- b_x、b_y、b_h、b_w 描述对象边界框，如果存在对象，则 b_x 和 b_y 是该边界框中心的坐标。它们按照图像的大小在 $[0,1]$ 范围内标准化。也就是说，如果图像大小为 100×100，并且 $b_x = 20$ 和 $b_y = 50$，那么它们的标准化值分别为 0.2 和 0.5。b_h 和 b_w 表示框的高度和宽度。它们是针对网格单元进行标准化的。如果边界框大于单元，则其值将大于 1。预测边界框参数是一项回归任务。

- p_c 是 $[0,1]$ 区间内的置信度分数。置信度分数的标签要么是 0（不存在），要么是 1（存在），使得这部分输出是一个分类任务。如果对象不存在，可以丢弃数组的其余值。

- $c_1, c_2, \cdots, c_n$ 是对象类的独热编码。例如，如果有汽车、人、树、猫和狗类，并且当前对象是猫类型，其编码将是 $[0,0,0,1,0]$。如果有 n 个可能的类，那么一个单元的输出数组的大小将是 $5+n$（例子中是 9）。

网络输出/标签将包含 $S \times S$ 这样的数组。例如，3×3 单元的网格和 4 个类的 YOLO 输出的长度为 $3 * 3 * 9 = 81$。

3）假设在同一个单元中处理多个对象的场景。值得庆幸的是，YOLO 为这个问题提供了一个优雅的解决方案。我们有多个候选框（称为锚框或先验），每个单元的形状略有不同。在下面的图中，可以看到网格单元（正方形，实线）和 2 个锚框——垂直的和水平的（虚线）。如果在同一个单元中有多个对象，就把每个对象与一个锚框关联起来。相反，如果一个锚框没有关联的对象，它的置信度分数将为零。这种安排也会改变网络的输出。每个网格单元有多个输出数组（每个锚框有一个输出数组）。为了扩展前面的示例，假设有一个 3×3 单元的网格，每个单元有 4 个类和 2 个锚框。那么就有 $3 * 3 * 2 = 18$ 个输出边界框，总输出长度为 $3 * 3 * 2 * 9 = 162$。因为有固定数量的单元（$S \times S$）和每个单元固定数量的锚框，所以网络输出的大小不会随着检测到的对象的数量而改变。相反，输出将指示一个对象是否出现在所有可能的锚框中。

在下图中，可以看到一个带有 2 个锚框的网格单元。

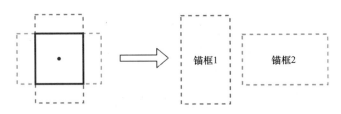

带有 2 个锚框（虚线）的网格单元（实线）

现在，唯一的问题是如何在训练过程中为一个对象选择合适的锚框（在推理过程中，网络会自己选择）。使用**交并比（IoU）**做这件事。它是对象边界框/锚框的交集面积与其并集面积的比值。

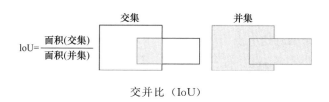

$$\text{IoU} = \frac{\text{面积（交集）}}{\text{面积（并集）}}$$

交并比（IoU）

把每个对象的边界框与所有锚框进行比较，并将对象分配给 IoU 最高的锚框。考虑到锚框有不同的大小和形状，IoU 确保对象被分配到最近似它在图像上足迹的锚框。

4）现在知道了 YOLO 是如何运作的，可以用它来进行预测了。但是，网络的输出可能是有噪声的——输出包括每个单元的所有可能的锚框，而不管锚框中是否有对象。很多框会重叠，并且实际上预测的是同一个对象。使用**非最大值抑制**消除噪声，下面是其工作原理：

（1）丢弃所有置信度分数小于或等于 0.6 的边界框。

（2）从剩下的边界框中，选择置信度分数可能是最高的那个。

（3）丢弃任何 IoU≥0.5 的框，使用在前面步骤中选择的框。

 不要担心网络输出/groundtruth 数据会变得太复杂或太大。CNN 与 ImageNet 数据集工作得很好，ImageNet 数据集有 1000 个类别，因此有 1000 个输出。

欲知更多有关 YOLO 的资料，请参阅以下论文：

- Joseph Redmon、Santosh Divvala、Ross Girshick 和 Ali Farhadi 编写的 "You Only Look Once：Unified，Real-Time Object Detection"（https://arxiv.org/abs/1506.02640）。
- Joseph Redmon 和 Ali Farhadi 编写的 "YOLO9000：Better，Faster，Stronger"（https://arxiv.org/abs/1612.08242）。
- Joseph Redmon 和 Ali Farhadi 编写的 "YOLOv3：An Incremental Improvement"（https://arxiv.org/abs/1804.02767）。

既然已经介绍了 YOLO 算法的理论，下一节讨论如何在实践中应用它。

使用 OpenCV 和 YOLOv3 的代码示例

本节演示如何在 OpenCV 中使用 YOLOv3 对象检测器。对于本例，需要 opencv-python4.1.1 或更高版本，以及 250MB 的磁盘空间用于预训练的 YOLO 网络。让我们开始吧。

1）从导入开始：

```
import os.path

import cv2  # opencv import
import numpy as np
import requests
```

2）添加一些样板代码，用于下载和存储多个配置和数据文件。从 YOLOv3 网络配置 yolo_config 和 weights 开始，并使用它们初始化 net 网络。使用 YOLO 的作者的 GitHub 和个人网站来做到这一点：

```
# Download YOLO net config file
# We'll it from the YOLO author's github repo
yolo_config = 'yolov3.cfg'
if not os.path.isfile(yolo_config):
    url =
'https://raw.githubusercontent.com/pjreddie/darknet/master/cfg/yolo
v3.cfg'
    r = requests.get(url)
    with open(yolo_config, 'wb') as f:
        f.write(r.content)

# Download YOLO net weights
# We'll it from the YOLO author's website
yolo_weights = 'yolov3.weights'
if not os.path.isfile(yolo_weights):
    url = 'https://pjreddie.com/media/files/yolov3.weights'
    r = requests.get(url)
    with open(yolo_weights, 'wb') as f:
        f.write(r.content)

# load the network
net = cv2.dnn.readNet(yolo_weights, yolo_config)
```

3）下载网络可以检测到的 COCO 数据集类的名称。从文件中加载它们。COCO 的论文中的数据集包含 91 个类别。但是，网站上的数据集只有 80 个。YOLO 采用 80 类别的版本：

```
# Download class names file
# Contains the names of the classes the network can detect
classes_file = 'coco.names'
if not os.path.isfile(classes_file):
    url =
'https://raw.githubusercontent.com/pjreddie/darknet/master/data/coc
o.names'
    r = requests.get(url)
    with open(classes_file, 'wb') as f:
        f.write(r.content)

# load class names
with open(classes_file, 'r') as f:
    classes = [line.strip() for line in f.readlines()]
```

4）从维基百科下载一张测试图像。在 blob 变量中，我们从文件加载图像：

```
# Download object detection image
image_file = 'source_1.png'
if not os.path.isfile(image_file):
```

```
    url =
"https://github.com/ivan-vasilev/advanced-deep-learning-with-python
/blob/master/chapter04-detection-segmentation/source_1.png"
    r = requests.get(url)
    with open(image_file, 'wb') as f:
        f.write(r.content)

# read and normalize image
image = cv2.imread(image_file)
blob = cv2.dnn.blobFromImage(image, 1 / 255, (416, 416), (0, 0, 0),
True, crop=False)
```

5）将图像提供给网络并进行推理：

```
# set as input to the net
net.setInput(blob)

# get network output layers
layer_names = net.getLayerNames()
output_layers = [layer_names[i[0] - 1] for i in
net.getUnconnectedOutLayers()]

# inference
# the network outputs multiple lists of anchor boxes,
# one for each detected class
outs = net.forward(output_layers)
```

6）迭代类和锚框，为下一步做好准备：

```
# extract bounding boxes
class_ids = list()
confidences = list()
boxes = list()

# iterate over all classes
for out in outs:
    # iterate over the anchor boxes for each class
    for detection in out:
        # bounding box
        center_x = int(detection[0] * image.shape[1])
        center_y = int(detection[1] * image.shape[0])
        w, h = int(detection[2] * image.shape[1]), int(detection[3]
* image.shape[0])
        x, y = center_x - w // 2, center_y - h // 2
        boxes.append([x, y, w, h])

        # confidence
        confidences.append(float(detection[4]))

        # class
        class_ids.append(np.argmax(detection[5:]))
```

7）消除噪声与非最大抑制。你可以使用不同的 `score_threshold` 和 `nms_thresh-`
`old` 值进行实验，讨论检测到的对象是如何变化的：

```
# non-max suppression
ids = cv2.dnn.NMSBoxes(boxes, confidences, score_threshold=0.75,
nms_threshold=0.5)
```

8）在图像上绘制边界框及其说明文字：

```
for i in ids:
    i = i[0]
    x, y, w, h = boxes[i]
    class_id = class_ids[i]

    color = colors[class_id]

    cv2.rectangle(img=image,
                  pt1=(round(x), round(y)),
                  pt2=(round(x + w), round(y + h)),
                  color=color,
                  thickness=3)

    cv2.putText(img=image,
                text=f"{classes[class_id]}: {confidences[i]:.2f}",
                org=(x - 10, y - 10),
                fontFace=cv2.FONT_HERSHEY_SIMPLEX,
                fontScale=0.8,
                color=color,
                thickness=2)
```

9）使用以下代码显示检测到的对象：

```
cv2.imshow("Object detection", image)
cv2.waitKey()
```

如果一切正常，此代码块将生成在 4.1 节中看到的相同的图像。

关于 YOLO 的讨论到此结束。下一节介绍一个名为 Faster R-CNN（R-CNN 表示带
有 CNN 的区域）的两阶段对象检测器。

4.1.3 使用 Faster R-CNN 进行对象检测

本节讨论一个叫作 Faster R-CNN 的两阶段对象检测算法（"Faster R-CNN：To-
wards Real-Time Object Detection with Region Proposal Networks"，https://arxiv.org/
abs/1506.01497）。它是早期两阶段检测器 Fast R-CNN（https://arxiv.org/abs/
1504.08083）和 R-CNN（"Rich feature hierarchies for accurate object detection and se-
mantic segmentation"，https://arxiv.org/abs/1311.2524）的演变。

首先概述 Faster R-CNN 的总体结构，如下页图所示。

在解释算法时请记着这个结构图。和 YOLO 一样，Faster R-CNN 从 ImageNet 上训
练的主干分类网络开始，它作为模型的不同模块的基础。论文的作者用 VGG16 和 ZF 网

络主干（"Visualizing and Understanding Convolutional Networks"，https://cs. nyu. edu/～fergus/papers/zeilerECCV2014. pdf）进行了实验。然而，最近的实现使用更现代化的架构，如 ResNet。主干网络作为模型的其他两个组成部分（RPN 和检测网络）的主干。下一节讨论 RPN。

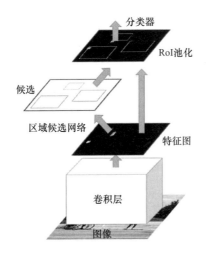

Faster R-CNN 结构（来源：https：//arxiv. org/abs/1506.01497）

区域候选网络

在第一阶段，RPN 以（任何大小的）图像作为输入，并输出一组感兴趣的区域（RoI），其中可能有一个对象。RPN 本身是通过获取主干模型的第一个 p（VGG 为 13，ZF 网络为 5）卷积层来创建的（见上图）。一旦输入图像被传播到最后一个共享的卷积层，算法将获取该层的特征图，并在特征图的每个位置上滑动另一个小网络。小网络输出一个对象是否存在于每个位置上的 k 个锚框中的任何一个（RPN 的锚框的概念与 YOLO 中的相同）。下图左边的图像说明了这个概念，它显示了 RPN 在最后一个卷积层的单一特征图上滑动的单一位置。

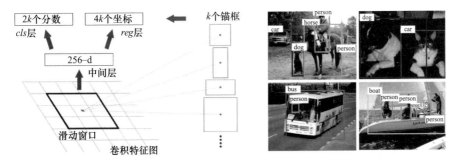

左：单一地点的 RPN 候选。右：使用 RPN 候选的检测示例（标签被人为地增强）。
来源：https://arxiv. org/abs/1506.01497

在所有的输入特征图上（根据论文 $n=3$）的同一位置，小网络全连接到一个 $n \times n$ 区域。例如，如果最后一个卷积层有 512 个特征图，那么一个位置的小网络输入大小为 512 $\times 3 \times 3 = 4608$。每个滑动窗口都映射到较低维的向量（GG 为 512 维，ZF 网络为 256 维）。这个向量本身作为以下两个平行的全连接层的输入：

1）分类（cls）层将 $2k$ 个单元组成 k 个 2-单元二元 softmax 输出。每个 softmax 的输出表示一个对象是否位于 k 个锚框中的置信度分数。该论文将置信度分数称为**对象性**（objectness），它衡量锚框的内容是否属于一组对象，而不是背景。在训练过程中，根据 IoU 公式将一个对象分配给一个锚框，方法与 YOLO 相同。

2）回归（reg）层将 $4k$ 个单元组成 k 个 4-单元 RoI 坐标。4 个单元中的 2 个表示 RoI 中心在［0：1］范围内相对于整幅图像的坐标。另外 2 个坐标表示区域相对于整个图像的高度和宽度（同样，类似于 YOLO）。

论文的作者用 3 种规模和 3 种纵横比进行了实验，在每个位置上产生了 9 个可能的锚框。最终特征图的典型 $H \times W$ 大小在 2400 左右，得到了 $2400 * 9 = 21\ 600$ 个锚框。

理论上，将小网络滑动到最后一个卷积层的特征图上。然而，小网络是在所有位置共享的。因此，滑动可以被实现为跨通道卷积。所以，网络可以在一个图像传递中为所有锚框生成输出。这是对 Fast R-CNN 的一个改进，Fast R-CNN 要求每个锚框都有一个单独的网络传递。

RPN 是用反向传播和随机梯度下降训练的。共享卷积层使用主干网络的权重进行初始化，其余层随机初始化。每个小批量的样本都是从一个包含许多正（对象）和负（背景）锚框的图像中提取的。两种类型的采样比例为 1:1。每个锚被分配一个二元类标签（是否为对象）。具有正标签的锚有两种：与 groundtruth 框 IoU 重叠度最高的一个/多个锚，或者与任何与 groundtruth 框 IoU 重叠度大于 0.7 的锚。如果锚的 IoU 比率低于 0.3，则给框分配一个负标签。既不是正标签也不是负标签的锚不参加训练。

由于 RPN 有两个输出层（分类和回归），因此训练使用如下的复合代价函数：

$$L(\{p_i\}, \{t_i\}) = \underbrace{\frac{1}{N_{cls}} \sum_i L_{cls}(p_i, p_i^*)}_{\text{分类代价}} + \underbrace{\lambda \frac{1}{N_{reg}} \sum_i p_i^* L_{reg}(t_i, t_i^*)}_{\text{回归代价}}$$

详细讨论一下：
- i 是小批量中锚的索引。
- p_i 是分类输出，表示锚 i 作为对象的预测概率。注意 p_i^* 为相同（0 或 1）的目标数据。
- t_i 是回归输出向量，大小为 4，代表 RoI 参数。和 YOLO 中一样，t_i^* 也是 YOLO 的目标向量。
- L_{cls} 是分类层的交叉熵损失。N_{cls} 是一个标准化术语，表示小批量的大小。
- L_{reg} 是回归损失。$L_{reg} = R(t_i - t_i^*)$，其中 R 是平均绝对误差（见 1.3.2 节）。N_{reg} 是一个标准化术语，表示锚位置的总数（大约 2400）。

最后，在 λ 参数的帮助下，代价函数的分类项和回归项被组合在一起。由于 N_{reg} 的值近似于 2400 并且 $N_{cls}=256$，因此 λ 被设置为 10，以保持两种损失之间的平衡。

检测网络

既然已经讨论了 RPN，现在关注检测网络。为了做到这一点，回想一下 4.1.3 节开头部分的 Faster R-CNN 的结构图。回顾一下，在第一阶段，RPN 已经生成了 RoI 坐标。检测网络是一个常规的分类器，它决定了当前 RoI 中对象（或背景）的类型。RPN 和检测网络共享它们的第一层卷积层，这是从主干网络借来的。但是，检测网络也整合了 RPN 中提出的区域，以及最后一个共享层的特征图。

但是如何组合这些输入呢？可以借助**感兴趣的区域**最大池化来实现这一点，它是检测网络第二部分的第一层。这个操作的一个例子如下图所示。

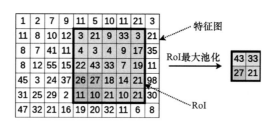

以 10×7 特征图和 5×5 感兴趣的区域为例，实现 2×2 RoI 最大池化

为了简单起见，假设有一个 10×7 的特征图和一个 RoI。正如之前学到的，RoI 是由其坐标、宽度和高度定义的，这样可以把这些参数转换为特征图上的实际坐标。本例中，区域大小为 $h\times w=5\times5$。RoI 最大池化进一步由其输出高度 H 和宽度 W 来定义，本例中，$H\times W=2\times2$，但在实际中可能会更大，如 7×7。RoI 最大池化将 $h\times w$ 的 RoI 分割成共有 $(h/H)\times(w/W)$ 个子区域的网格。

正如从示例中看到的，子区域的大小可能不同。一旦完成它，每个子区域将通过取该区域的最大值来下采样到单个输出单元。换句话说，RoI 池化可以将任意大小的输入转换为固定大小的输出窗口。通过这种方式，转换后的数据可以以一致的格式通过网络传播。

正如之前提到的，RPN 和检测网络共享它们的初始层。然而，它们刚开始时是作为独立网络工作的。训练在两者之间交替进行，分为四个步骤：

1）训练 RPN，它是用主干网络的 ImageNet 权重初始化的。

2）使用第 1 步中新训练的 RPN 中的候选来训练检测网络。训练也以 ImageNet 主干网的权重开始。此时，这两个网络没有共享权重。

3）使用检测网络共享层初始化 RPN 的权重。然后，再次训练 RPN，但是冻结共享层，只微调特定于 RPN 的层。这两个网络现在共享了权重。

4）通过冻结共享层和微调特定于检测网络的层来训练检测网络。

现在已经介绍了 Faster R-CNN，下一节讨论如何在预先训练的 PyTorch 模型的帮助下实现它。

使用 PyTorch 实现 Faster R-CNN

本节将预先训练的 PyTorch Faster R-CNN 和 ResNet50 主干用于对象检测。这个例子需要 PyTorch 1.3.1、torchvision 0.4.2 和 python-opencv 4.1.1。

1）从导入开始：

```
import os.path

import cv2
import numpy as np
import requests
import torchvision
import torchvision.transforms as transforms
```

2）下载输入图像，并在 COCO 数据集中定义类名。这个步骤与 4.1.2 节实现的步骤相同。下载图像的路径存储在 image_file='source_2.png'变量中，类名存储在 classes 列表中。这个实现使用了完整的 91 个 COCO 类别。

3）加载预训练的 Faster R-CNN 模型，并将其设置为评估模式：

```
# load the pytorch model
model =
torchvision.models.detection.fasterrcnn_resnet50_fpn(pretrained=Tru
e)

# set the model in evaluation mode
model.eval()
```

4）然后用 OpenCV 读取图像文件：

```
img = cv2.imread(image_file)
```

5）定义 PyTorch 的 transform 序列，把图像转换成一个与 PyTorch 兼容的张量，然后把它输入网络。网络输出存储在 output 变量中。正如之前所讨论的，output 包含三个组件：boxes 表示边界框参数、classes 表示对象类，scores 表示置信度分数。模型内部应用 NMS（不需要在代码中这样做）：

```
transform = transforms.Compose([transforms.ToPILImage(),
transforms.ToTensor()])
nn_input = transform(img)
output = model([nn_input])
```

6）在继续显示检测到的对象之前，为 COCO 数据集的每个类定义一组随机的颜色：

```
colors = np.random.uniform(0, 255, size=(len(classes), 3))
```

7）对每个边界框进行迭代，并将其绘制在图像上：

```
# iterate over the network output for all boxes
for box, box_class, score in
zip(output[0]['boxes'].detach().numpy(),
output[0]['labels'].detach().numpy(),
```

```
output[0]['scores'].detach().numpy()):

    # filter the boxes by score
    if score > 0.5:
        # transform bounding box format
        box = [(box[0], box[1]), (box[2], box[3])]

        # select class color
        color = colors[box_class]

        # extract class name
        class_name = classes[box_class]

        # draw the bounding box
        cv2.rectangle(img=img, pt1=box[0], pt2=box[1], color=color,
thickness=2)

        # display the box class label
        cv2.putText(img=img, text=class_name, org=box[0],
                    fontFace=cv2.FONT_HERSHEY_SIMPLEX, fontScale=1,
color=color, thickness=2)
```

绘制边界框的步骤如下：
- 过滤置信度分数小于 0.5 的框以防止噪声检测。
- 边界 box 参数（从 output['boxes'] 提取）包含图像上边界框的左上角和右下角的绝对坐标。它们只被转换为元组以适应 OpenCV 格式。
- 提取类名和边界框的颜色。
- 绘制边界框和类名。

8）最后，可以用以下代码显示检测结果：

```
cv2.imshow("Object detection", image)
cv2.waitKey()
```

此代码将产生以下结果（同时检测到车上的乘客）：

Faster R-CNN 对象检测

关于对象检测的部分结束了。我们讨论了两种最流行的检测模型——YOLO 和 Faster R-CNN。下一节讨论图像分割，可以将其视为像素级别上的分类。

4.2　图像分割介绍

图像分割是将类标签（如人、车或树）分配给图像的每个像素的过程。可以将其视为分类，但在像素级别上，不是在一个标签下对整个图像进行分类，而是分别对每个像素进行分类。细分有两种类型：

- **语义分割**：为每个像素分配一个类，但不区分对象实例。例如，下面截图中的中间图像显示了语义分割掩码，其中每辆车的像素具有相同的值。语义分割可以判断一个像素是一个车辆的一部分，但不能区分两个车辆。
- **实例分割**：为每个像素分配一个类，并区分对象实例。例如，下图中右边的图像显示了一个实例分割掩码，其中每辆车被分割为一个单独的对象。

下面的截图展示了语义分割和实例分割的例子。

左：输入图像；中间：语义分割；右：实例分割。来源：http://sceneparsing.csail.mit.edu/

为了训练分割算法，需要一种特殊类型的 groundtruth 数据，其中每个图像的标签是图像的分割版本。

图像分割的最简单的方法是使用 4.1.1 节中描述的常见的滑动窗口技术。也就是说，使用一个常规分类器，并在步长为 1 的条件下向任何方向滑动它。在得到一个位置的预测之后，取位于输入区域中间的像素，并将预测的类分配给它。可以预见，这种方法的速度非常缓慢，因为图像中有大量像素（即使是 1024×1024 的图像也有超过 100 万的像素）。幸运的是，还有更快更准确的算法，之后将讨论这些算法。

4.2.1　使用 U-Net 进行语义分割

讨论的第一种分割方法称为 U-Net（"U-Net：Convolutional Networks for Biomedical Image Segmentation"，https://arxiv.org/abs/1505.04597）。这个名字来源于网络架构的可视化。U-Net 是一种**全卷积网络（FCN）**，如此命名是因为它只包含卷积层，没有任何全连接层。FCN 将整个图像作为输入，并一次性输出其分割图。可以将 FCN 分成两个虚拟组件（实际上，这只是一个单网络）：

- 编码器是网络的第一部分。它类似于一个普通的 CNN，但在最后没有全连接层。编码器的作用是学习输入图像的高度抽象表示（这里没有什么新内容）。

● 解码器是网络的第二部分。它在编码器之后开始运行，并使用编码器作为输入。解码器的作用是将这些抽象表示转换为分割的 groundtruth 数据。为此，解码器使用与编码器相反的运算。这包括转置卷积（卷积的逆过程）和上池化（池化的逆过程）。

下图是 U-Net 的所有成果。

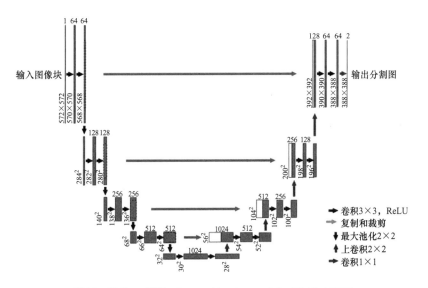

U-Net 架构。来源：https://arxiv.org/abs/1505.04597

每个深色框对应一个多通道特征图。通道的数量在框的顶部表示，特征图的大小在框的左下角。白框代表复制的特征图。箭头表示不同的运算（也显示在图例上）。U 的左边是编码器，右边是解码器。

接下来，让我们分割 U-Net 模块：

● **编码器**：网络以 572×572 的 RGB 图像作为输入。从那里开始，它就像一个常规的 CNN 一样，交替使用卷积层和最大池化层。编码器由以下层的 4 个块组成。
  ● 2 个连续的跨通道，步长为 1 的无填充的 3×3 卷积。
  ● 1 个 2×2 的最大池化层。
  ● ReLU 激活。
  ● 每一个下采样步骤都会使特征图的数量翻倍。
  ● 最终编码器卷积得到 1024 个 28×28 的特征图。
● **解码器**：与编码器对称。该解码器获取最里面的 28×28 特征图，同时上采样并将其转换为 388×388 的分割图。它包含 4 个上采样块：
  ● 上采样使用步长 2 进行 2×2 的转置卷积（见第 2 章），用向上的垂直箭头表示。
  ● 每个上采样步骤的输出与相应编码器步骤（长的浅色水平箭头）的裁剪过的高分辨率特征图连接在一起。裁剪是必要的，因为每次卷积都会损失边界像素。
  ● 每次转置卷积之后都要进行两次常规卷积，以平滑展开后的图像。

- 上采样步骤使特征图的数量减半。最终的输出使用 1×1 的瓶颈卷积将 64 分量的特征图张量映射成所需的分类数量。论文作者演示了细胞医学图像的二元分割。
- 网络输出是每个像素上的 softmax。也就是说，输出包含的独立 softmax 操作与像素的数量一样多。一个像素的 softmax 输出决定了像素的分类。U-Net 被训练成一个常规的分类网络。然而，它的代价函数是 softmax 输出在所有像素上的交叉熵损失的组合。

可以看到，由于网络的有效（未填充）卷积，输出的分割图小于输入图像（388 小于 572）。但是，输出图不是输入图像的重新调节版本。相反，与输入相比，它具有一对一的比例，但只覆盖输入块的中心部分，如下图所示。

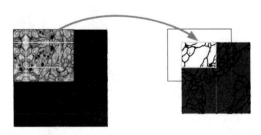

一种用于分割大型图像的 overlap-tile 策略。来源：https://arxiv.org/abs/1505.04597

无填充的卷积是必要的，这样网络就不会在分割图的边界产生噪声。这使得使用所谓的 overlap-tile 策略来分割任意大尺寸的图像成为可能。输入图像被分割成重叠的输入块，就像上面图中左边的那个一样。右侧图像中小光区的分割图需要左侧图像中的大光区（一个图块）作为输入。

下一个输入块与前一个重叠，它们的分割图覆盖图像的邻近区域。为了预测图像边界区域的像素点，通过输入图像的镜像来外推缺失的背景。下一节讨论 Mask R-CNN，它是一个扩展 Faster R-CNN 使其进行实例分割的模型。

4.2.2　使用 Mask R-CNN 进行实例分割

Mask R-CNN（https://arxiv.org/abs/1703.06870）是 Faster R-CNN 的扩展，可以进行实例分割。Faster R-CNN 对每个候选对象有两个输出：边界框参数和分类标签。除此之外，Mask R-CNN 还增加了第三个输出——一个 FCN，它为每个 RoI 生成一个二元分割掩码。Mask R-CNN 的结构如下图所示。

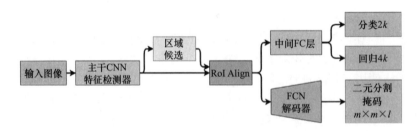

Mask R-CNN

RPN 产生 5 种规模和 3 种纵横比的锚。分割路径和分类路径都使用 RPN 的 RoI 预测，但其他路径是相互独立的。分割路径产生 I 个 $m \times m$ 的二元分割掩码，I 类中每一个都有一个对应的掩码。在训练或推理时，只考虑与分类路径的预测类相关的掩码，其余的都丢弃。分类预测和分割是并行且解耦的，分类路径预测被分割对象的类，分割路径决定掩码。

Mask R-CNN 用更准确的 RoI Align 层替换 RoI 最大池运算。RPN 输出锚框中心及其高度和宽度，它们为 4 个浮点数。然后，RoI 池化层将它们转换为整数特征图单元坐标（量化）。此外，将 RoI 划分为 $H \times W$ 个 bin 也涉及量化。4.1.3 节的 RoI 示例显示，bin 的大小不同（3×3、3×2、2×3、2×2）。这两个量化级别会导致 RoI 与提取的特征不匹配。下面的图显示了 RoI Align 是如何解决这个问题的。

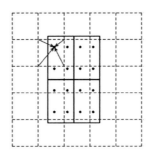

RoI Align 例子。来源：https://arxiv.org/abs/1703.06870

虚线表示特征图单元。中间实线区域是在特征图上叠加的 2×2 的 RoI。注意，它并不完全与单元匹配。相反，它的定位是根据 RPN 预测的，没有量化。同样地，RoI 的一个单元（黑点）与特征图的一个特定单元不匹配。RoI Align 操作通过相邻单元的双线性插值计算 RoI 单元的值。通过这种方式，RoI Align 比 RoI 池化更准确。

在训练时，如果 IoU 的 groundtruth 边界框值至少为 0.5，则将 RoI 赋为正标签，否则赋为负标签。掩码目标是 RoI 与其关联的 groundtruth 掩码的交集。只有标签为正的 RoI 才会参与分割路径的训练。

使用 PyTorch 实现 Mask R-CNN

本节使用一个预先训练好的 PyTorch Mask R-CNN 和一个 ResNet50 主干来进行实例分割。这个示例需要 PyTorch 1.1.0、torchvision 0.3.0 和 OpenCV 3.4.2。这个示例与 4.1.3 节中实现的示例非常相似。因此，可以省略一些代码以避免重复。让我们开始吧。

1）导入 classes 和 image_file 的代码与 Faster R-CNN 示例中的相同。

2）这两个示例的第一个区别是，需要加载 Mask R-CNN 预训练模型：

```
model =
torchvision.models.detection.maskrcnn_resnet50_fpn(pretrained=True)
model.eval()
```

3) 将输入图像输入到网络中,得到 output 变量:

```
# read the image file
img = cv2.imread(image_file)

# transform the input to tensor
transform = transforms.Compose([transforms.ToPILImage(),
transforms.ToTensor()])
nn_input = transform(img)
output = model([nn_input])
```

除了 boxes、classes 和 scores 之外,output 还包含一个用于预测分割掩码的附加 masks 组件。

4) 迭代掩码并将它们覆盖在图像上。图像和掩码是 numpy 数组,可以把覆盖实现为一个向量运算。同时显示边界框和分割掩码:

```
# iterate over the network output for all boxes
for mask, box, score in zip(output[0]['masks'].detach().numpy(),
                            output[0]['boxes'].detach().numpy(),
                            output[0]['scores'].detach().numpy()):

    # filter the boxes by score
    if score > 0.5:
        # transform bounding box format
        box = [(box[0], box[1]), (box[2], box[3])]

        # overlay the segmentation mask on the image with random
color
        img[(mask > 0.5).squeeze(), :] = np.random.uniform(0, 255,
size=3)

        # draw the bounding box
        cv2.rectangle(img=img,
                      pt1=box[0],
                      pt2=box[1],
                      color=(255, 255, 255),
                      thickness=2)
```

5) 最后,可以使用以下代码显示分割结果:

```
cv2.imshow("Object detection", img)
cv2.waitKey()
```

本示例将生成如下页图右侧所示的图像(左侧的原图供比较)。

可以看到,每个分割掩码都只在其边界框内定义,其中所有的分割掩码值都大于零。为了得到属于对象的实际像素,只对分割置信度分数大于 0.5 的像素应用掩码(此代码片段是 Mask R-CNN 代码示例步骤 4 的一部分):

```
img[(mask > 0.5).squeeze(), :] = np.random.uniform(0, 255, size=3)
```

至此本章关于图像分割的介绍结束了。

4.3　总结

本章讨论了对象检测和图像分割。我们以使用一阶段（一次）检测算法 YOLO 开始，然后继续使用两阶段 Faster R-CNN 算法。接下来讨论了语义分割网络的架构，U-Net。最后，我们讨论了 Mask R-CNN——Faster R-CNN 对实例分割的扩展。

下一章探讨被称为生成模型的 ML 算法的新类型。可以使用它们来生成新的内容，比如图像。

第 **5** 章

生 成 模 型

前两章重点讨论了有监督的计算机视觉问题，如分类和对象检测。本章讨论如何在无监督神经网络的帮助下创建新的图像。毕竟，知道如何在不需要标记数据的前提下创建新的图像，会对你有帮助。更具体地说，我们将讨论生成模型。

5.1 生成模型的直觉和证明

到目前为止，使用神经网络作为**鉴别模型**。这意味着，如果给定输入数据，一个鉴别模型将把输入数据映射到某个标签（一个分类）。一个典型的例子是将 MNIST 图像分类为 10 个（0 至 9）数字类中的 1 个，其中神经网络将输入的数据特征（像素强度）映射到数字标签。也可以用另一种方式表述：给定 x（输入），一个鉴别模型给出 y（类）的概率。就 MNIST 而言，这是在给定图像的像素强度时，给出了数字的概率。

另外，生成模型学习类是如何分布的。可以把它想象成判别模型的逆过程。它不是预测给定输入特征的类概率 y，而是试图预测当给定一个类 $y\_P(X|Y=y)$ 时输入特征的概率。例如，生成模型能够在给定数字类时创建一个手写数字的图像。因为只有 10 个类，所以它只能生成 10 个图像。我们只是用这个例子来说明这个概念。在现实中，y 类可以是任意张量的值，并且该模型可以生成无限个具有不同特征的图像。如果你现在不明白，不要担心，我们将在本章中看到许多例子。

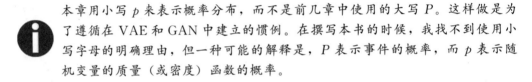

本章用小写 p 来表示概率分布，而不是前几章中使用的大写 P。这样做是为了遵循在 VAE 和 GAN 中建立的惯例。在撰写本书的时候，我找不到使用小写字母的明确理由，但一种可能的解释是，P 表示事件的概率，而 p 表示随机变量的质量（或密度）函数的概率。

以生成方式利用神经网络的两种最流行的方法是使用 VAE 和 GAN。下一节介绍 VAE。

5.2　VAE 介绍

为了理解变分自编码器，需要讨论常规的自编码器。自编码器是一种前馈神经网络，它试图复制它的输入。换句话说，自编码器的目标值（标签）等于输入数据 $\boldsymbol{y}^i = \boldsymbol{x}^i$，其中 i 为样本索引。可以说它试图学习一个恒等函数 $h_{w,w'}(\boldsymbol{x}) = \boldsymbol{x}$（一个复制其输入的函数）。因为标签只是输入数据，所以自编码器是一个无监督的算法。

下图是一个自编码器。

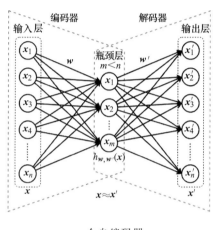

一个自编码器

自编码器由输入层、隐藏层（或瓶颈层）和输出层组成。类似于 U-Net（见第 4 章），可以把自编码器看作两个组件的虚拟组合：

- **编码器**：将输入数据映射到网络的内部表示。为了简单起见，在本例中编码器是一个单一的、完全连接的隐藏瓶颈层。内部状态就是它的激活向量。通常，编码器可以有多个隐藏层（包括卷积层）。
- **解码器**：尝试从网络的内部数据表示中重构输入。解码器也可以具有典型的镜像编码器的复杂结构。相比于 U-Net 试图将输入图像转换为其他领域的目标图像（例如分割图），自编码器只是试图重构其输入。

可以通过最小化一个损失函数（$J = (\boldsymbol{x}，\boldsymbol{x}')$）来训练自编码器，这个损失函数被称为**重构误差（reconstruction error）**。它测量原始输入和重构之间的距离。可以用通常的方法最小化损失函数，如梯度下降和反向传播，根据选择的方法，可以使用**均方误差（MSE）**或二元交叉熵（有两类的交叉熵）作为重构误差。

此时，既然只是重复它的输入，那么你可能想知道自编码器的意义何在。然而，我们对网络输出不感兴趣，而对其内部数据表示（也称为**潜在空间（latent space）**的表示）感兴趣。潜在空间包含隐藏的数据特征，这些特征不是直接观察到的，而是由算法推断出来的。这个关键在于瓶颈层比输入/输出层拥有更少的神经元。这主要有两个原因：

- 因为网络试图从一个更小的潜在空间重构它的输入，所以它学习了一个紧凑的数据表示。你可以把它看作压缩（但不是无损的）。

- 通过使用更少的神经元，网络被迫只能学习数据中最重要的特征。为了说明这个概念，看看去噪自编码器，在训练过程中故意使用损坏的输入数据和没有损坏的目标数据。例如，如果训练一个去噪自编码器来重构 MNIST 图像，通过将图像的随机像素设置到最大强度（白色）（如下面的截图所示）可以引入噪声。为了使无噪声目标的损失最小化，自编码器被迫查看噪声以外的输入，只学习数据的重要特征。然而，如果网络的隐藏神经元多于输入神经元，那么它可能会对噪声过拟合。在隐藏神经元较少的附加约束下，该算法只能尝试忽略噪声。经过训练，可以使用去噪自编码器来去除真实图像中的噪声。

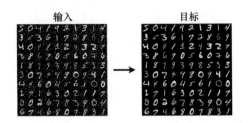

去噪自编码器的输入和目标

编码器将每个输入样本映射到潜在空间，其中潜在表示的每个属性都有一个离散值。这意味着一个输入样本只能有一个潜在表示。因此，解码器只能以一种可能的方式重构输入。换句话说，可以对一个输入样本进行一次单独的重构。但我们不想这样，相反，我们希望生成不同于原始图像的新图像。VAE 是一种可能的解决方案。

VAE 能以概率术语描述潜在表示。也就是说，代替离散值，将有每个潜在属性的概率分布使潜在空间连续。这使得随机抽样和插值更容易。用一个例子来说明这一点。想象一下，正在尝试对一个车辆的图像进行编码，潜在表示是一个有 n 个元素（瓶颈层中的 n 个神经元）的向量 z。每个元素表示一个车辆属性，比如长度、高度和宽度（如下图所示）。

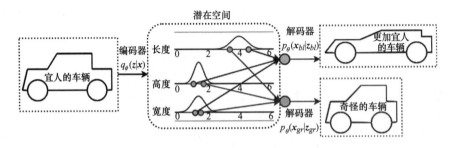

变分编码器从潜在变量的分布范围采样不同值的示例

假设车辆的平均长度是 4 米。代替固定的值，VAE 可以解码此属性为平均值为 4 的正态分布（对其他属性也适用）。然后，解码器可以从潜在变量的分布范围中选择样本。

例如，它可以重构一个比输入长度更长的和更低的车辆。通过这样做，VAE 可以生成无限个输入变体版本。

正式描述如下：

- 编码器的目标是近似真实的概率分布 $p(z)$，其中 z 是潜在空间的表示。但是，它是通过从不同样本的条件概率分布 $p(z|x)$ 中间接推断 $p(z)$ 来实现的，其中 x 是输入数据。换句话说，给定输入数据 x，编码器尝试学习 z 的概率分布。使用 $q_{\varphi}(z|x)$ 表示编码器对 $p(z|x)$ 的近似，其中 φ 是网络的权重。编码器的输出是 x 可能生成的 z 的概率值的概率分布（例如高斯分布）。在训练过程中，不断更新权重 φ，使 $q_{\varphi}(z|x)$ 更接近真实的 $p(z|x)$。

- 解码器的目标是近似真实的概率 $p(x|z)$ 的分布。换句话说，解码器尝试学习在给定潜在表示 z 时，数据 x 的条件概率分布。用 $p_{\theta}(x|z)$ 表示解码器对真实概率分布的近似，其中 θ 是解码器的权重。该过程首先从概率分布（例如高斯分布）中随机对 z 进行采样。然后通过解码器发送 z，解码器的输出是 x 的可能对应值的概率分布。在训练过程中，不断更新权重 θ，使 $p_{\theta}(x|z)$ 更接近真实的 $p(x|z)$。

VAE 使用一种特殊类型的损失函数，其中有两项：

$$L(\theta,\varphi;x) = -D_{KL}(q_{\varphi}(z|x) \| p_{\theta}(z)) + E_{q_{\varphi}(z|x)}\big[\log(p_{\theta}(x|z))\big]$$

第一项是在概率分布 $q_{\varphi}(z|x)$ 和预期概率分布 $p(z)$ 之间的 KL 散度（见第 1 章）。就这一点来说，它测量当使用 $q_{\varphi}(z|x)$ 来表示 $p(z)$ 时丢失了多少信息（两个分布的接近程度）。它鼓励自编码器探索不同的重构。第二项是重构损失，它测量原始输入和重构之间的差异。它们之间的差异越大，重构损失增加得越多。因此，VAE 鼓励自编码器以更好的方式重构数据。

为了实现这一点，瓶颈层不会直接输出潜在状态变量，而是输出两个向量，描述每个潜在变量分布的均值和方差。

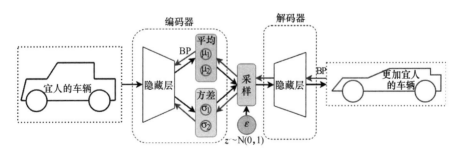

变分编码器采样

一旦有了均值和方差分布，就可以从潜在变量分布中对状态 z 进行采样，然后通过解码器进行重构。但还不能庆祝，因为这会带来另一个问题：反向传播不能在这里的随机进程上工作。幸运的是，可以用所谓的**重参数化**技巧来解决这个问题。首先，从一个高斯分布（前面图中的 ε 圆形）中采样一个与 z 相同维数的随机向量。然后，通过潜在分布的均值 μ 平移这个随机向量，并通过潜在分布的方差 σ 缩放这个随机向量：

$$z = \mu + \sigma \odot \varepsilon$$

通过这种方式，能够优化平均和方差，并且从反向传递中省略随机生成器。同时，采样数据将具有原始分布的特性。既然已经介绍了 VAE，下面学习如何实现它。

使用 VAE 生成新的 MNIST 数字

在本节中，我们将学习 VAE 如何为 MNIST 数据集生成新的数字。使用 TF 2.0.0 下的 Keras 来实现。选择 MNIST 是因为它能很好地说明 VAE 的生成能力。

 本节中的代码部分基于 https://github.com/kerasteam/keras/blob/master/examples/variational autoencoder.py。

下面逐步完成它的实现：

1）从导入开始。使用集成在 TF 中的 Keras 模块：

```
import matplotlib.pyplot as plt
from matplotlib.markers import MarkerStyle
import numpy as np
import tensorflow as tf
from tensorflow.keras import backend as K
from tensorflow.keras.layers import Lambda, Input, Dense
from tensorflow.keras.losses import binary_crossentropy
from tensorflow.keras.models import Model
```

2）实例化 MNIST 数据集。回想一下在第 2 章中，我们使用 TF/Keras 实现了一个迁移学习的例子，其中使用 `tensorflow_datasets` 模块来加载 CIFAR-10 数据集。在本例中，使用 `keras.datasets` 模块加载 MNIST：

```
(x_train, y_train), (x_test, y_test) =
tf.keras.datasets.mnist.load_data()

image_size = x_train.shape[1] * x_train.shape[1]
x_train = np.reshape(x_train, [-1, image_size])
x_test = np.reshape(x_test, [-1, image_size])
x_train = x_train.astype('float32') / 255
x_test = x_test.astype('float32') / 255
```

3）实现 `build_vae` 函数，该函数将构建 VAE：
- 分别访问编码器、解码器和整个网络。该函数将以元组的形式返回它们。
- 瓶颈层只有 2 个神经元（也就是说，只有 2 个潜在变量）。这样，就可以将潜在分布显示为一个 2D 图形。
- 编码器/解码器将包含一个具有 512 个神经元的中间（隐藏）全连接层。这不是卷积网络。

- 使用交叉熵重构损失和 KL 散度。

以下是如何在全局范围内实现它：

```
def build_vae(intermediate_dim=512, latent_dim=2):
    # encoder first
    inputs = Input(shape=(image_size,), name='encoder_input')
x = Dense(intermediate_dim, activation='relu')(inputs)

# latent mean and variance
z_mean = Dense(latent_dim, name='z_mean')(x)
z_log_var = Dense(latent_dim, name='z_log_var')(x)

# Reparameterization trick for random sampling
# Note the use of the Lambda layer
# At runtime, it will call the sampling function
z = Lambda(sampling, output_shape=(latent_dim,),
name='z')([z_mean, z_log_var])

# full encoder encoder model
encoder = Model(inputs, [z_mean, z_log_var, z], name='encoder')
encoder.summary()

# decoder
latent_inputs = Input(shape=(latent_dim,), name='z_sampling')
x = Dense(intermediate_dim, activation='relu')(latent_inputs)
outputs = Dense(image_size, activation='sigmoid')(x)

# full decoder model
decoder = Model(latent_inputs, outputs, name='decoder')
decoder.summary()

# VAE model
outputs = decoder(encoder(inputs)[2])
vae = Model(inputs, outputs, name='vae')

# Loss function
# we start with the reconstruction loss
reconstruction_loss = binary_crossentropy(inputs, outputs) *
image_size

# next is the KL divergence
kl_loss = 1 + z_log_var - K.square(z_mean) - K.exp(z_log_var)
kl_loss = K.sum(kl_loss, axis=-1)
kl_loss *= -0.5

# we combine them in a total loss
vae_loss = K.mean(reconstruction_loss + kl_loss)
vae.add_loss(vae_loss)

return encoder, decoder, vae
```

4）与网络定义直接相关的是 sampling 函数，它实现了从高斯单元对潜在向量 z 的随机采样（这是之前介绍的重参数化技巧）：

```
def sampling(args: tuple):
    """
    :param args: (tensor, tensor) mean and log of variance of
    q(z|x)
    """

    # unpack the input tuple
    z_mean, z_log_var = args

    # mini-batch size
    mb_size = K.shape(z_mean)[0]

    # latent space size
    dim = K.int_shape(z_mean)[1]

    # random normal vector with mean=0 and std=1.0
    epsilon = K.random_normal(shape=(mb_size, dim))

    return z_mean + K.exp(0.5 * z_log_var) * epsilon
```

5）现在需要实现 plot_latent_distribution 函数。它收集测试集中所有图像的潜在表示，并在一个 2D 图形上显示它们。可以这样做是因为我们的网络只有 2 个潜在变量（用于图的两个轴）。注意，要实现它只需要 encoder：

```
def plot_latent_distribution(encoder, x_test, y_test,
batch_size=128):
    z_mean, _, _ = encoder.predict(x_test, batch_size=batch_size)
    plt.figure(figsize=(6, 6))

    markers = ('o', 'x', '^', '<', '>', '*', 'h', 'H', 'D', 'd',
    'P', 'X', '8', 's', 'p')

    for i in np.unique(y_test):
        plt.scatter(z_mean[y_test == i, 0], z_mean[y_test == i, 1],
                          marker=MarkerStyle(markers[i],
                          fillstyle='none'),
                          edgecolors='black')

    plt.xlabel("z[0]")
    plt.ylabel("z[1]")
    plt.show()
```

6）接下来实现 plot_generated_images 函数。它将在 [−4，4] 范围内，为 2 个潜在变量采样 n* n 个向量 z。接下来，根据采样的向量生成图像，并在 2D 网格中显示。注意，实现它只需要 decoder：

```
def plot_generated_images(decoder):
    # display a nxn 2D manifold of digits
    n = 15
    digit_size = 28

    figure = np.zeros((digit_size * n, digit_size * n))
```

```
# linearly spaced coordinates corresponding to the 2D plot
# of digit classes in the latent space
grid_x = np.linspace(-4, 4, n)
grid_y = np.linspace(-4, 4, n)[::-1]

# start sampling z1 and z2 in the ranges grid_x and grid_y
for i, yi in enumerate(grid_y):
    for j, xi in enumerate(grid_x):
        z_sample = np.array([[xi, yi]])
        x_decoded = decoder.predict(z_sample)
        digit = x_decoded[0].reshape(digit_size, digit_size)
        slice_i = slice(i * digit_size, (i + 1) * digit_size)
        slice_j = slice(j * digit_size, (j + 1) * digit_size)
        figure[slice_i, slice_j] = digit

# plot the results
plt.figure(figsize=(6, 5))
start_range = digit_size // 2
end_range = n * digit_size + start_range + 1
pixel_range = np.arange(start_range, end_range, digit_size)
sample_range_x = np.round(grid_x, 1)
sample_range_y = np.round(grid_y, 1)
plt.xticks(pixel_range, sample_range_x)
plt.yticks(pixel_range, sample_range_y)
plt.xlabel("z[0]")
plt.ylabel("z[1]")
plt.imshow(figure, cmap='Greys_r')
plt.show()
```

7）运行全部代码。使用 Adam 优化器（见第 1 章）来训练网络 50 个 epoch：

```
if __name__ == '__main__':
    encoder, decoder, vae = build_vae()

vae.compile(optimizer='adam')
vae.summary()

vae.fit(x_train,
        epochs=50,
        batch_size=128,
        validation_data=(x_test, None))

plot_latent_distribution(encoder, x_test, y_test,
                         batch_size=128)

plot_generated_images(decoder)
```

8）如果一切按计划进行，一旦训练结束，将看到所有测试图像的每个数字类的潜在分布。左边和下面的轴分别表示 z_1 和 z_2 潜在变量。不同的标记形状代表不同的数字类别。

- 查看由 plot_generated_images 生成的图像。坐标轴表示每个图像使用的特定的潜在分布 z：

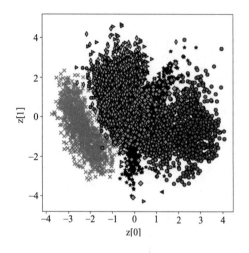 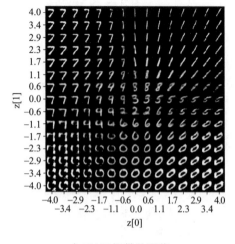

MNIST 测试图像的潜在分布　　　　　　　　由 VAE 提供的图像

　　以上就是对 VAE 的描述。下一节讨论生成对抗网络（GAN），它可能是最受欢迎的生成模型家族。

5.3　GAN 介绍

　　本节讨论当今最流行的生成模型：GAN 框架。它于 2014 年首次在具有里程碑意义的论文 "Generative Adversarial Nets"（http://papers.nips.cc/paper/5423-generative-adversarial-nets.pdf）中介绍。GAN 框架可以处理任何类型的数据，但是到目前为止，最流行的应用是生成图像，本书只在生成图像的背景中讨论它。GAN 的工作方式如下图所示。

一个 GAN 系统

　　GAN 是一个由两部分（神经网络）组成的系统：
- **生成器**：这就是生成模型本身。它以一个概率分布（随机噪声）作为输入，并试图生成一个真实的输出图像。其目的类似于 VAE 的解码器部分。
- **鉴别器**：这需要两个交替输入：训练数据集的真实图像或从生成器生成的虚假样本。它试图确定输入的图像是来自真实的图像还是来自生成的图像。

　　这两个网络一起被训练成一个系统。一方面，鉴别器试图更好地辨别真假图像。另一方面，生成器试图输出更真实的图像，以便欺骗鉴别器，使其认为生成的图像是真实的。使用原始论文中的比喻：你可以将生成器看作一个伪造团队，试图制造假币。相反，鉴别器扮演警察的角色，试图捕获假币，两者不断试图欺骗对方（因此以对抗命名）。该系统的最终目标是使生成器足够好，以至于鉴别器无法区分真假图像。即使鉴别器进行了分类，但 GAN 仍然是无监督的，因为不需要标记图像。下一节讨论 GAN 框架中的训练过程。

5.3.1　训练 GAN

我们的主要目标是让生成器生成逼真的图像，GAN 框架就是实现这一目标的工具。分别对生成器和鉴别器进行顺序训练（一个接一个），并在两者之间交替多次。

在介绍更多细节之前，使用下面的图表来介绍一些符号：

- 用 $G(z, \theta_g)$ 表示生成器，其中 θ_g 是网络权重，z 是潜在向量，它作为生成器的输入。可以将 z 看作启动图像生成过程的一个随机候选值。它类似于 VAE 中的潜在向量。z 的概率分布是 $p_z(z)$，它通常是随机正态分布或随机均匀分布。生成器输出虚假样本 x，其概率分布为 $p_g(x)$。你可以认为 $p_g(x)$ 是取决于生成器的真实数据的概率分布。

- 用 $D(x, \theta_d)$ 表示鉴别器，其中 θ_d 为网络权重。它接受 $x \sim p_{data}(x)$ 分布的真实数据或 $x \sim p_g(x)$ 分布的生成的样本作为输入。鉴别器是一个二元分类器，它的输出结果判定输入图像是真实的数据（网络输出为 1）还是生成的数据（网络输出为 0）。

- 在训练中，分别用 $J^{(D)}$ 和 $J^{(G)}$ 表示鉴别器和生成器的损失函数。

下图是一个更详细的 GAN 框架图。

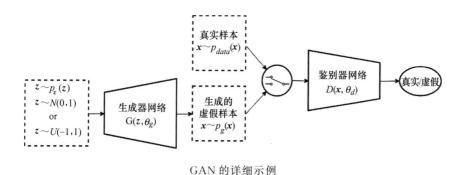

GAN 的详细示例

GAN 的训练不同于常规的 DNN，因为它有两个网络。可以把它看作有两个玩家（生成器和鉴别器）的顺序极小极大零和游戏 sequential minimax zero-sum game：

- **顺序**：这意味着玩家轮流进行，类似于国际象棋或井字游戏。首先，鉴别器试图最小化 $J^{(D)}$，但它只能通过调整权重 θ_d 实现。接下来，生成器试图最小化 $J^{(G)}$，但它只能通过调整权重 θ_g 实现。多次重复这个过程。

- **零和**：这意味着一个玩家的损失与另一个玩家的损失相平衡。即生成器的损失与鉴别器的损失之和始终为 0：

$$J^{(G)} = -J^{(D)}$$

- **极大极小**：这意味着第一个玩家（生成器）的策略是**最小化**对手（鉴别器）的**最大得分**（这就是名字的由来）。当训练鉴别器时，它就能更好地辨别真样本和假样本（最小化 $J^{(D)}$）。接下来，当训练生成器时，它试图达到新的提升的鉴别器的级别（最小化 $J^{(G)}$ 相当于最大化 $J^{(D)}$）。这两个网络一直竞争。用下面的公式表示使对方得点最小化以使自己得最高分的战略，其中 V 是损失函数：

$$\min_G \max_D V(G,D)$$

假设经过一些训练步骤后，$J^{(G)}$ 和 $J^{(D)}$ 都处于某个局部最小值。这里，极小极大对策的解被称为纳什平衡（Nash equilibrium）。在一个参与者不管做什么，另一个参与者都不改变其行为时，发生纳什平衡。在 GAN 框架中，当生成器变得足够好，以至于鉴别器不再能够区分生成样本和真实样本时，就会发生纳什平衡。也就是说，无论输入是什么，鉴别器的输出总是一半。

现在对 GAN 有了大致了解，下面讨论如何训练它们。我们将从训练鉴别器开始，然后继续讨论训练生成器。

训练鉴别器

鉴别器是一个分类神经网络，可以用通常的方式来训练它，也就是使用梯度下降和反向传播。但不一样的是训练集由真实样本和生成样本组成。让我们学习如何将其融入训练过程中：

1) 根据输入样本（真实或虚假），有两种路径：

- 从真实数据 $x \sim p_{data}(x)$ 中选取样本，并用它生成 $D(x)$。
- 生成一个虚假样本 $x \sim p_g(x)$。在这里，生成器和鉴别器作为一个单一的网络工作。从一个随机向量 z 开始，用它来产生生成样本 $G(z)$。然后，用它作为鉴别器的输入来产生最终的输出 $D(G(z))$。

2) 计算损失函数，它反映了训练数据的二元性（稍后详细讨论）。

3) 反向传播误差梯度并更新权重。虽然两个网络一起工作，但生成器的权重 θ_g 将被锁定，只更新鉴别器的权重 θ_d。这确保了使鉴别器更好而不是使生成器更差来提高鉴别性能。

为了理解鉴别器损失，回顾一下交叉熵损失的公式：

$$H(p,q) = -\sum_{i=1}^{n} p_i(x)\log(q_i(x))$$

这里 $q_i(x)$ 是属于 n 个类中第 i 类的输出的预测概率，$p_i(x)$ 是实际概率。为了简单起见，我们假设将该公式应用于单个训练样本。在二分类的情况下，该公式可以简化为：

$$H(p,q) = -(p(x)\log q(x) + (1-p(x))\log(1-q(x)))$$

 当目标概率为 $p(x) \rightarrow \{0,1\}$ 独热编码时，其中一个损失项始终为 0。

我们可以将 m 个小批量样本的公式展开：

$$H(p,q) = -\frac{1}{m}\sum_{j=1}^{m}(p(\boldsymbol{x}_j)\log(q(\boldsymbol{x}_j)) + (1-p(\boldsymbol{x}_j))\log(1-q(\boldsymbol{x}_j)))$$

知道了这些,让我们定义鉴别器损失:

$$J^{(D)} = -\frac{1}{2}\mathbb{E}_{\boldsymbol{x}\sim p_{data}(\boldsymbol{x})}\log(D(\boldsymbol{x})) - \frac{1}{2}\mathbb{E}_{\boldsymbol{z}\sim p_{z}(\boldsymbol{z})}\log(1-D(G(\boldsymbol{z})))$$

尽管看起来很复杂,但这只是带有一些 GAN 特有的附加项的二元分类器的交叉熵损失。

- 损失的两个组成部分反映了两个可能的类(真实或虚假),它们在训练集中的数量是相等的。
- $\frac{1}{2}\mathbb{E}_{\boldsymbol{x}\sim p_{data}(\boldsymbol{x})}\log D(\boldsymbol{x})$ 是输入从真实数据采样时的损失。在这种情况下 $D(\boldsymbol{x})=1$
- 在这个背景下,期望项 $\mathbb{E}_{\boldsymbol{x}\sim p_{data}(\boldsymbol{x})}$ 意味着 $\boldsymbol{x}$ 是从 $p_{data}(\boldsymbol{x})$ 采样的。本质上,这部分损失意味着,当我们从 $p_{data}(\boldsymbol{x})$ 中采样 $\boldsymbol{x}$ 时,我们期望鉴别器输出 $D(\boldsymbol{x})=1$。最后,0.5 是真实数据 $p_{data}(\boldsymbol{x})$ 的累计类概率,因为它恰好包含整个集合的一半。
- $\frac{1}{2}\mathbb{E}_{\boldsymbol{z}\sim p_{z}(\boldsymbol{z})}\log(1-D(G(\boldsymbol{z})))$ 是从生成的数据中采样输入时的损失。在这里,我们可以进行与真实数据部分相同的观察。但当 $D(G(\boldsymbol{z}))=0$ 时,该项最大。

综上所述,对于所有 $\boldsymbol{x}\sim p_{data}(\boldsymbol{x})$,当 $D(\boldsymbol{x})=1$ 时,鉴别器损失为零;对于所有生成的 $\boldsymbol{x}\sim p_{g}(\boldsymbol{x})$(或 $\boldsymbol{x}=G(\boldsymbol{z})$),当 $D(\boldsymbol{x})=0$ 时,鉴别器损失为零。

训练生成器

训练生成器,使它能更好地欺骗鉴别器。要做到这一点,需要两个网络,就像用虚假样本训练鉴别器一样:

1)从一个随机的潜在向量 $\boldsymbol{z}$ 开始,把它传入生成器和鉴别器来生成输出 $D(G(\boldsymbol{z}))$。
2)生成器的损失函数与鉴别器的损失函数相同。然而,它的目标是最大化而不是最小化它,因为我们想欺骗鉴别器。
3)在反向传递过程中,鉴别器权重 θ_d 被锁定,只能调整 θ_g。这迫使我们通过使生成器更好而不是使鉴别器更差来最大化鉴别器的损失。

你可能已经注意到,在这个阶段中,只使用生成的数据。由于鉴别器权重被锁定,可以忽略损失函数中处理真实数据的部分。因此,可以将其简化为:

$$J^{(G)} = \mathbb{E}_{\boldsymbol{z}\sim p_{z}(\boldsymbol{z})}\log(1-D(G(\boldsymbol{z})))$$

该公式的导数(梯度)为 $-\dfrac{1}{1-D(G(\boldsymbol{z}))}$,如下图所示为一条不间断的线。这对训练施加了限制。在早期,当鉴别器能够很容易地区分真假样本($D(G(\boldsymbol{z}))\approx 0$)时,梯度会接近于零。这将导致对权重 θ_g 的学习很少(梯度消失问题的另一种表现形式):

可以通过使用不同的损失函数来解决这个问题:

$$J^{(G)} = -\mathbb{E}_{\boldsymbol{z}\sim p_{z}(\boldsymbol{z})}\log(D(G(\boldsymbol{z})))$$

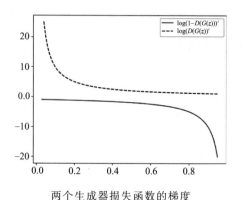

两个生成器损失函数的梯度

这个函数的导数在上面的图表中用虚线显示。当 $D(G(z)) \approx 1$ 且梯度较大时，也就是当生成器性能不佳时，这个损失依然会被最小化。有了这个损失，游戏就不再是零和游戏，但这不会对 GAN 框架产生实际影响。现在，有了定义 GAN 训练算法所需的所有成分。在下一节中实现 GAN。

5.3.2 实现 GAN

根据新发现的知识，可以完全定义极大极小目标：

$$\min_G \max_D V(G,D) = \frac{1}{2}\mathbb{E}_{x \sim p_{data}}(x) \log(D(x)) + \frac{1}{2}\mathbb{E}_{z \sim p_z(z)} \log(1 - D(G(z)))$$

简而言之，生成器试图最小化目标，而鉴别器试图最大化目标。注意，当鉴别器使其损失最小化时，极大极小目标是鉴别器损失的负值，因此鉴别器必须使其最大化。

GAN 框架的作者介绍了以下逐步训练算法。

反复迭代以下步骤：

1) 重复 k 步，其中 k 为超参数：
- 从潜在空间 $\{z^{(1)}, z^{(2)}, \cdots, z^{(m)}\} \sim p_g(z)$ 中随机抽取小批量的 m 个随机样本。
- 从真实数据 $\{x^{(1)}, x^{2)}, \cdots, x^{(m)}\} \sim p_{data}(x)$ 中抽取小批量的 m 个样本。
- 通过鉴别器的代价的随机梯度递增来更新其权重 θ_d：

$$\nabla_{\theta_d} \frac{1}{m} \sum_{i=1}^{m} \left[\log(D(x^{(i)})) + \log(1 - D(G(z^{(i)})))\right]$$

2) 从潜在空间 $\{z^{(1)}, z^{(2)}, \cdots, z^{(m)}\} \sim p_g(z)$ 中随机抽取小批量的 m 个样本。

3) 通过生成器的代价的随机梯度递减来更新其权重：

$$\nabla_{\theta_g} \frac{1}{m} \sum_{i=1}^{m} \log(1 - D(g(z^{(i)})))$$

或者，可以使用在 5.3.1 节中介绍的更新后的代价函数：

$$-\nabla_{\theta_g} \frac{1}{m} \sum_{i=1}^{m} \log(D(G(\boldsymbol{z}^{(i)})))$$

既然知道了如何训练 GAN，那么来讨论一下在训练 GAN 的时候可能会遇到的一些缺陷。

5.3.3　训练 GAN 的缺陷

训练 GAN 模型有一些主要的缺陷：

- 梯度下降算法的目的是寻找损失函数的最小值，而不是纳什平衡，这不是一回事。因此，有时训练可能无法收敛，反而会出现振荡。
- 回想一下，鉴别器的输出是一个 sigmoid 函数，它表示样本是真实的还是虚假的概率。如果鉴别器在这方面做得太好，那么每个训练样本的概率输出都会收敛到 0 或 1。这意味着误差梯度总是 0，这将阻止生成器学习任何东西。然而，如果鉴别器不能很好地从真实图像中识别出虚假图像，它就会把错误的信息反向传播给生成器。因此，鉴别器不应该太好或太坏，训练才能成功。在实践中，这意味着不能将它训练到收敛。
- **模式崩溃**是一个问题，无论潜在的输入向量值是多少，生成器都只能生成有限数量的图像（甚至只生成一个图像）。为了理解为什么会发生这种情况，关注当鉴别器的权重被固定时，单个生成器试图最小化 $\mathbb{E}_{z \sim p_z(z)} \log(1 - D(G(z)))$ 的训练情况。换句话说，生成器试图生成一个虚假图像 $\boldsymbol{x}^*$，以便 $\boldsymbol{x}^* = \arg\max_{x} D(\boldsymbol{x})$。然而，损失函数并不强制生成器为输入潜在向量的不同值都创建一个独特的图像 $\boldsymbol{x}^*$。也就是说，训练可以对生成器进行修改，使生成的图像 $\boldsymbol{x}^*$ 与潜在向量值完全解耦，同时使损失函数最小化。例如，不管输入是什么，用于生成新 MNIST 图像的 GAN 只能生成数字 4。一旦更新鉴别器，之前的值 $\boldsymbol{x}^*$ 可能不再是最佳的，这将迫使生成器生成新的不同的图像。然而，不幸的是模式崩溃可能会发生在训练过程的不同阶段。

现在已经熟悉了 GAN 框架，接下来讨论几种不同类型的 GAN。

5.4　GAN 的类型

自从 GAN 框架首次引入以来，出现了许多新的变体。事实上，由于现在有这么多新类型的 GAN，为了脱颖而出，其作者想出了创造性的 GAN 的名字，如 BicycleGAN、DiscoGAN、GAN for LIFE 和 ELEGANT。在接下来的几节中，讨论其中一些。所有示例都是使用 TensorFlow 2.0 和 Keras 实现的。

DCGAN、CGAN、WGAN 和 CycleGAN 的代码部分受到 https：//github.com/eriklindernoren/Keras-GAN 的启发。你可以在 https://github.com/PacktPublishing/Advanced-Deep-Learningwith-Python/tree/master/Chapter05 上找到本章所有示例的完整实现。

5.4.1   DCGAN

本节将实现**深度卷积对抗生成网络**（**DCGAN**，"Unsupervised Representation Learning with Deep Convolutional Generative Adversarial Networks"，https：//arxiv. rg/abs/1511.06434）。在最初的 GAN 框架方案中，其作者只使用全连接网络。相比之下，在 DCGAN 中，生成器和鉴别器都是 CNN。它们有一些约束条件来帮助稳定训练过程。你可以把这些作为 GAN 训练的普遍指导准则，而不仅仅是针对 DCGAN：

- 鉴别器使用跨步卷积层而不是池化层。
- 生成器使用转置卷积上采样潜在向量 z 到生成的图像的大小。
- 这两个网络都使用批标准化。
- 除了鉴别器的最后一层，没有全连接层。
- 除输出外，生成器和鉴别器的所有层都有 LeakyReLU 激活。生成器输出层使用 Tanh 激活（范围为（−1,1））来模拟真实数据的属性。鉴别器有一个单一的 sigmoid 输出（它在（0，1）的范围内），因为它测量的是样本真实或虚假的概率。

下图是一个 DCGAN 框架中的生成器网络示例。

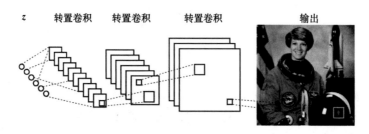

带有转置卷积的生成器网络

实现 DCGAN

本节将实现 DCGAN，它将生成新的 MNIST 图像。这个示例将作为接下来所有 GAN 实现的蓝图。让我们开始吧。

1）从导入必要的模块和类开始：

```
import matplotlib.pyplot as plt
import numpy as np
from tensorflow.keras.datasets import mnist
from tensorflow.keras.layers import \
    Conv2D, Conv2DTranspose, BatchNormalization, Dropout, Input,
    Dense, Reshape, Flatten
from tensorflow.keras.layers import LeakyReLU
from tensorflow.keras.models import Sequential, Model
from tensorflow.keras.optimizers import Adam
```

2）实现 build_generator 函数。遵循本节开始概述的指导原则——上采样与转置卷积、标准化和 LeakyReLU 激活。该模型从全连接层开始上采样 1D 潜在向量。然后，用一系列 Conv2DTranspose 对向量进行上采样。最后的 Conv2DTranspose 有一个 tanh 激活，生成的图像只有 1 个通道：

```python
def build_generator(latent_input: Input):
    model = Sequential([
        Dense(7 * 7 * 256, use_bias=False,
              input_shape=latent_input.shape[1:]),
        BatchNormalization(), LeakyReLU(),

        Reshape((7, 7, 256)),

        # expand the input with transposed convolutions
        Conv2DTranspose(filters=128, kernel_size=(5, 5),
                        strides=(1, 1),
                        padding='same', use_bias=False),
        BatchNormalization(), LeakyReLU(),

        # gradually reduce the volume depth
        Conv2DTranspose(filters=64, kernel_size=(5, 5),
                        strides=(2, 2),
                        padding='same', use_bias=False),
        BatchNormalization(), LeakyReLU(),

        Conv2DTranspose(filters=1, kernel_size=(5, 5),
                        strides=(2, 2), padding='same',
                        use_bias=False, activation='tanh'),
    ])

    # this is forward phase
    generated = model(latent_input)

    return Model(z, generated)
```

3) 构建鉴别器。同样，这是一个带有跨步卷积的简单的 CNN：

```python
def build_discriminator():
    model = Sequential([
        Conv2D(filters=64, kernel_size=(5, 5), strides=(2, 2),
               padding='same', input_shape=(28, 28, 1)),
        LeakyReLU(), Dropout(0.3),
        Conv2D(filters=128, kernel_size=(5, 5), strides=(2, 2),
               padding='same'),
        LeakyReLU(), Dropout(0.3),
        Flatten(),
        Dense(1, activation='sigmoid'),
    ])

    image = Input(shape=(28, 28, 1))
    output = model(image)

    return Model(image, output)
```

4）结合实际 GAN 训练实现 train 函数。这个函数实现了 5.3.1 节中概述的过程。
我们从函数声明和变量的初始化开始：

```
def train(generator, discriminator, combined, steps, batch_size):
    # Load the dataset
    (x_train, _), _ = mnist.load_data()

    # Rescale in [-1, 1] interval
    x_train = (x_train.astype(np.float32) - 127.5) / 127.5
    x_train = np.expand_dims(x_train, axis=-1)

    # Discriminator ground truths
    real = np.ones((batch_size, 1))
    fake = np.zeros((batch_size, 1))

    latent_dim = generator.input_shape[1]
```

继续这个训练循环，交替进行一个鉴别器训练和一个生成器训练。首先，在一批 real_images 和一批 generated_images 中训练 discriminator。然后，在同一批 generated_images 上训练生成器（也包括鉴别器）。注意，把这些图像标记为真实的，因为我们想最大限度地增加鉴别器的损失。以下是实现过程（请注意缩进。这仍然是 train 函数的一部分）：

```
for step in range(steps):
    # Train the discriminator

    # Select a random batch of images
    real_images = x_train[np.random.randint(0, x_train.shape[0],
    batch_size)]

    # Random batch of noise
    noise = np.random.normal(0, 1, (batch_size, latent_dim))

    # Generate a batch of new images
    generated_images = generator.predict(noise)

    # Train the discriminator
    discriminator_real_loss = discriminator.train_on_batch
    (real_images, real)
    discriminator_fake_loss = discriminator.train_on_batch
    (generated_images, fake)

    discriminator_loss = 0.5 * np.add(discriminator_real_loss,
    discriminator_fake_loss)

    # Train the generator
    # random latent vector z
    noise = np.random.normal(0, 1, (batch_size, latent_dim))

    # Train the generator
    # Note that we use the "valid" labels for the generated images
```

```
# That's because we try to maximize the discriminator loss
generator_loss = combined.train_on_batch(noise, real)

# Display progress
print("%d [Discriminator loss: %.4f%%, acc.: %.2f%%] [Generator
loss: %.4f%%]" % (step, discriminator_loss[0], 100 *
discriminator_loss[1], generator_loss))
```

5）实现一个样本函数 plot_generated_images，在训练完成后显示一些生成的图像：

（1）创建一个 n×n 的网格（figure 变量）。

（2）创建 n×n 的随机潜在向量（noise 变量），一个生成图像有一个向量。

（3）生成图像并将其放置在网格单元中。

（4）显示结果。

具体实施如下：

```
def plot_generated_images(generator):
    n = 10
    digit_size = 28

    # big array containing all images
    figure = np.zeros((digit_size * n, digit_size * n))

    latent_dim = generator.input_shape[1]

    # n*n random latent distributions
    noise = np.random.normal(0, 1, (n * n, latent_dim))

    # generate the images
    generated_images = generator.predict(noise)

    # fill the big array with images
    for i in range(n):
        for j in range(n):
            slice_i = slice(i * digit_size, (i + 1) * digit_size)

                slice_j = slice(j * digit_size, (j + 1) * digit_size)
                figure[slice_i, slice_j] = np.reshape
                             (generated_images[i * n + j], (28, 28))

        # plot the results
        plt.figure(figsize=(6, 5))
        plt.axis('off')
        plt.imshow(figure, cmap='Greys_r')
        plt.show()
```

6）通过包含 generator、discriminator 和 combined 网络来构建完整的 GAN 模型。使用大小为 64 的潜在向量（latent_dim 变量），并使用 Adam 优化器运行 50 000 批量的训练（这可能需要一段时间）。然后，绘制结果：

```
latent_dim = 64

# Build the generator
# Generator input z
z = Input(shape=(latent_dim,))

generator = build_generator(z)

generated_image = generator(z)

# we'll use Adam optimizer
optimizer = Adam(0.0002, 0.5)

# Build and compile the discriminator
discriminator = build_discriminator()
discriminator.compile(loss='binary_crossentropy',
                      optimizer=optimizer,
                      metrics=['accuracy'])

# Only train the generator for the combined model
discriminator.trainable = False

# The discriminator takes generated image as input and determines
validity
real_or_fake = discriminator(generated_image)

# Stack the generator and discriminator in a combined model
# Trains the generator to deceive the discriminator
combined = Model(z, real_or_fake)
combined.compile(loss='binary_crossentropy', optimizer=optimizer)

train(generator, discriminator, combined, steps=50000,

batch_size=100)

plot_generated_images(generator)
```

如果一切按计划进行，应该会看到类似下图的结果。

新生成的 MNIST 图像

以上就是对 DCGAN 的讨论。下一节讨论另一种类型的 GAN 模型，称为 CGAN。

5.4.2　CGAN

条件生成对抗网络（CGAN，"Conditional Generative Adversarial Nets"，https：// arxiv.org/abs/1411.1784）是 GAN 模型的扩展，在该模型中，生成器和鉴别器都接收一些额外的条件输入信息。这可以是当前图像的类或其他一些属性。

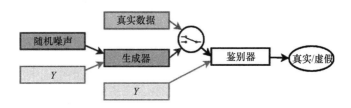

CGAN。Y 表示发生器和鉴别器的条件输入

例如，如果训练 GAN 生成新的 MNIST 图像，可以添加一个额外的输入层，该层具有独热编码图像标签的值。CGAN 的缺点是它们不是严格的无监督的，需要一些标签来让它们起作用。当然，它们也有一些其他的优势：

- 通过使用结构良好的信息进行训练，模型可以学习更好的数据表示，并生成更好的样本。
- 在常规的 GAN 中，所有的图像信息都存储在潜在向量 z 中，这就产生了一个问题：由于 z 可能很复杂，对生成图像的属性没有太多的控制。例如，假设想让 MNIST GAN 生成一个特定的数字，例如 7。必须用不同的潜在向量进行实验，直到达到预期的输出。但是使用 CGAN，可以简单地将一个独热向量 7 与某个随机的 z 组合起来，网络就会生成正确的数字。我们仍然可以尝试不同的 z 值，模型会生成不同版本的数字 7。总之，CGAN 为我们提供了一种控制（条件）生成器输出的方法。

由于输入是有条件的，因此修改极大极小目标，使其也包含条件 y：

$$\min_{G} \max_{D} V(G,D) = \frac{1}{2} \mathbb{E}_{x \sim p_{data}(x)} \big[\log(D(\boldsymbol{x}|y))\big] + \frac{1}{2} \mathbb{E}_{z \sim p_z(z)} \big[\log(1 - D(G(\boldsymbol{z}|y)))\big]$$

实现 CGAN

CGAN 实现的蓝图非常类似于 5.4.1 节中的 DCGAN 示例。也就是说，我们将实现 CGAN 来生成 MNIST 数据集的新图像。为了简单（和多样性），使用全连接生成器和鉴别器。为了避免重复，只显示与 DCGAN 相比修改过的代码部分。你可以在本书的 GitHub 仓库中找到完整的示例。

第一个显著的区别是生成器的定义：

```
def build_generator(z_input: Input, label_input: Input):
    model = Sequential([
        Dense(128, input_dim=latent_dim),
        LeakyReLU(alpha=0.2), BatchNormalization(momentum=0.8),
        Dense(256),
        LeakyReLU(alpha=0.2), BatchNormalization(momentum=0.8),
        Dense(512),
        LeakyReLU(alpha=0.2), BatchNormalization(momentum=0.8),
        Dense(np.prod((28, 28, 1)), activation='tanh'),
            # reshape to MNIST image size
            Reshape((28, 28, 1))
    ])
    model.summary()

    # the latent input vector z
    label_embedding = Embedding(input_dim=10,
    output_dim=latent_dim)(label_input)
    flat_embedding = Flatten()(label_embedding)

    # combine the noise and label by element-wise multiplication
    model_input = multiply([z_input, flat_embedding])
    image = model(model_input)

    return Model([z_input, label_input], image)
```

尽管它是一个全连接的网络，但仍然遵循 5.4.1 节中定义的 GAN 网络设计指导准则。讨论一下如何组合潜在向量 z_input 和条件标签 label_input（从 0 到 9 的整数值）。可以看到，label_input 通过 Embedding 层进行了转换。这个层做两件事：

- 将整数值 label_input 转换成长度为 input_dim 的独热表示。
- 使用独热表示作为大小为 output_dim 的全连接层的输入。

嵌入层允许为每个可能的输入值获取唯一的向量表示。在本例中，label_embedding 的输出与潜在向量和 z_input 的大小具有相同的维度。label_embedding 与潜在向量 z_input 结合在一起，这要借助 model_input 变量中元素依次相乘，该变量作为网络其余部分的输入。

接下来关注鉴别器，它也是一个全连接网络，使用与生成器相同的嵌入机制。此时，嵌入层输出大小为 np.prod((28,28,1))，等于 784（MNIST 图像大小）：

```
def build_discriminator():
    model = Sequential([
        Flatten(input_shape=(28, 28, 1)),
        Dense(256),
        LeakyReLU(alpha=0.2),
        Dense(128),
        LeakyReLU(alpha=0.2),
        Dense(1, activation='sigmoid'),
```

```
], name='discriminator')
model.summary()

image = Input(shape=(28, 28, 1))
flat_img = Flatten()(image)

label_input = Input(shape=(1,), dtype='int32')
label_embedding = Embedding(input_dim=10, output_dim=np.prod(
(28, 28, 1)))(label_input)
flat_embedding = Flatten()(label_embedding)

# combine the noise and label by element-wise multiplication
model_input = multiply([flat_img, flat_embedding])

validity = model(model_input)

return Model([image, label_input], validity)
```

　　示例代码的其余部分非常类似于 DCGAN 示例。其他的区别是微不足道的——它们解释了网络的多重输入（潜在向量和嵌入）。plot_generated_images 函数有一个额外的参数，它允许为随机的潜在向量和特定的条件标签（在本例中为数字）生成图像。下面可以看到为条件标签 3、8 和 9 新生成的图像。

CGAN 为条件标签 3、8 和 9 生成的图像

　　以上就是对 CGAN 的讨论。下一节讨论称为 WGAN 的另一种类型的 GAN 模型。

5.4.3　WGAN

　　为了理解 Wasserstein GAN （WGAN，https://arxiv.org/abs/1701.07875），回顾 5.3.1 节，我们用 p_g 表示生成器的概率分布，用 p_{data} 表示真实数据的概率分布。在 GAN 模型的训练过程中，更新生成器的权重，所以改变 p_g 的大小。GAN 框架的目标是使 p_g 收敛到 p_{data} （这对于其他类型的生成模型也是有效的，比如 VAE），也就是说，生成图像的概率分布应该和真实图像的概率分布相同，这也就会导致生成真实的图像。WGAN 使用一种新的方式来度量两种概率分布之间的距离，称为 Wasserstein 距离（或者**推土机距离 Earth Mover′s Distance，EMD**）。为了便于理解，从下页图表开始介绍。

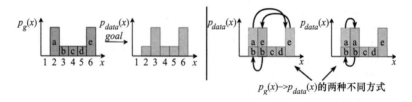

EMD 的示例。左边：初始分布和目标分布；右边：转化 p_g 到 p_{data} 的两种不同方式

　　为了简单，假设 p_g 和 p_{data} 是离散分布（与连续分布规则相同）。通过移动列（a、b、c、d、e）沿着 x 轴向左或向右，转化 p_g 到 p_{data}。每次转移 1 个位置的代价是 1。例如，将 a 列从初始位置 2 移动到位置 6 的代价是 4。上述图的右边图显示了两种方式。在第一种情况下，总代价＝代价(a:2->6)+代价(e:6->3)+代价(b:3->2)=4+3+1=8。在第二种情况下，总代价＝代价(a:2->3)+代价(b:2->1)=1+1=2。EMD 是将一个分布转换为另一个分布所需要的最小总代价。因此，在本例中 EMD=2。

　　现在对 EMD 有了基本的了解，但是我们仍然不知道为什么在 GAN 模型中需要使用这个度量。WGAN 的论文为这个问题提供了详尽但有点复杂的答案。本节将尝试解释它。首先，我们注意到生成器从一个低维的潜在向量 z 开始，然后将其转换为一个高维的生成的图像（例如在 MNIST 示例中的 784）。图像的输出大小也表示生成数据 p_g 的高维分布。然而，它的固有的维度（潜在向量 z）要低得多。因此 p_g 将被排除在高维潜在空间的大截面中。另外，p_{data} 确实是高维的，因为它不是从潜在向量开始的；相反，它充分地展现了真实数据。因此，p_g 和 p_{data} 非常有可能不在潜在空间的任何地方相交。

　　为了理解为什么这很重要，注意一下，可以将生成器和鉴别器的代价函数（见 5.3.1 节）转换为 KL 散度和 JS 散度（**Jensen-Shannon**，https://en.wikipedia.org/wiki/Jensen%E2%80%93Shannon_divergence）的函数。这些度量的缺点是，当两个分布不相交时，它们产生的梯度是零。也就是说，无论两个分布之间的距离是多少（小或大），如果它们不相交，度量标准将不会提供关于它们之间实际差异的任何信息。但是，正如刚才解释的，分布很可能不会相交。与此相反，无论分布是否相交，Wasserstein 距离都起作用，这使得它更适用于 GAN 模型。可以用下图直观地说明这个问题。

　　在这里，可以看到两个不相交的高斯分布 p_g 和 p_{data}（分别在左边和右边）。常规的 GAN 鉴别器输出是 sigmoid 函数（范围为 $(0,1)$），它告诉我们输入的概率是虚假的或者不是。在这种情况下，sigmoid 输出在一个非常小的范围内（以 0 为中心）是有意义的，并且在所有其他区域都趋近于 0 或 1。这与 5.3.3 节中概述的问题表现一样。它会导致梯度消失，防止误差反向传播到生成器。相比之下，WGAN 不给我们图像是真实的还是虚假的二元反馈，而是提供一个两个分布之间的实际距离度量（见上述图）。这个距离比二元分类更有用，因为它可以更好地指示如何更新生成器。为了反映这一点，论文的作者将“鉴别器”重新命名为 **"critic"**。

　　下页截屏显示了论文所述的 WGAN 算法。

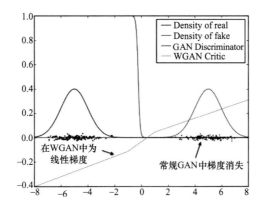

与常规 GAN 鉴别器相比，Wasserstein 距离的优点。来源：https://arxiv.org/abs/1701.07875

Algorithm 1 WGAN, our proposed algorithm. All experiments in the paper used the default values $\alpha = 0.00005$, $c = 0.01$, $m = 64$, $n_{\text{critic}} = 5$.

Require: : α, the learning rate. c, the clipping parameter. m, the batch size. n_{critic}, the number of iterations of the critic per generator iteration.

Require: : w_0, initial critic parameters. θ_0, initial generator's parameters.

1: **while** θ has not converged **do**
2:     **for** $t = 0, ..., n_{\text{critic}}$ **do**
3:         Sample $\{x^{(i)}\}_{i=1}^m \sim \mathbb{P}_r$ a batch from the real data.
4:         Sample $\{z^{(i)}\}_{i=1}^m \sim p(z)$ a batch of prior samples.
5:         $g_w \leftarrow \nabla_w \left[\frac{1}{m} \sum_{i=1}^m f_w(x^{(i)}) - \frac{1}{m} \sum_{i=1}^m f_w(g_\theta(z^{(i)})) \right]$
6:         $w \leftarrow w + \alpha \cdot \text{RMSProp}(w, g_w)$
7:         $w \leftarrow \text{clip}(w, -c, c)$
8:     **end for**
9:     Sample $\{z^{(i)}\}_{i=1}^m \sim p(z)$ a batch of prior samples.
10:    $g_\theta \leftarrow -\nabla_\theta \frac{1}{m} \sum_{i=1}^m f_w(g_\theta(z^{(i)}))$
11:    $\theta \leftarrow \theta - \alpha \cdot \text{RMSProp}(\theta, g_\theta)$
12: **end while**

其中，f_w 表示 critic，g_w 是更新的 critic 权重，g_θ 是更新的生成器权重。虽然 WGAN 背后的理论很复杂，但在实践中，可以通过对常规 GAN 模型进行相对较少的更改来实现它：

- 消除鉴别器的 sigmoid 激活输出。
- 用 EMD 导出的损失代替 log 生成器/鉴别器损失函数。
- 在每个小批量后切割 critic 权重，以便它们的绝对值小于一个常数 c。这一要求对 critic 施加了所谓的 Lipschitz 约束，这使得使用 Wasserstein 距离成为可能（在论文中有更多关于这一点的介绍）。在不深入探讨细节的情况下，只提一下权重的减少会导致不受欢迎的行为。对于这些问题，一个成功的解决方案是梯度惩罚（WGAN-GP，"Improved Training of Wasserstein GAN"，https://arxiv.org/abs/1704.00028），它没有遇到同样的问题。
- 论文作者指出无动量优化方法（SGD，RMSProp）比有动量优化方法工作得更好。

实现 WGAN

现在已经对 WGAN 的工作原理有了基本的了解，让我们来实现它。同样，使用 DC-GAN 蓝图，并省略重复的代码片段，以便能够关注差异。build_generator 和 build_critics 函数分别实例化生成器和 critic。为了简单起见，这两个网络只包含全连接层。所有的隐藏层都有 LeakyReLU 激活。按照论文的指导准则，生成器有 Tanh 输出激活，critic 有单个标量输出（没有 sigmoid 激活）。接下来，实现 train 方法，因为它包含一些 WGAN 细节。从方法的声明和训练过程的初始化开始：

```python
def train(generator, critic, combined, steps, batch_size, n_critic,
clip_value):
    # Load the dataset
    (x_train, _), _ = mnist.load_data()

    # Rescale in [-1, 1] interval
    x_train = (x_train.astype(np.float32) - 127.5) / 127.5

    # We use FC networks, so we flatten the array
    x_train = x_train.reshape(x_train.shape[0], 28 * 28)

    # Discriminator ground truths
    real = np.ones((batch_size, 1))
    fake = -np.ones((batch_size, 1))

    latent_dim = generator.input_shape[1]
```

然后，继续进行训练循环，它遵循本节前面描述的 WGAN 算法的步骤。内部循环针对 generator 的每个训练步骤来训练 critic 的 n_critic。实际上，这是在 5.4.1 节的训练函数中的训练 discriminator（其中鉴别器和生成器在每一步交替进行）与训练 critic 的主要区别。此外，在每个小批量后都会裁剪 critic 的 weights，以下是其实现（请注意缩进，这段代码是 train 函数的一部分）：

```python
for step in range(steps):
    # Train the critic first for n_critic steps
    for _ in range(n_critic):
        # Select a random batch of images
        real_images = x_train[np.random.randint(0, x_train.shape[0],
        batch_size)]

        # Sample noise as generator input
        noise = np.random.normal(0, 1, (batch_size, latent_dim))

        # Generate a batch of new images
        generated_images = generator.predict(noise)

        # Train the critic
        critic_real_loss = critic.train_on_batch(real_images, real)
        critic_fake_loss = critic.train_on_batch(generated_images,
        fake)
```

```
critic_loss = 0.5 * np.add(critic_real_loss, critic_fake_loss)

# Clip critic weights
for l in critic.layers:
    weights = l.get_weights()
    weights = [np.clip(w, -clip_value, clip_value) for w in
    weights]
    l.set_weights(weights)

# Train the generator
# Note that we use the "valid" labels for the generated images
# That's because we try to maximize the discriminator loss
generator_loss = combined.train_on_batch(noise, real)

# Display progress
print("%d [Critic loss: %.4f%%] [Generator loss: %.4f%%]" %
        (step, critic_loss[0], generator_loss))
```

接下来，实现 Wasserstein 损失本身的导数。它是一个 TF 运算，表示网络输出与标签（真实或虚假）的乘积的平均值：

```
def wasserstein_loss(y_true, y_pred):
    """The Wasserstein loss implementation"""
    return tensorflow.keras.backend.mean(y_true * y_pred)
```

现在，可以构建完整的 GAN 模型。此步骤与其他 GAN 模型的步骤类似：

```
latent_dim = 100

# Build the generator
# Generator input z
z = Input(shape=(latent_dim,))

generator = build_generator(z)

generated_image = generator(z)

# we'll use RMSprop optimizer
optimizer = RMSprop(lr=0.00005)

# Build and compile the discriminator
critic = build_critic()
critic.compile(optimizer, wasserstein_loss,
                metrics=['accuracy'])

# The discriminator takes generated image as input and determines validity
real_or_fake = critic(generated_image)

# Only train the generator for the combined model
critic.trainable = False
```

```
# Stack the generator and discriminator in a combined model
# Trains the generator to deceive the discriminator
combined = Model(z, real_or_fake)
combined.compile(loss=wasserstein_loss, optimizer=optimizer)
```

最后，开始训练和评估：

```
# train the GAN system
train(generator, critic, combined,
      steps=40000, batch_size=100, n_critic=5, clip_value=0.01)

# display some random generated images
plot_generated_images(generator)
```

一旦运行这个示例，WGAN 将在训练 40 000 个小批量（这可能需要一段时间）后生成以下图像。

WGAN MNIST 生成器结果

关于 WGAN 的讨论到此结束。下一节讨论如何使用 CycleGAN 实现图像到图像的转换。

5.4.4　使用 CycleGAN 实现图像到图像的转换

本节讨论周期一致对抗网络（CycleGAN，"Unpaired lmage-to-lmage Translation using Cycle-Consistent Adversarial Networks"，https://arxiv.org/abs/1703.10593）及其在图像到图像转换中的应用。引用这篇论文中的描述：图像到图像的转换是视觉和图形问题，其目标是使用一个对齐的图像组的训练集来学习输入图像和输出图像之间的映射。例如，如果有相同图像的灰度版本和 RGB 版本，可以训练一个 ML 算法来给灰度图像着色，反之亦然。

另一个例子是图像分割（见第 3 章），将输入图像转换为同一图像的分割图。在后一种情况下，用图像/分割图组来训练模型（如 U-Net、Mask R-CNN）。然而，对于许多任务，拥有配对的训练数据是不可能的。CycleGAN 提供了一种在没有配对样本的情况下，将图像

从源域 X 转换为目标域 Y 的方法。下面的图像显示了一些配对和非配对图像的例子：

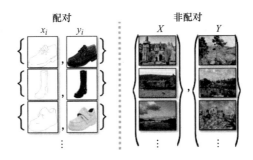

左：训练样本与对应的源和目标图像配对。右：未配对的训练样本，源和目标图像不对应。
来源：https://arxiv.org/abs/1703.10593

同一团队的论文 "Image-to-Image Translation with conditional Adversarial Networks"（称为 Pix2Pix，https://arxiv.org/abs/1611.07004）中也做了配对训练数据的图像到图像的转换。

但是 CycleGAN 是如何做的呢？首先算法假设尽管在两个集合中没有直接的配对，但是两个域之间仍然有一些关系。例如，可以是不同角度的相同场景的照片。CycleGAN 旨在学习这种集合层次的关系，而不是不同配对之间的关系。理论上，GAN 模型很适合这个任务。我们可以训练一个生成器来映射 $G: X \rightarrow Y$，生成一个图像（$\hat{y} = G(x), x \in X$），鉴别器不能从目标图像 $y \in Y$ 中识别出来。更具体地说，优化 G 应该将域 X 转换到一个域 $\hat{Y}$，使其具有与域 Y 相同的分布。在实践中，论文的作者发现这些转换并不能保证一个单独的输入 x 和输出 y 以一种有意义的方式配对——有无穷多的映射 G，这将创建和 $\hat{y}$ 相同的分布。他们还发现 GAN 模型存在类似的模式崩溃问题。

CycleGAN 试图用**周期一致性**来解决这些问题。为了理解这是什么，把一个句子从英语翻译成德语。如果把这个句子从德语翻译回英语，并得到开始时的原始句子，那么翻译将是周期一致的。在数学中，如果有转换器 $G: X \rightarrow Y$ 和另一个转换器 $F: Y \rightarrow X$，这两个转换器应该是彼此互逆的。

为了解释 CycleGAN 是如何实现周期一致性的，从下面的图表开始。

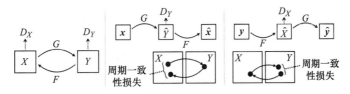

左：整体 CycleGAN 模式。中：前向周期一致性损失。右：反向周期一致性损失。
来源：https://arxiv.org/abs/1703.10593

模型有两个生成器，$G:X{\rightarrow}Y$ 和 $F:Y{\rightarrow}X$，以及它们分别相关的两个鉴别器，D_X 和 D_Y（如前面的图表左侧所示）。首先看一下 G。它接收一个输入图像 $x{\in}X$，并且生成 $\hat{y}=G(x)$，它看起来相似于域 Y 中的图像。D_Y 旨在鉴别真实图像 $y{\in}Y$ 和生成图像 $\hat{y}{\in}\hat{Y}$。这部分的模型函数像一个常规 GAN 和使用常规的极大极小 GAN 对抗性损失：

$$J(G,D_Y,X,Y)=\mathbb{E}_{y\sim p_{data}(y)}\big[\log D_Y(y)\big]+\mathbb{E}_{x\sim p_{data}(x)}\big[\log(1-D_Y(G(x)))\big]$$

第一项代表了原始图像 y，第二项代表由 G 生成的图像。相同的公式对生成器 F 是有效的。正如前面提到的，这个损失仅确保 $\hat{y}$ 会有和 Y 中图像相同的分布，但不创建一个有意义的配对 x 和 y。引用论文：有了足够大的容量，网络可以将相同的一组输入图像映射到目标域中任意随机排列的图像，其中任何一个学习的映射都可以诱导出匹配目标分布的输出分布。因此，仅有对抗性损失不能保证学习的函数能够将单个输入 x_i 映射到期望的输出 y_i。

论文的作者认为学习的映射函数应该是周期一致性的（上述图的中间图）。对于每个图像 $x{\in}X$，图像转换循环应该能够把 x 变回原始的图像（这被称为前向周期一致性）。G 产生一个新的图像 $\hat{y}$，它将会作为一个 F 的输入，这样可以轮流产生一个新的图像 $\hat{x}$，其中 $x{\approx}\hat{x}:x{\rightarrow}G(x){\rightarrow}F(G(x)){\approx}x$。$G$ 和 F 也应该满足反向周期一致性（上述图的右侧图）：$y{\rightarrow}F(y){\rightarrow}G(F(y)){\approx}y$。

这条新路径创建了一个额外的周期一致性损失项：

$$J_{cyc}(G,F)=\mathbb{E}_{x\sim p_{data}(x)}\big[|F(G(x))-x|_1\big]+\mathbb{E}_{y\sim p_{data}(y)}\big[|G(F(y))-y|_1\big]$$

这度量了原始图像（x 和 y）与它们生成的配对之间的绝对差距，$\hat{x}$ 和 $\hat{y}$。注意，这些路径可以看作是联合训练的两个自编码器，$F{\circ}G:X{\rightarrow}X$ 和 $G{\circ}F:Y{\rightarrow}Y$。每个自编码器都有一个特殊的内部结构：它通过一种中间表示把图像映射到它自身——将图像转换到另一个域。

CycleGAN 的目标是周期一致性损失和 F 和 G 的对抗性损失的组合：

$$J(G,F,D_X,D_Y)=J_{GAN}(G,D_Y,X,Y)+J_{GAN}(F,D_X,Y,X)+\lambda J_{cyc}(G,F)$$

在这里，系数 λ 控制这两种损失之间的相对重要度。CycleGAN 的目的是求解以下极大极小目标：

$$G^*,F^*=\arg\min_{G,F}\max_{D_X,D_Y}\mathcal{L}(G,F,D_X,D_Y)$$

实现 CycleGAN

这个示例包含几个位于 https：//github. com/PacktPublishing/Advanced-Deep-Learning-with-Python/tree/master/Chapter05/cyclegan 的源文件。除了 TF 之外，代码还依赖于 `tensorflow_ addons` 和 `imageio` 包。你可以使用 `pip` 包安装程序来安装它们。我们将为多个训练数据集实现 CycleGAN，所有这些数据集都是论文作者提供的。在运行示例之前，必须借助 `download_data.sh` 可执行脚本来下载相关数据集，该脚本使用数据集名称作为参数。可用数据集的列表包含在文件中。下载后，就可以在 Data-Loader 类的帮助下访问图像，该类位于 data_loader.py 模块中（本书不包括它的源代码）。这个类可以以 numpy 数组的形式加载小批量和标准化图像的整个数据集。我们还将省略通常的导入。

构建生成器和鉴别器

首先，实现 build_generator 函数。到目前为止，看到的 GAN 模型都是从某种潜在向量开始的。但是在这里，生成器的输入是一个域的图像，输出是另一个域的图像。按照论文的指导准则，生成器是一个 U-Net 风格的网络。它具有下采样编码器、上采样解码器和相应的编码器/解码器块之间的快捷连接。让我们从 build_generator 定义开始：

```
def build_generator(img: Input) -> Model:
```

U-Net 下采样编码器由一系列 LeakyReLU 激活的卷积层组成，然后是 Instance-ceNormalization。批标准化和实例标准化之间的区别在于，批标准化在整个小批量中计算其参数，而实例标准化则分别为小批量的每个图像计算参数。为了清晰起见，实现一个名为 downsampling2d 的独立子程序，它定义了这样一个层。当构建网络编码器时，使用这个函数来构建必要的层数（请注意这里的缩进。downsampling2d 是在 build_generator 中定义的子程序）：

```
def downsampling2d(layer_input, filters: int):
    """Layers used in the encoder"""
    d = Conv2D(filters=filters,
               kernel_size=4,
               strides=2,
               padding='same')(layer_input)
    d = LeakyReLU(alpha=0.2)(d)
    d = InstanceNormalization()(d)
    return d
```

接下来，关注解码器，它不是通过转置卷积实现的。相反，使用 UpSampling2D 运算对输入数据进行上采样，简单地将每个输入像素复制为一个 2×2 的 patch。接下来是一个常规的卷积来平滑这些 patch。这个平滑的输出与来自相应编码器块的快捷连接（或 skip_input）连接在一起。该解码器由许多这样的上采样块组成。为了清晰起见，实现一个名为 upsampling2d 的独立子程序，它定义了一个这样的块。使用它来为网络解码器构建必要数量的块（请注意这里的缩进。upsampling2d 是在 build_generator 中定义的子程序）：

```
def upsampling2d(layer_input, skip_input, filters: int):
    """
    Layers used in the decoder
    :param layer_input: input layer
    :param skip_input: another input from the corresponding encoder
block
        :param filters: number of filters
    """
```

```
u = UpSampling2D(size=2)(layer_input)
u = Conv2D(filters=filters,
           kernel_size=4,
           strides=1,
           padding='same',
           activation='relu')(u)
u = InstanceNormalization()(u)
u = Concatenate()([u, skip_input])
return u
```

接下来，使用刚刚定义的子程序实现 U-Net 的全部定义（注意这里的缩进。代码是 build_generator 的一部分）：

```
# Encoder
gf = 32
d1 = downsampling2d(img, gf)
d2 = downsampling2d(d1, gf * 2)
d3 = downsampling2d(d2, gf * 4)
d4 = downsampling2d(d3, gf * 8)

# Decoder
# Note that we concatenate each upsampling2d block with
# its corresponding downsampling2d block, as per U-Net
u1 = upsampling2d(d4, d3, gf * 4)
u2 = upsampling2d(u1, d2, gf * 2)
u3 = upsampling2d(u2, d1, gf)

u4 = UpSampling2D(size=2)(u3)
output_img = Conv2D(3, kernel_size=4, strides=1, padding='same',
activation='tanh')(u4)

model = Model(img, output_img)

model.summary()

return model
```

然后，应该实现 build_discriminator 函数。这里省略了实现步骤，因为它是一个非常简单的 CNN，类似于前面示例中所示的那些（你可以在本书的 GitHub 仓库中找到它）。唯一的区别是，它使用实例标准化，而不是批标准化。

构建 CycleGAN 模型

这时通常会实现 train 方法，但是因为 CycleGAN 有更多的组件，下面展示如何构建整个模型。首先，实例化 data_loader 对象，你可以在其中指定训练集的名称（可以随意试验不同的数据集）。所有的图像将被调整为 img_res= (IMG_SIZE,IMG_SIZE) 用于网络输入，其中 IMG_SIZE= 256（你也可以尝试使用 128 来加速训练过程）：

```
# Input shape
img_shape = (IMG_SIZE, IMG_SIZE, 3)

# Configure data loader
data_loader = DataLoader(dataset_name='facades',
                         img_res=(IMG_SIZE, IMG_SIZE))
```

然后，定义优化器和损失权重：

```
lambda_cycle = 10.0  # Cycle-consistency loss
lambda_id = 0.1 * lambda_cycle  # Identity loss

optimizer = Adam(0.0002, 0.5)
```

接下来，创建两个生成器 g_XY 和 g_YX，以及它们对应的鉴别器 d_Y 和 d_X。创建 combined 模型以同时训练两个生成器。然后，创建复合损失函数，它包含一个额外的恒等映射项。你可以在相关的论文中了解更多，但简而言之，它有助于将图像从绘画域转换到照片域时保持输入和输出之间的色彩组合：

```
# Build and compile the discriminators
d_X = build_discriminator(Input(shape=img_shape))
d_Y = build_discriminator(Input(shape=img_shape))
d_X.compile(loss='mse', optimizer=optimizer, metrics=['accuracy'])
d_Y.compile(loss='mse', optimizer=optimizer, metrics=['accuracy'])

# Build the generators
img_X = Input(shape=img_shape)
g_XY = build_generator(img_X)

img_Y = Input(shape=img_shape)
g_YX = build_generator(img_Y)

# Translate images to the other domain
fake_Y = g_XY(img_X)
fake_X = g_YX(img_Y)

# Translate images back to original domain
reconstr_X = g_YX(fake_Y)
reconstr_Y = g_XY(fake_X)

# Identity mapping of images
img_X_id = g_YX(img_X)
img_Y_id = g_XY(img_Y)

# For the combined model we will only train the generators
d_X.trainable = False
d_Y.trainable = False

# Discriminators determines validity of translated images
valid_X = d_X(fake_X)
valid_Y = d_Y(fake_Y)
```

```
# Combined model trains both generators to fool the two discriminators
combined = Model(inputs=[img_X, img_Y],
                 outputs=[valid_X, valid_Y,
                          reconstr_X, reconstr_Y,
                          img_X_id, img_Y_id])
```

接下来，为训练配置 combined 模型：

```
combined.compile(loss=['mse', 'mse',
                       'mae', 'mae',
                       'mae', 'mae'],
                 loss_weights=[1, 1,
                               lambda_cycle, lambda_cycle,
                               lambda_id, lambda_id],
                 optimizer=optimizer)
```

一旦模型准备好了，就用 train 函数开始训练过程。根据论文的指导准则，使用大小为 1 的小批量：

```
train(epochs=200, batch_size=1, data_loader=data_loader,
      g_XY=g_XY,
      g_YX=g_YX,
      d_X=d_X,
      d_Y=d_Y,
      combined=combined,
      sample_interval=200)
```

最后，实现 train 函数。它与之前的 GAN 模型有些相似，但它还考虑了两组生成器和鉴别器：

```
def train(epochs: int, data_loader: DataLoader,
          g_XY: Model, g_YX: Model, d_X: Model, d_Y: Model,
          combined:Model, batch_size=1, sample_interval=50):
    start_time = datetime.datetime.now()

    # Calculate output shape of D (PatchGAN)
    patch = int(IMG_SIZE / 2 ** 4)
    disc_patch = (patch, patch, 1)

    # GAN loss ground truths
    valid = np.ones((batch_size,) + disc_patch)
    fake = np.zeros((batch_size,) + disc_patch)

    for epoch in range(epochs):
        for batch_i, (imgs_X, imgs_Y) in
        enumerate(data_loader.load_batch(batch_size)):
            # Train the discriminators

            # Translate images to opposite domain
            fake_Y = g_XY.predict(imgs_X)
            fake_X = g_YX.predict(imgs_Y)
```

```
# Train the discriminators (original images = real /
translated = Fake)
dX_loss_real = d_X.train_on_batch(imgs_X, valid)
dX_loss_fake = d_X.train_on_batch(fake_X, fake)
dX_loss = 0.5 * np.add(dX_loss_real, dX_loss_fake)

dY_loss_real = d_Y.train_on_batch(imgs_Y, valid)
dY_loss_fake = d_Y.train_on_batch(fake_Y, fake)
dY_loss = 0.5 * np.add(dY_loss_real, dY_loss_fake)

# Total discriminator loss
d_loss = 0.5 * np.add(dX_loss, dY_loss)

# Train the generators
g_loss = combined.train_on_batch([imgs_X, imgs_Y],
                                 [valid, valid,
                                  imgs_X, imgs_Y,
                                  imgs_X, imgs_Y])

elapsed_time = datetime.datetime.now() - start_time

# Plot the progress
print("[Epoch %d/%d] [Batch %d/%d] [D loss: %f, acc: %3d%%]

[G loss: %05f, adv: %05f, recon: %05f, id: %05f] time: %s " \
% (epoch, epochs, batch_i, data_loader.n_batches, d_loss[0],
100 * d_loss[1], g_loss[0], np.mean(g_loss[1:3]),
np.mean(g_loss[3:5]), np.mean(g_loss[5:6]), elapsed_time))

# If at save interval => save generated image samples
if batch_i % sample_interval == 0:
    sample_images(epoch, batch_i, g_XY, g_YX, data_loader)
```

训练可能需要一段时间才能完成，但是这个过程会在每次 sample_interval 批量后生成图像。下图是一些由机器感知中心的建筑图像数据库（http：//cmp. felk. cvut. cz/～

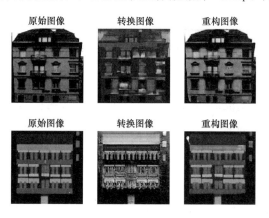

CycleGAN 图像到图像的转换示例

tylecr1/facade/）生成的图像示例。它包含了建筑正面图像，其中每个像素被标记为多个与正面图像相关的类别中的一个，如窗户、门、阳台等。

对 GAN 的讨论到此结束。下面介绍被称为艺术风格迁移的生成模型。

5.5　艺术风格迁移介绍

最后一节讨论艺术风格迁移。与 CycleGAN 的一个应用程序类似，它允许使用一个图像的风格（或纹理）来复制另一个图像的语义内容。虽然可以用不同的算法实现，但最流行的方法是 2015 年在 "A Neural Algorithm of Artistic Style" 论文（https：//arxiv.org/abs/1508.06576）中提出的。它也被称为神经风格迁移并且它使用 CNN。在过去的几年中，基本算法得到了改进和调整，本节将探索其原始形式，因为这将为理解最新版本打下良好的基础。

算法以两个图像为输入：

- 要重新绘制的内容图像（C）
- 风格图像（I），我们将使用它的风格（纹理）重绘 C

算法的结果是一个新的图像：$G=C+S$。下图是一个神经风格迁移的例子。

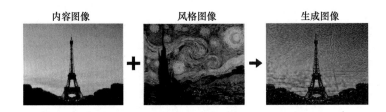

内容图像　　　　　风格图像　　　　　生成图像

神经风格迁移的一个例子

为了理解神经风格的转化是如何工作的，回顾一下 CNN 学习的特征的层次表示。我们知道最初的卷积层学习基本的特征，比如边和线。相反，更深的层学习更复杂的特征，如脸、汽车和树。知道了这些，讨论算法本身：

1）与许多其他任务（见第 3 章）一样，该算法从一个预先训练好的 VGG 网络开始。

2）将内容图像 C 提供给网络。提取并存储网络中间的一个或多个隐藏卷积层的输出激活（或特征图或切片）。用 A_c^l 表示这些激活，其中 l 是层的索引。我们对中间层感兴趣，因为其中编码的特征抽象级别最适合此任务。

3）对风格图像 S 执行同样的操作。这一次，使用 A_s^l 表示 l 层的风格激活。为内容和风格选择的层不一定是相同的。

4）生成一个单一的随机图像 G（白噪声）。这个随机图像会逐渐变成算法的最终结果。重复迭代以下操作：

（1）通过网络来传播 G。这是整个过程中使用的唯一图像。与前面一样，存储所有 l 层的激活（这里的 l 用于内容和风格图像的所有层的组合）。用 A_g^l 表示这些激活。

（2）计算随机噪声激活 A_g^l 与 A_c^l 以及 A_g^l 与 A_s^l 的差值。这是损失函数的两个组成部分：

- $J_c(C,G)=1/2\sum_l(A_c^l-A_g^l)^2$ 被称为 **内容损失**。这仅是在所有 l 层的两个激活之间对应元素差异的 MSE。
- $J_s(S,G)$ 被称为 **风格损失**。它类似于内容损失，但是比较它们的 gram 矩阵而不是原始的激活（此处不会对此详细阐述）。

（3）使用内容损失和风格损失来计算总的损失，$J(G)=\alpha J_c(C,G)+\beta J_s(S,G)$ 是两者的加权和。α 和 β 系数决定了哪个部分将会有更大的权重。

（4）将梯度反向传播到网络的开始并更新生成图像，$G \leftarrow G-\dfrac{\mathrm{d}}{\mathrm{d}G}J(G)$。用这种方式，可以让 G 更相似于内容图像和风格图像，因为损失函数是两者的结合。

该算法能够利用 CNN 强大的表征能力进行艺术风格迁移。它通过一个新的损失函数并聪明地使用反向传播来实现这一点。

如果你对实现神经风格迁移感兴趣，可以在 https://pytorch.org/-tutorials/advanced/neural_style_tutorial.html 上查看官方的 PyTorch 教程。或者，访问 https://www.tensorflow.org/beta/tutorials/generative/style_transfer 来实现 TF 2.0。

这个算法的一个缺点是其速度相对较慢。通常，必须重复这个伪训练过程几百次，以产生视觉上较好的结果。幸运的是，论文 "Perceptual Losses for Real-Time Style Transfer and Super-Resolution"（https://arxiv.org/abs/1603.08155）在原有算法的基础上提供了一个解决方案，其速度快了三个数量级。

5.6 总结

本章讨论了如何用生成模型创建新的图像，这是目前最令人兴奋的深度学习领域之一。我们学习了 VAE 的理论基础，然后实现一个简单的 VAE 来生成新的 MNIST 数字。之后，本章描述了 GAN 框架，讨论并实现多种类型的 GAN，包括 DCGAN、CGAN、WGAN 和 CycleGAN。最后，提到了神经风格迁移算法。本章总结了一系列关于计算机视觉的内容。

接下来几章讨论自然语言处理和循环网络。

第三部分

自然语言和序列处理

这一部分讨论循环网络、自然语言和序列处理。我们将讨论自然语言处理的最新技术，例如序列和注意力模型，以及谷歌的BERT。

第 **6** 章

语 言 建 模

　　本章是在**自然语言处理（NLP）**的背景下讨论不同神经网络算法的几个章节中的第一章。NLP 教会计算机处理和分析自然语言数据，以便执行诸如机器翻译、情感分析、自然语言生成等任务。但要成功地解决如此复杂的问题，必须以计算机能够理解的方式来表示自然语言，这不是一项简单的任务。

　　为了理解其中的原理，让我们回到图像识别。神经网络的输入是相当直观的——一个具有预处理像素强度的 2D 张量，保留了图像的空间特征。取一个 28×28 的 MNIST 图像，它包含 784 个像素。图像中关于数字的所有信息都只包含在这些像素中，不需要任何外部信息来对图像进行分类。我们还可以安全地假设每个像素（也许不包括靠近图像边界的像素）具有相同的信息权重。因此，把它们都放到网络中，发挥它的作用，让结果说话。

　　现在讨论文本数据。与图像不同的是，文本数据是 1D（相对于 2D）的——一个长的单词序列。一般的经验是，如果设置单倍行距，则一张 A4 纸应该包含 500 个单词。为了给网络（或任何 ML 算法）提供与单个 MNIST 图像等价的信息，需要 1.5 页的文本。文本结构有几个层次，从字符开始，然后是单词、句子和段落，所有这些都可以容纳在 1.5 页的文本内。图像的所有像素均为一数位。然而，不知道是否所有的单词都与同一主题有关。为了避免这种复杂性，NLP 算法通常使用较短的序列。尽管有些算法使用循环神经网络（RNN），RNN 考虑了所有之前的输入，但在实践中，它们仍然局限于前一个单词的相对较短的窗口。因此，NLP 算法必须用更少的输入信息做更多的事情（性能良好）。

　　为了做到这一点，使用一种特殊类型的向量单词表示（语言模型）。所讨论的语言模型使用单词的上下文（它周围的单词）来创建与该单词相关的唯一嵌入向量。与独热编码相比，这些向量携带更多关于单词的信息，是各种 NLP 任务的基础。

6.1　理解 n-gram

　　基于单词的语言模型定义了单词序列的概率分布。给定长度为 m 的单词序列（例如一个句子），它分配一个概率 $P(w_1, \cdots, w_m)$ 到单词的完整序列。这些概率的用途如下：

- 估计在 NLP 应用中不同短语的可能性。
- 作为生成模型创造新的文本。基于单词的语言模型可以计算给定单词属于单词序列的可能性。

一个长序列（比如 $w_1, \cdots, w_m$）的概率推论通常是不可行的。可以通过联合概率链式法则来计算 $P(w_1, \cdots, w_m)$ 的联合概率（见第 1 章）：

$$P(w_1, \cdots, w_m) = P(w_m \mid w_1, \cdots, w_{m-1}) \cdots P(w_3 \mid w_1, w_2) P(w_2 \mid w_1) P(w_1)$$

从数据中根据前面的单词估计后一个单词的概率是特别困难的。这就是为什么这个联合概率通常被近似为一个独立假设，即第 i 个单词只依赖于之前的 $n-1$ 个单词。将只对 n 个连续单词组合的联合概率建模，称为 n-gram。例如，在短语 "the quick brown fox" 中，有以下 n-gram：

- **1-gram**：The、quick、brown 和 fox（也被称为 unigram）。
- **2-gram**：The quick、quick brown 和 brown fox（也称为 bigram）。
- **3-gram**：The quick brown 和 quick brown fox（也被称为 trigram）。
- **4-gram**：The quick brown fox。

联合分布的推导在 n-gram 模型的帮助下被近似，将联合分布分割成多个独立的部分。

 术语 n-gram 可以指长度为 n 的其他类型的序列，比如 n 个字符。

如果有一个大型的文本语料库，可以找到所有的 n-gram（n 通常是 2 到 4），并计算每个 n-gram 在该语料库中的出现次数。从这些计数中，可以根据之前的 $n-1$ 个单词估计出每个 n-gram 中最后一个单词（第 n 个单词）的概率：

- **1-gram**：$P(word) = \dfrac{count(word)}{\text{语料库中单词的总数}}$

- **2-gram**：$P(w_i \mid w_{i-1}) = \dfrac{count\ (w_{i-1},\ w_i)}{count\ (w_{i-1})}$

- **N-gram**：$P(w_{n+i} \mid w_n, \cdots, w_{n+i-1}) = \dfrac{count(w_n, \cdots, w_{n+i-1}, w_{n+i})}{count(w_n, \cdots, w_{n+i-1})}$

假设第 i 个单词仅依赖于之前的 $n-1$ 个单词，该独立假设现在可以用来粗略估计联合分布。

例如，对于一个 unigram，可以用以下公式来近似联合分布：

$$P(w_1, \cdots, w_m) = P(w_1) P(w_2) P(w_3) \cdots P(w_m)$$

对于一个 trigram，可以用以下公式来近似联合分布：

$$P(w_1, \cdots, w_m) = P(w_1) P(w_2 \mid w_1) P(w_3 \mid w_1, w_2) \cdots P(w_m \mid w_{m-2}, w_{m-1})$$

可以看到，根据词表的大小，n-gram 的数量随着 n 呈指数增长。例如，如果一个小词表包含 100 个单词，那么该词表的 5-gram 的数量可能是 $100^5 = 10\,000\,000\,000$。相比之下，整个莎士比亚作品包含大约 30 000 个不同的单词，这说明使用大小为 n 的 n-gram 是不可行的。n-gram 方法不仅存在存储所有概率的问题，还存在另一个问题——需要一个非常大的文本语料库以创建好的 n-gram 概率来估计更大的 n 值。

这个问题被称为维数灾难。当可能的输入变量（单词）的数量增加时，这些输入值的不同组合的数量呈指数级增长。在 n-gram 建模中，当学习算法的每个相关值组合至少需要一个例子时，就会出现维数灾难。n 越大，就越能更好地近似原始分布，同时也需要越多的数据来很好地估计 n-gram 概率。

既然已经熟悉了 n-gram 模型和维数灾难，那么我们就来讨论如何借助神经语言模型来解决它。

6.2 神经语言模型介绍

克服维数灾难的一种方法是通过学习较低维的、分布式表示的单词（*A Neural Probabilistic Language Model*，http：//www.jmlr.org/papers/volume3/bengio03a/bengio03a.pdf）。这种分布式表示是通过学习一个嵌入函数来创建的，该函数将单词的空间转换为一个较低维的单词嵌入空间，如下所示。

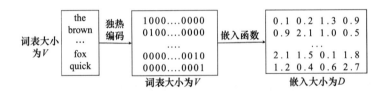

单词－>独热编码－>单词嵌入向量

将大小为 V 的词表中的单词转换为大小为 V 的独热编码向量（每个单词都是唯一编码的）。然后，嵌入函数将这个 V 维空间转换为大小为 D 的分布式表示（$D=4$）。

这个想法的原理是，嵌入函数学习关于单词的语义信息。它将词表中的每个单词与一个连续值向量表示相关联，即单词嵌入。每个单词对应于这个嵌入空间中的一个点，不同的维度对应于这些单词的语法或语义属性。

这样做的目的是确保嵌入空间中靠近的单词具有相似的含义。这样，语言模型就可以利用某些单词在语义上相似的信息。例如，它可能知道 fox 和 cat 在语义上是相关的，the quick brown fox 和 the quick brown cat 都是有效的短语。然后，可以用捕获这些单词的特征的嵌入向量序列替换这些单词的序列。可以使用嵌入向量序列作为各种 NLP 任务的基础。例如，试图对一篇文章的观点进行分类的分类器可能会使用以前学习过的单词嵌入来训练，而不是使用独热编码向量。这样，单词的语义信息就可以方便地用于情感分类器。

单词嵌入是解决 NLP 任务时的中心范例之一。可以使用它们来提高其他任务的性能，这些任务可能没有很多可用的标签数据。接下来，讨论 2001 年提出的第一个神经语言模型（这是一个例子，可以说明深度学习中的许多概念并不是新的）。

通常用**加粗的非斜**体小写字母表示向量，比如 **w**。但神经语言模型中的惯例是使用斜体小写，比如 w。本章使用这种惯例。

下一节介绍**神经概率语言模型（NPLM）**。

6.2.1　神经概率语言模型

通过前馈全连接网络可以学习语言模型和隐式的嵌入函数。给定由 $n-1$ 个单词组成的序列 $(w_{t-n+1}, \cdots, w_{t-1})$，它尝试输出下一个单词 w_t 的概率分布（下图基于 http：//www.jmlr.org/papers/volume3/bengio03a/bengio03a.pdf）。

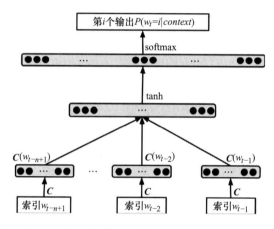

输出单词 w_t 的概率分布的神经网络语言模型，其中给定单词 $w_{t-n+1}, \cdots, w_{t-1}$。$C$ 为嵌入矩阵

网络层扮演着不同的角色，例如：

1）嵌入层采用单词 w_t 的独热表示，并通过与嵌入矩阵 C 相乘，将独热表示转换为单词的嵌入向量。这种计算可以通过查找表来有效地实现。嵌入矩阵 C 在单词之间共享，因此所有单词使用相同的嵌入函数。C 是一个 $V*D$ 的矩阵，其中 V 是词表的大小，D 是嵌入的大小。也就是说，矩阵 C 表示隐藏 tanh 层的网络权重。

2）所得到的嵌入被串联，并作为使用 tanh 激活的隐藏层的输入。隐藏层的输出用 $z = \tanh(H \cdot (\text{concat}(C(w_{t-n+1}), \cdots, C(w_{t-1})) + d))$ 函数表示，其中 H 表示嵌入隐藏层的权重，d 表示隐藏偏差。

3）最后，带有权重 U、偏差 b 和 softmax 激活的输出层将隐藏层映射到单词空间的概率分布：$y = \text{softmax}(Uz + b)$。

该模型同时学习词表（嵌入层）中所有单词的嵌入和单词序列（网络输出）的概率函数模型。它能够将这个概率函数推广到训练中没有看到的单词序列。测试集中特定的单词组合在训练集中可能看不到，但是具有相似嵌入特征的序列在训练中更容易看到。由于可以根据单词（文本中已经存在的单词）的位置来构造训练数据和标签，因此训练这个模型是一项无监督的学习任务。接下来讨论 word2vec 语言模型，它是在 2013 年引入的，引起了人们对神经网络环境下的 NLP 领域的兴趣。

6.2.2　word2vec

许多研究都致力于创建更好的单词嵌入模型，特别是省略了对单词序列的概率函数学习。最流行的一种方法是使用 word2vec（http：//papers. nips. cc/paper/5021-distributed-representations-of-words-and-phrases-and-their-compositionality. pdf 和 https：//arxiv. org/abs/1301. 3781、https：//arxiv. org/abs/1310. 4546）。与 NPLM 类似，word2vec 基于焦点单词的上下文（周围的单词）创建嵌入向量。它有两种类型：**连续词包（CBOW）** 和 **Skip-gram**。先从 CBOW 开始，然后再讨论 Skip-gram。

CBOW

CBOW 根据上下文（周围的单词）预测最可能出现的单词。例如，考虑有一个序列"The quick ＿＿ fox jumps"，模型将预测 brown。上下文是焦点单词的前 n 个单词和后 n 个单词（不像 NPLM，只有前面的单词参与）。下面的屏幕截图显示了当滑过文本时的上下文窗口。

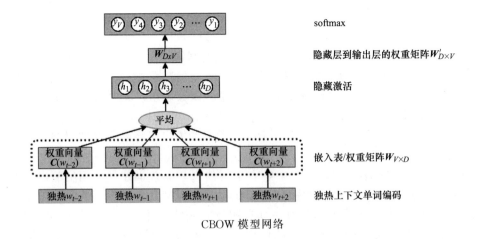

一个 $n=2$ 的 word2vec 滑动上下文窗口。同样类型的上下文窗口适用于 CBOW 和 Skip-gram

CBOW 使用上下文中的所有相同权重的单词，不考虑它们的顺序（因此称之为"包"）。它与 NPLM 有些类似，但由于它只学习嵌入向量，因此可以借助以下简单的神经网络来训练模型。

CBOW 模型网络

下面是它的工作原理：
- 网络有输入层、隐藏层和输出层。
- 输入是独热编码的单词表示。每个单词的独热编码向量的大小等于词表的大小 V。
- 嵌入向量用网络的输入层到隐藏层的权重 $W_{V \times D}$ 表示。它们是 $V \times D$ 形状的矩阵，其中 D 为嵌入向量的长度（等于隐藏层的单元数）。在 NPLM 中，可以将权重看作一个查找表，其中每行表示一个单词嵌入向量。因为每个输入单词都是独热编码的，所以它总是激活权重的某一行。也就是说，对于每个输入样本（单词），只有单词自身的嵌入向量会参与。
- 将所有上下文单词的嵌入向量取平均，得到隐藏网络层的输出（不存在激活函数）。
- 隐藏激活作为输入到输出的大小为 V 的 softmax 层（使用权重向量 $W'_{D \times V}$），预测在输入单词的上下文（邻近）中最有可能找到的单词。激活度最高的索引表示独热编码的相关单词。

用梯度下降和反向传播来训练网络。训练集由（上下文和标签）独热编码的单词对组成，它们在文本中出现得非常近。例如，如果文本的一部分是序列 [the, quick, brown, fox, jumps] 并且 $n = 2$，那么训练元组将包括（[quick,brown],the）、（[the,brown,fox],quick）和（[the,quick,fox jumps],brown）等。因为只关心嵌入 $W_{V \times D}$，所以当训练结束时丢弃剩下的网络权重 $W'_{V \times D}$。

CBOW 会告诉我们哪个单词最有可能出现在给定的上下文中。这可能是罕见词的问题。例如，考虑上下文 "The weather today is really ____"，模型预测 beautiful 这个词而不是 fabulous。CBOW 比 Skip-gram 的训练速度快几倍，并且对于频繁出现的单词的准确率更高。

Skip-gram

给定一个输入词，Skip-gram 模型可以预测它的上下文（与 CBOW 相反）。例如，"brown" 这个词可以预测句子 "The quick fox jumps"。与 CBOW 不同，输入是一个独热单词。但是如何在输出中表现上下文？Skip-gram 并非试图同时预测整个上下文（周围的所有单词），而是将上下文转换为多个训练对，例如（fox, the）、（fox, quick）、（fox, brown）和（fox, jumps）。同样，可以用一个简单的单层网络来训练模型。

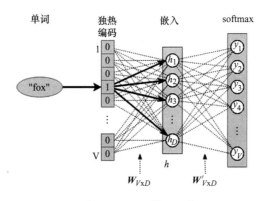

一个 Skip-gram 模型网络

与 CBOW 一样，输出是一个 softmax，它表示独热编码的最有可能的上下文单词。输入层到隐藏层权重 $W_{V \times D}$ 表示单词嵌入查找表，它只在训练时与隐藏层到输出层的权重 $W'_{D \times V}$ 相关。隐藏层没有激活函数（也就是说，它使用线性激活）。

用反向传播训练这个模型。给定一个单词序列，$w_1, \cdots, w_M$，Skip-gram 模型的目标是使平均对数概率最大化，其中 n 为窗口大小：

$$\frac{1}{M} \sum_{m=1}^{M} \sum_{-n \leqslant i \leqslant n, i \neq 0} \log p(w_{m+i} \mid w_m)$$

模型如下定义概率 $P(w_{m+i} \mid w_m)$：

$$P(w_O \mid w_I) = \frac{\exp(v'_{w_o}{}^{\mathrm{T}} v_{w_i})}{\sum_{w=1}^{V} \exp(v'_{w}{}^{\mathrm{T}} v_{w_i})}$$

在这个例子中，w_I 和 w_O 分别是输入和输出的单词，v_w 和 v'_w 分别是输入和输出中权重 $W_{V \times D}$ 和 $W'_{D \times V}$ 对应的单词向量。由于网络没有隐藏激活函数，所以一个输入/输出的单词对的输出值只是输入单词向量 v_{w_I} 和输出单词向量 v'_{w_o} 的乘积（因此是转置运算）。

word2vec 论文的作者注意到，单词表示不能代表不是由单个单词组成的习惯短语。例如，"New York Times" 是一份报纸，而不仅仅是 New、York 和 Times 含义的自然组合。为了克服这一点，模型可以扩展为包括整个短语。然而，这极大地增加了词表的大小。并且，从前面的公式可以看出，softmax 的分母需要计算词表中所有单词的输出向量。另外，$W'_{D \times V}$ 矩阵的每一个权重在每个训练步骤上都进行了更新，这减慢了训练速度。

为了解决这个问题，可以用所谓的负采样（NEG）替换 softmax。对于每个训练样本，将取正训练对（例如（fox, brown））和 k 个附加的负训练对（例如（fox, puzzle）），其中 k 通常在 [5, 20] 的范围内。不是预测与输入单词（softmax）最匹配的单词，而是简单地预测当前这组单词是真实的还是虚假的。实际上，我们将多项分类问题（分类为许多类中的一个）转换为二元逻辑回归（或二元分类）问题。通过学习正训练对和负训练对的区别，分类器最终将以与多项分类相同的方式学习单词向量。在 word2vec 中，负训练对的单词是从一个特殊的分布中提取的，相对于频率较高的单词，这种分布更频繁地提取频率较低的单词。

一些最经常出现的单词比不经常出现的单词携带更少的信息。例如定冠词 the 和不定冠词 a、an。与 the 和 city 相比，观察 London 和 city 这两个词时，该模型将获得更多的好处，因为几乎所有的单词都经常与 the 同时出现。反之亦然——频繁出现的单词的向量表示在经过大量示例训练后并没有显著变化。为了改善罕见词和频繁词之间的不平衡，论文作者提出了一种子采样方法，其中训练集的每个词 w_i 都以一定的概率被丢弃，这个概率由启发式公式计算，其中 $f(w_i)$ 为单词 w_i 的频率，t 是一个阈值（通常在 10^{-5} 左右）：

$$P(w_i) = 1 - \sqrt{\frac{t}{f(w_i)}}$$

它更多地子采样频率比 t 高的单词，但也保留了频率排序。

总的来说，与 CBOW 相比，Skip-gram 在罕见词上表现得更好，但它需要更长的训练时间。

fastText

fastText（https：//fasttext.cc/）是学习单词嵌入和文本分类的数据库，由 FAIR（Facebook AI Research）团队创建。word2vec 将语料库中的每个单词视为一个原子实体，并为每个单词生成一个向量，但是这种方法忽略了单词的内部结构。相比之下，fastText 将每个单词 w 分解为一个由 n-gram 字符组成的包。例如，如果 $n=3$，可以将单词 there 以整个单词的特殊序列 $<$there$>$ 分解为 3-gram 字符：

$$<\text{th}，\text{the}，\text{her}，\text{ere}，\text{re}>$$

请注意使用特殊字符 $<$ 和 $>$ 来表示单词的开始和结束。这对于避免将 n-gram 字符和不同单词进行错误匹配是必要的。例如，单词 her 将被表示为 $<$her$>$，它不会被误认为是单词 there 中的 n-gram 字符 her。fastText 的作者建议 $3 \leqslant n \leqslant 6$。

回顾在上一节中介绍的 softmax 公式。通过将 word2vec 网络的向量乘法运算替换为通用的评分函数 s 来泛化它，其中 w_t 是输入的单词，w_c 为上下文单词：

$$P(w_c \mid w_t) = \frac{\exp(s(w_t, w_c))}{\sum_{w=1}^{V} \exp(s(w_t, w_j))}$$

对于 fastText，使用它的 n-gram 的向量表示的和来指代一个单词。用 $G_w = \{1, \cdots, G\}$ 来指代出现在单词 w 中的 n-gram 集合，用 $\boldsymbol{v}_g$ 指代一个 n-gram 字符 g 的向量表示，上下文的潜在向量 c 用 $\boldsymbol{v}'_c$ 指代。那么，由 fastText 定义的评分函数如下：

$$s(w, c) = \sum_{g \in G_w} \boldsymbol{v}_g^{\mathrm{T}} \boldsymbol{v}'_c$$

实际上，我们使用 Skip-gram 类型的单词对来训练 fastText 模型，但是输入的单词被表示为一个 n-gram 的包。

与传统的 word2vec 模型相比，使用 n-gram 字符有几个优点：

- 如果未知或拼写错误的单词与模型熟悉的其他单词共享 n-gram，n-gram 就可以对未知或拼写错误的单词进行分类。
- 它可以为罕见词生成更好的单词嵌入。即使一个单词很少见，它的字符 n-gram 仍然与其他单词共享，所以嵌入仍然是好的。

既然已经熟悉了 word2vec，那么下面介绍 GloVe 语言模型，它可以改进 word2vec 的一些不足之处。

6.2.3　GloVe 模型

word2vec 的一个缺点是，它只使用单词的局部上下文，而不考虑它们的全局共现。这样，模型就失去了一个现成的、有价值的信息源。顾名思义，GloVe（Global Vectors for Word Representation）试图解决这个问题（https：//nlp. stanfo-rd. edu/pubs/glove. pdf）。

该算法从全局单词-单词共现矩阵 X 开始。X_{ij} 表示单词 j 在单词 i 的上下文中出现的频率。下表给出了序列 "I like DL. I like NLP. I enjoy cycling" 的大小为 $n=2$ 的窗口的共现矩阵。

$n=2$	I	like	DL	NLP	enjoy	cycling	.
I	0	2	2	2	1	1	2
like	2	0	1	1	0	0	2
DL	2	1	0	0	0	0	1
NLP	2	1	0	0	0	0	1
enjoy	1	0	0	0	0	1	2
cycling	1	0	0	0	1	0	1
.	2	2	1	1	2	1	0

"I like DL. I like NLP. I enjoy cycling" 的共现矩阵

用 $X_i = \sum_k X_{ik}$ 表示任何单词在单词 i 的上下文中出现的次数，用 $P_{ij} = P(j \mid i) = X_{ij}/X_i$ 表示单词 j 在单词 i 的上下文中出现的概率。为了更好地理解这是怎样帮助我们的，使用一个例子来显示目标词 ice 和 steam 与从 60 亿单词的语料库中选择的上下文词的共现概率。

概率和比率	$k=solid$	$k=gas$	$k=water$	$k=fashion$
$P(k \mid ice)$	1.9×10^{-4}	6.6×10^{-5}	3.0×10^{-3}	1.7×10^{-5}
$P(k \mid steam)$	2.2×10^{-5}	7.8×10^{-4}	2.2×10^{-3}	1.8×10^{-5}
$P(k \mid ice)/P(k \mid steam)$	8.9	8.5×10^{-2}	1.36	0.96

目标词 ice 和 steam 与 60 亿单词语料库中选择的上下文词的共现概率。
来源：https://nlp.stanford.edu/pubs/glove.pdf

上图中从第 2 行开始显示概率的比率。单词 solid（第一列）与 ice 有关，但与 steam 的关系不大，所以它们之间的概率比率很大。相反，gas 与 steam 的关系比 gas 与 ice 的关系更大，它们之间的比率非常小。water 和 fashion 与两个目标词的关系是相等的，因此概率的比率接近于 1。与原始概率相比，该比率在从无关词（water 和 fashion）中区分相关词（solid 和 gas）方面做得更好。此外，它能更好地区分两个相关词。

在前面的论证中，GloVe 的作者建议从共现概率的比率开始进行单词向量学习，而不是从概率本身开始。从这个观点开始，并且记住比率 P_{ik}/P_{jk} 依赖于三个单词（i、j、k），我们可以如下定义 GloVe 模型最一般的形式，其中 $\omega \in \mathbb{R}^D$ 是单词向量，$\widetilde{w} \in \mathbb{R}^D$ 是特殊的上下文向量（$\mathbb{R}^D$ 是 D 维实数向量空间）：

$$F(w_i, w_j, \widetilde{w}_k) = \frac{P_{ik}}{P_{jk}}$$

换句话说，F 是这样一个函数，当用上述三个特定的向量计算时（假设已经知道了它们），会输出概率的比率。此外，F 应该编码概率比率的信息，因为已经确定了它的重要性。由于向量空间本质上是线性的，因此编码该信息的一种方法是使用两个目标词的向量差。因此，函数变为：

$$F(w_i - w_j, \widetilde{w}_k) = \frac{P_{ik}}{P_{jk}}$$

接下来，注意到函数的参数是向量，但是概率的比率是标量。为了解决这个问题，可以取参数的点积：

$$F((w_i - w_j)^{\mathrm{T}} \widetilde{w}_k) = \frac{P_{ik}}{P_{jk}}$$

然后，观察到一个单词和上下文单词之间的区别是任意的，并且能自由地交换两者角色。因此，应该有 $F(w_i, w_j, \widetilde{w}_k) = F(w_j, w_i, \widetilde{w}_k)$，但是前面的等式不能满足这个条件。简而言之（论文中有更详细的说明），为了满足这个条件，需要引入另一个约束，形式如下（其中 b_i 和 $\tilde{b}_k$ 为偏差标量值）：

$$w_i^{\mathrm{T}} \widetilde{w}_k + b_i + \tilde{b}_k = \log(X_{ik})$$

这个公式的一个问题是 $\log(0)$ 没有定义，但是大部分 X_{ik} 项是 0。此外，它以相同的权重获取所有的共现，但罕见词共现比频繁词共现的噪声大，并且携带的信息少。为了解决这些问题，论文作者提出了一个加权函数为 $f(X_{ij})$ 的最小二乘回归模型，来表示每次共现。模型的代价函数如下：

$$J = \sum_{i,j=1}^{V} f(X_{ij})(w_i^{\mathrm{T}} \widetilde{w}_j + b_i + \tilde{b}_j - \log(X_{ij}))^2$$

最后，加权函数 f 应该满足几个性质。首先，$f(0) = 0$。然后，$f(x)$ 应该是非递减的，这样罕见词共现的权重不会过大。最后，$f(x)$ 与 x 的较大值相比，$f(x)$ 应该相对较小，这样频繁词共现的权重不会过大。基于这些性质和实验，论文作者提出了以下函数：

$$f(x) \begin{cases} (x/x_{\max})^{\alpha} & \text{如果 } x < x_{\max} \\ 1 & \text{否则} \end{cases}$$

$f(x)$ 如下图所示。

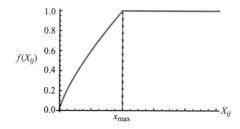

加权函数 $f(X_{ij})$，截断值 $x_{\max} = 100$，$\alpha = 3/4$。实验表明，这些参数的效果最好。

来源：https://nlp.stanford.edu/pubs/glove.pdf

向量模型生成两组词：W 和 $\widetilde{W}$。当 X 是对称的，W 和 $\widetilde{W}$ 是等价的，只是它们的随机初始化的结果不同。但论文作者指出，训练一个网络集合并且平均其结果通常有助于避免过拟合。为了模仿这种行为，选择使用 $W+\widetilde{W}$ 作为最后的单词向量，在其表现上可以观察到较小的提升。

至此结束关于神经语言模型的讨论。在下一节中，了解如何训练和可视化一个 word2vec 模型。

6.3 实现语言模型

本节实现一个简短的管道，用于预处理文本序列并使用处理过的数据训练一个 word2vec 模型。还将实现另一个例子来可视化嵌入向量，并验证它们的一些有趣的属性。

本节中的代码需要以下 Python 包：

- **Gensim**（版本 3.80，https：//radimrehurek.com/gensim/）是一个用于无监督主题建模和 NLP 的开放源码 Python 库。它支持到目前为止讨论的三种模型（word2vec、GloVe 和 fastText）。
- **自然语言工具包**（**NLTK**，https：//www.nltk.org/，版本 3.4.4）是一个 Python 库套件和用于符号和统计 NLP 的项目。
- scikit-learn（版本 0.19.1，https：//scikit-learn.org/）是一个开放源码的 Python ML 库，具有各种分类、回归和聚类算法。更具体地说，使用 **t 分布随机近邻嵌入**（**t-SNE**，https：//lvdmaaten.github.io/tsne/）来可视化高维嵌入向量（稍后详细介绍）。

此介绍之后，让我们继续训练语言模型。

6.3.1 训练嵌入模型

第一个例子中，我们在 Leo Tolstoy 的经典小说 *War and Peace* 上训练 word2vec 模型。小说作为常规文本文件存储在代码仓库中。让我们开始吧。

1）按照传统，进行导入：

```
import logging
import pprint  # beautify prints

import gensim
import nltk
```

2）将日志级别设置为 INFO，这样就可以跟踪训练进度：

```
logging.basicConfig(level=logging.INFO)
```

3）实现文本分词管道。分词指的是将文本序列分解为片段（或 **token**），如单词、关键字、短语、符号和其他元素。token 可以是单个的单词、短语，甚至是整个句子。实现两层的分词；首先，把文本分成句子，然后将每个句子分成单独的单词：

```
class TokenizedSentences:
    """Split text to sentences and tokenize them"""

    def __init__(self, filename: str):
        self.filename = filename

    def __iter__(self):
        with open(self.filename) as f:
            corpus = f.read()

        raw_sentences = nltk.tokenize.sent_tokenize(corpus)
        for sentence in raw_sentences:
            if len(sentence) > 0:
                yield gensim.utils.simple_preprocess(sentence,
min_len=2, max_len=15)
```

TokenizedSentences 迭代器将文本文件名（小说所在的位置）作为参数。以下是其余部分的工作原理：

（1）迭代从在 corpus 变量中读取文件的完整内容开始。

（2）在 NLTK 的 nltk.tokenize.sent_tokenize(corpus) 函数的帮助下，原始文本被分割成一个句子列表（raw_sentences 变量）。例如，对于输入列表 ['I like DL.', 'I like NLP.', 'I enjoy cycling.']，它会返回一个 'I like DL. I like NLP. I enjoy cycling.'。

（3）接下来，每个 sentence 都用 gensim.utils.simple_preprocess(sentence, min_len= 2, max_len= 15) 函数进行处理。它将文档转换为一组小写的 token，忽略过短或过长的 token。例如，'I like DL' 句子将被分词为 ['like','dl'] 列表。标点符号也被删除。分词后的句子作为最终结果。

4）实例化 TokenizedSentences：

```
sentences = TokenizedSentences('war_and_peace.txt')
```

5）实例化 Gensim 的 word2vec 训练模型：

```
model = gensim.models.word2vec. \
    Word2Vec(sentences=sentences,
             sg=1,  # 0 for CBOW and 1 for Skip-gram
             window=5,  # the size of the context window
             negative=5,  # negative sampling word count
             min_count=5,  # minimal word occurrences to include
             iter=5,  # number of epochs
             )
```

该模型以 sentences 作为训练数据集。Word2Vec 支持在本章中讨论的模型的所有参数和变体。例如，你可以使用 sg 参数在 CBOW 或 Skip-gram 之间切换。你还可以设置上下文窗口大小、负采样计数、epoch 数和其他内容。你可以查看代码本身中的所有参数。

或者，你可以通过将 gensim.models.word2vec.Word2Vec 替换为 gen-sim.models.fasttext.FastText（它使用相同的输入参数）来使用 fast-Text 模型。

6）Word2Vec 构造函数也初始化训练过程。经过一段时间后（你不需要 GPU，因为训练数据集很小），生成的嵌入向量被存储在 model.wv 对象中。一方面，它的作用类似于字典，你可以使用 model.wv['WORD_GOES_HERE'] 访问每个单词的向量。然而，它也支持一些其他有趣的功能。你可以使用 model.wv.most_similar 方法，根据单词向量的不同来度量不同单词之间的相似性。首先，它将每个单词向量转换为单元向量（长度为 1 的向量）。然后计算目标词的单元向量与所有其他词的单元向量的点积。两个向量的点积越高，它们就越相似。例如，pprint.pprint(model.wv.most_similar(posi-tive='mother',topn=5)) 将输出 5 个与'mother'最相似的单词及其点积：

```
[('sister', 0.9024157524108887),
 ('daughter', 0.8976515531539917),
 ('brother', 0.8965438008308411),
 ('father', 0.8935455679893494),
 ('husband', 0.8779271245002747)]
```

该结果可以作为单词向量正确编码单词含义的一种证明。'mother'这个单词的意思确实与'sister'和'daughter'等有关。

还可以找到与目标词组合最相似的单词。例如，model.wv.most_similar(posi-tive=['woman','king'],topn=5) 将'woman'和'king'的词向量取均值，然后找出与新均值向量最相似的单词：

```
[('heiress', 0.9176832437515259), ('admirable',
0.9104862213134766), ('honorable', 0.9047746658325195),
('creature', 0.9040032625198364), ('depraved', 0.9013445973396301)]
```

可以看到，有些单词是相关的（如'heiress'），但大多数不是（如'creature'和'admirable'）。也许训练数据集太小，无法捕捉像这样更复杂的关系。

6.3.2 可视化嵌入向量

为了获得更好的单词向量，与 6.3.1 节的模型相比，我们将训练另一个 word2vec 模型。然而，这一次使用一个更大的语料库——text8 数据集，它由 Wikipedia 的前 100 000 000 字节纯文本组成。数据集包含在 Gensim 中，它被分词为一个单独的长单词列表。让我们开始吧。

1）和往常一样，首先进行导入。将日志设置为 INFO，以便更好地度量：

```
import logging
import pprint  # beautify prints

import gensim.downloader as gensim_downloader
import matplotlib.pyplot as plt
```

```
import numpy as np
from gensim.models.word2vec import Word2Vec
from sklearn.manifold import TSNE

logging.basicConfig(level=logging.INFO)
```

2）训练 Word2Vec 模型。这次使用 CBOW 进行更快的训练。使用 gensim_down-load.load('text8') 加载数据集：

```
model = Word2Vec(
    sentences=gensim_downloader.load('text8'),  # download and load
the text8 dataset
    sg=0, size=100, window=5, negative=5, min_count=5, iter=5)
```

3）为了验证这个模型是否更好，可以试着找出与"woman"和"king"最相似，但与"man"最不相似的单词。理想情况下，其中一个词应该是"queen"。可以用表达式 pprint.pprint(model.wv.most_similar(positive=['woman','king'],nega-tive=['man'])) 来实现。输出如下：

```
[('queen', 0.6532326936721802), ('prince', 0.6139929294586182),
('empress', 0.6126195192337036), ('princess', 0.6075714230537415),
('elizabeth', 0.588543176651001), ('throne', 0.5846244692802429),
('daughter', 0.5667101144790649), ('son', 0.5659586191177368),
('isabella', 0.5611927509307861), ('scots', 0.5606790781021118)]
```

事实上，最相似的单词是"queen"，但是其他单词也是相关的。

4）借助 t-SNE 可视化模型在收集到的单词向量上将单词显示在一个 2D 图中。t-SNE 将每个高维的嵌入向量建模在一个 2D 或 3D 的点上，相似的对象被建模在附近的点上，不同的对象在较高概率下被建模在距离较远的点上。从几个 target_words 开始，然后收集与每个目标单词最相似的 n 个单词（以及它们的向量）的聚类。下面是执行此操作的代码：

```
target_words = ['mother', 'car', 'tree', 'science', 'building',
'elephant', 'green']
word_groups, embedding_groups = list(), list()

for word in target_words:
    words = [w for w, _ in model.most_similar(word, topn=5)]
    word_groups.append(words)

    embedding_groups.append([model.wv[w] for w in words])
```

5）对收集到的聚类进行 t-SNE 可视化模型训练，参数如下：
- perplexity 与每个点匹配原始向量和简化向量时考虑的最近邻的数量松散相关。换句话说，它决定算法是关注数据的局部属性还是全局属性。
- n_components= 2 指定了输出向量的维数。
- n_iter= 5000 是训练迭代次数。
- init= 'pca'使用基于**主成分分析**（PCA）的初始化。

模型以 embedding_groups 簇作为输入，输出含有 2D 嵌入向量的 embeddings_2d 数组。具体实现如下：

```
# Train the t-SNE algorithm
embedding_groups = np.array(embedding_groups)
m, n, vector_size = embedding_groups.shape
tsne_model = TSNE(perplexity=8, n_components=2, init='pca',
n_iter=5000)

# generate 2d embeddings from the original 100d ones
embeddings_2d = tsne_model.fit_transform(embedding_groups.reshape(m
* n, vector_size))
embeddings_2d = np.array(embeddings_2d).reshape(m, n, 2)
```

6）显示新的 2D 嵌入。为此，初始化绘图和它的一些属性，以获得更好的可视性：

```
# Plot the results
plt.figure(figsize=(16, 9))
# Different color and marker for each group of similar words
color_map = plt.get_cmap('Dark2')(np.linspace(0, 1,
len(target_words)))
markers = ['o', 'v', 's', 'x', 'D', '*', '+']
```

7）迭代每个 similar_words 簇，并在散点图上以点的形式显示其单词。为每个簇使用独特的标记。各点将以对应的文字标注：

```
# Iterate over all groups
for label, similar_words, emb, color, marker in \
        zip(target_words, word_groups, embeddings_2d, color_map,
markers):
    x, y = emb[:, 0], emb[:, 1]

    # Plot the points of each word group
    plt.scatter(x=x, y=y, c=color, label=label, marker=marker)

    # Annotate each point with its corresponding caption
    for word, w_x, w_y in zip(similar_words, x, y):
        plt.annotate(word, xy=(w_x, w_y), xytext=(0, 15),
                    textcoords='offset points', ha='center',
va='top', size=10)
```

8）显示绘图：

```
plt.legend()
plt.grid(True)
plt.show()
```

可以看到，相关单词的每一个簇如何在 2D 图的一个临近区域内分组。

下页图再一次证明，获得的词向量包含词的相关信息。随着这个例子的结束，本章也结束了。

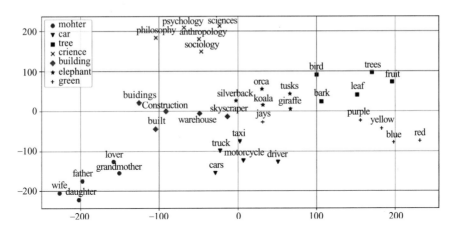

目标词和它们的最相似单词簇的 t-SNE 可视化

6.4　总结

本章是关于 NLP 介绍的第一章。本章从大多数 NLP 算法的基本构建模块单词和其基于上下文的向量表示）开始。我们介绍了 n-gram，它需要把单词表示为向量。然后，讨论了 word2vec、fastText 和 GloVe 模型。最后，实现了一个简单的管道来训练一个嵌入模型，并使用 t-SNE 来可视化单词向量。

下一章讨论 RNN——一种适合 NLP 任务的神经网络架构。

第 7 章

理解 RNN

第 1 章和第 2 章深入研究了一般前馈网络和其特殊的典型网络——卷积神经网络（CNN）的特性。本章将用循环神经网络（RNN）来结束这个故事。在前几章中讨论的神经网络架构接受固定大小的输入并提供固定大小的输出。RNN 通过在这些序列上定义循环关系处理可变长度的输入序列，从而解除了这种约束。如果你熟悉本章将要讨论的一些主题，你可以跳过它们。

7.1 RNN 介绍

RNN 是一种可以处理可变长度序列数据的神经网络。这类数据的例子包括一个句子中的单词或不同时间的股票价格。通过使用单词序列，暗示序列中的元素是相互关联的，并且它们的顺序很重要。例如，如果拿起一本书，随机打乱其中的所有单词，即使仍然知道单个的单词，文本也会失去它的意义。当然，可以使用 RNN 来解决与序列数据相关的任务。这样的任务有语言翻译、语音识别、预测时间序列的下一个元素等。

RNN 如此命名是因为它们在序列上循环地应用相同的函数。可以将 RNN 定义为循环关系：

$$s_t = f(s_{t-1}, x_t)$$

这里，f 是可微函数，s_t 是一个叫作内部网络状态的值向量（在第 t 步），x_t 是第 t 步的网络输入。与常规网络不同，常规网络的状态只依赖于当前的输入（网络权重），这里，s_t 是当前输入和之前状态 s_{t-1} 的函数。你可以把 s_{t-1} 看作网络之前所有输入的和。这与常规的前馈网络（包括 CNN）不同，后者只取当前的输入样本作为输入。循环关系定义了状态如何通过之前状态的前馈循环在序列上逐步演变，如下图所示。

RNN 有三组参数（或权重）：
- U 把输入 x_t 转换为状态 s_t。
- W 把之前的状态 s_{t-1} 转换为状态 s_t。
- V 将新计算的内部状态 s_t 映射到输出 y_t。

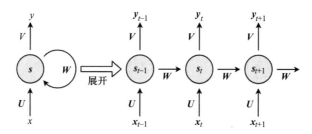

左：RNN 循环关系的可视化图示，$s_t = Ws_{t-1} + Ux_t$，最终的输出是 $y_t = Vs_t$。右：RNN 状态在序列 $t-1$、t、$t+1$ 上循环地展开。注意，参数 U、V 和 W 在所有步骤之间是共享的

U、V 和 W 对它们各自的输入进行线性转换。这种转换的最基本的例子就是我们熟悉的加权求和。现在可以定义内部状态和网络输出，如下所示：

$$s_t = f(Ws_{t-1} + Ux_t)$$
$$y_t = Vs_t$$

其中 f 是非线性激活函数（如 tanh、sigmoid 或 ReLU）。

例如，在单词级别语言模型中，输入 x 是在输入向量中编码的单词序列（$x_1, \cdots,$ $x_t, \cdots$）。状态 s 是状态向量的序列（$s_1, \cdots, s_t, \cdots$）。最后，输出 y 是序列中接下来的单词的概率向量序列（$y_1, \cdots, y_t, \cdots$）。

注意，在一个 RNN 中，每个状态都通过循环关系依赖于所有以前的计算。其中一个重要的含义是，RNN 有记忆，因为状态 s 包含基于前面步骤的信息。理论上，RNN 可以记住任意时间长度的信息，但在实践中，它们只能有限的往后看几步。之后将更详细地讨论这个问题。

这里描述的 RNN 在某种程度上相当于一个单层常规神经网络（带有额外的循环关系）。正如从第 1 章中所知道的，一个单层的网络有一些严重的限制。不要害怕！与常规网络一样，可以将多个 RNN 堆叠起来，形成一个堆叠的 RNN。l 层 RNN 单元在 t 时刻的单元状态 s_t^l 将接收 $l-1$ 层 RNN 单元的输出 y_t^{l-1} 和同一层 l 层单元的前一个单元状态 s_{t-1}^l 作为输入：

$$s_t^l = f(s_{t-1}^l, y_t^{l-1})$$

在"堆叠的 RNN"图中，可以看到一个展开的、堆叠的 RNN。

到目前为止讨论的 RNN 采用序列前面的元素来产生输出。这对于时间序列预测这样的任务很有意义，时间序列预测希望根据前面的元素预测序列的下一个元素。但是它也对其他任务施加了不必要的限制，比如来自 NLP 领域的任务。正如在第 6 章中看到的，可以通过上下文获取关于一个单词的大量信息，从前面和后面的单词中提取上下文是有意义的。

可以将常规 RNN 扩展为**双向 RNN** 来覆盖这种情况，如"双向 RNN"图所示。

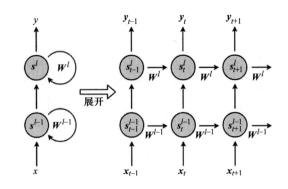

堆叠的 RNN

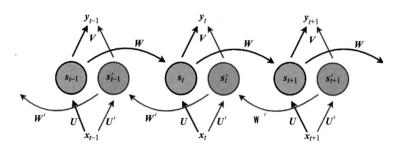

双向 RNN

这个网络有两个双向的传播循环，即从步骤 t 到 $t+1$（从左到右），从步骤 $t+1$ 到 t（从右到左）。用硬撇号（$'$）标注从右到左的传播的相关符号（不要与导数混淆）。在每一个时间步长 t，网络保持两个内部状态向量：s_t 用于从左到右的传播和 s_t' 用于从右到左的传播。从右到左的阶段有它自己的一组输入权重 U' 和 W' 集合，对应从左到右阶段的权重 U 和 W。由右至左隐藏状态向量的公式如下：

$$s_t' = f(W's_{t+1}' + U'x_t)$$

网络的输出 y_t 是内部状态 s_t 和 s_{t+1} 的组合。组合它们的一种方法是串联。在这种情况下，用 V 表示串联状态到输出的权重矩阵，这里输出的公式如下：

$$y_t = V[s_t; s_t']$$

或者，可以简单地将两个状态向量相加：

$$y_t = V(s_t + s_t')$$

因为 RNN 并不局限于处理固定大小的输入，它们确实扩展了用神经网络计算的可能，如不同长度的序列或不同大小的图像。

一些不同的组合：

- **一对一**：这是一种非序列处理，如前馈神经网络和 CNN。请注意，前馈网络和应用单个时间步长的 RNN 之间并没有太大的区别。一对一处理的一个例子是图像分类，在第 2 章和第 3 章中讨论过。
- **一对多**：该处理基于单个输入来生成序列，例如，从图像生成标题（"Show and Tell：A Neural Image CaptionGenerator"，https：//arxiv. org/abs/1411. 4555）。
- **多对一**：该处理基于序列来输出单个结果，例如文本的情感分类。
- **多对多间接**：一个序列被编码成一个状态向量，之后这个状态向量被解码成一个新的序列，如语言翻译（"Learning Phrase Representations using RNN Encoder-Decoderfor Statistical Machine Translation"，见 https：//arxiv. -org/abs/1406. 1078 和 "Sequence to Sequence Learning with Neural Networks"，见 http：// papers. nips. cc/paper/5346-sequence-to-sequence-learning-with-neural-networks. pdf）。
- **多对多直接**：它为每个输入步骤输出一个结果，例如语音识别中的帧音素标记。

 多对多模型通常被称为序列到序列（seq2seq）模型。

下图是上述输入输出组合的图示。

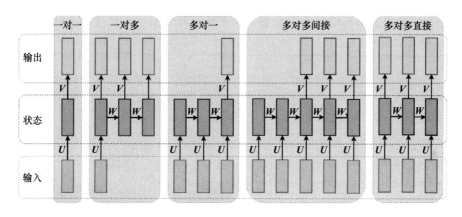

RNN 输入-输出组合：灵感来自 http：//karpathy. github. io/2015/05/21/rnn-effectiveness/

既然已经介绍了 RNNs，下一节从头实现一个简单的 RNN 示例来完善我们的知识。

RNN 的实现和训练

上一节简要讨论了什么是 RNN 以及它们可以解决哪些问题。下面深入研究 RNN 的细节，以及如何通过一个非常简单的样例（在序列中计数）来训练它。

该样例中，我们将学习一个基本的 RNN 如何计算输入中的 1 的数量，然后在序列结束时输出结果。这是前一节定义的多对一关系的示例。

使用 Python（不使用 DL 库）和 NumPy 来实现这个示例。输入和输出示例如下：

```
In: (0, 0, 0, 0, 1, 0, 1, 0, 1, 0)
Out: 3
```

使用的 RNN 如下图所示。

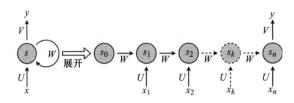

基本的 RNN 用于计算输入中的 1

这个网络只有两个参数：输入权重 U 和循环权重 W。输出权重 V 被设为 1，这样就可以读出最后一种状态作为输出 y。

 因为 s_t、x_t、U 和 W 是标量值，不会在本节及其子节中使用矩阵表示（粗斜体大写字母）。但是，请注意，这些公式的通用版本使用矩阵和向量参数。

让我们继续，添加一些代码以执行示例。导入 numpy 并定义我们的训练、数据 x 和标签 y。x 是二维的，因为第一个维度表示小批量中的样本。为了简单起见，使用一个小批量的单一样本：

```
import numpy as np

# The first dimension represents the mini-batch
x = np.array([[0, 0, 0, 0, 1, 0, 1, 0, 1, 0]])

y = np.array([3])
```

这个网络定义的循环关系是 $s_t = f(Ws_{t-1} + Ux_t)$。注意，这是一个线性模型，因为没有在这个公式中应用非线性函数。可以实现如下循环关系：

```
def step(s, x, U, W):
    return x * U + s * W
```

状态 s_t 以及权重 W 和 U 是单一标量值。该例子的一个很好的解决方案是得到整个序列的输入的和。如果设置 $U=1$，那么无论何时接收到输入，都会得到它的全部值。如果设 $W=1$，那么所积累的值就不会衰减。因此，对于这个例子，我们将得到期望的输出：3。

让我们使用这个简单的例子来训练和实现 RNN。这将很有趣，正如我们将在本节的其余部分中看到的。首先，讨论如何通过反向传播得到这个结果。

沿时间反向传播

沿时间反向传播是用来训练循环网络的典型算法（"Backpropagation Through Time：What It Does and How to Do It"，http://axon. cs. byu. edu/~martinez-/classes/678/Papers/Werbos _ BPTT. pdf)。顾名思义，它基于第 1 章中讨论过的反向传播算法。

常规的反向传播和沿时间反向传播之间的主要区别是，循环网络通过一定数量的时间步展开（如前面的图）。一旦展开完成，就会得到一个非常类似于常规多层前馈网络的模型，也就是说，那个网络的一个隐藏层代表了沿时间的一步长。唯一的区别是每一层都有多个输入：前一状态 s_{t-1} 和当前输入 x_t。参数 U 和 W 在所有隐藏层之间共享。

前向传播将 RNN 沿着序列展开，并为每一步构建一个状态的堆叠。在下面的代码块中，可以看到一个前向传播的实现，它返回每个循环步骤和批量中每个样本的激活 s：

```
def forward(x, U, W):
    # Number of samples in the mini-batch
    number_of_samples = len(x)

    # Length of each sample
    sequence_length = len(x[0])

    # Initialize the state activation for each sample along the sequence
    s = np.zeros((number_of_samples, sequence_length + 1))

    # Update the states over the sequence
    for t in range(0, sequence_length):
        s[:, t + 1] = step(s[:, t], x[:, t], U, W)  # step function

    return s
```

现在有了前向步长和损失函数，可以定义梯度是如何反向传播的。由于展开的 RNN 等价于常规的前馈网络，可以使用第 1 章中介绍的反向传播链式法则。

因为权重 W 和 U 在各个层中是共享的，会为每个循环步骤积累误差导数，最后，使用积累的值来更新权重。

首先，需要使用损失函数($\partial J/\partial s$)得到输出梯度 s_t。一旦有了它，通过在前向传播步骤中构建的激活的堆叠来反向传播它。反向传播将激活从堆叠中弹出，以便在每个时间步中累积它们的误差梯度。这个梯度通过网络传播的循环关系可以写作（链式法则）：

$$\frac{\partial J}{\partial s_{t-1}}=\frac{\partial J}{\partial s_t}\frac{\partial s_t}{\partial s_{t-1}}=\frac{\partial J}{\partial s_t}W$$

这里，J 是损失函数。

将权重 U 和 W 的梯度累加如下：

$$\frac{\partial J}{\partial U}=\sum_{t=0}^{n}\frac{\partial J}{\partial s_t}x_t$$

$$\frac{\partial J}{\partial W}=\sum_{t=0}^{n}\frac{\partial J}{\partial s_t}s_{t-1}$$

下面是一个反向传播的实现：

1）U 和 W 的梯度在 gU 和 gW 中分别累加：

```
def backward(x, s, y, W):
    sequence_length = len(x[0])

    # The network output is just the last activation of sequence
    s_t = s[:, -1]

    # Compute the gradient of the output w.r.t. MSE loss function
      at final state
    gS = 2 * (s_t - y)

    # Set the gradient accumulations to 0

        gU, gW = 0, 0

        # Accumulate gradients backwards
        for k in range(sequence_length, 0, -1):
            # Compute the parameter gradients and accumulate the
              results
            gU += np.sum(gS * x[:, k - 1])
            gW += np.sum(gS * s[:, k - 1])

            # Compute the gradient at the output of the previous layer
            gS = gS * W

        return gU, gW
```

2）尝试使用梯度下降来优化网络。在 backward 函数的帮助下计算 gradients（使用均方误差），并使用它们更新 weights 值：

```
def train(x, y, epochs, learning_rate=0.0005):
    """Train the network"""

    # Set initial parameters
    weights = (-2, 0) # (U, W)

    # Accumulate the losses and their respective weights
    losses = list()
    gradients_u = list()
    gradients_w = list()

    # Perform iterative gradient descent
    for i in range(epochs):
        # Perform forward and backward pass to get the gradients
        s = forward(x, weights[0], weights[1])

        # Compute the loss
        loss = (y[0] - s[-1, -1]) ** 2

        # Store the loss and weights values for later display
        losses.append(loss)
```

```
    gradients = backward(x, s, y, weights[1])
    gradients_u.append(gradients[0])
    gradients_w.append(gradients[1])

    # Update each parameter `p` by p = p - (gradient *
      learning_rate).
    # `gp` is the gradient of parameter `p`
    weights = tuple((p - gp * learning_rate) for p, gp in

    zip(weights, gradients))

  print(weights)

  return np.array(losses), np.array(gradients_u),
  np.array(gradients_w)
```

3）实现相关的 plot_training 函数，该函数将显示 loss 函数和每个 epoch 下的每个权重的梯度：

```
def plot_training(losses, gradients_u, gradients_w):
    import matplotlib.pyplot as plt

    # remove nan and inf values
    losses = losses[~np.isnan(losses)][:-1]
    gradients_u = gradients_u[~np.isnan(gradients_u)][:-1]
    gradients_w = gradients_w[~np.isnan(gradients_w)][:-1]

    # plot the weights U and W
    fig, ax1 = plt.subplots(figsize=(5, 3.4))

    ax1.set_ylim(-3, 20)
    ax1.set_xlabel('epochs')
    ax1.plot(gradients_u, label='grad U', color='blue',
    linestyle=':')
    ax1.plot(gradients_w, label='grad W', color='red', linestyle='-
    ')
    ax1.legend(loc='upper left')

    # instantiate a second axis that shares the same x-axis
    # plot the loss on the second axis
    ax2 = ax1.twinx()

    # uncomment to plot exploding gradients
    ax2.set_ylim(-3, 10)
    ax2.plot(losses, label='Loss', color='green')
    ax2.tick_params(axis='y', labelcolor='green')
    ax2.legend(loc='upper right')
```

```
fig.tight_layout()

plt.show()
```

4）运行以下代码：

```
losses, gradients_u, gradients_w = train(x, y, epochs=150)
plot_training(losses, gradients_u, gradients_w)
```

以上代码产生了如下图。

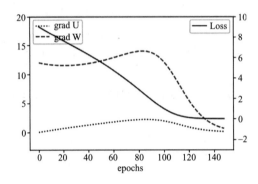

RNN 损失：不间断的线表示损失，虚线表示训练过程中的权重梯度

既然已经学习了沿时间反向传播，接下来讨论一下熟悉的梯度消失和爆炸问题是如何影响它的。

梯度消失和爆炸

不过，前面的示例有一个问题。让我们用一个更长的序列来运行这个训练过程：

```
x = np.array([[0, 0, 0, 0, 1, 0, 1, 0, 1, 0, 0, 0, 0, 0, 1, 0, 1, 0, 1, 0,
0, 0, 0, 0, 1, 0, 1, 0, 1, 0, 0, 0, 0, 0, 1, 0, 1, 0, 1, 0]])

y = np.array([[12]])

losses, gradients_u, gradients_w = train(x, y, epochs=150)
plot_training(losses, gradients_u, gradients_w)
```

输出如下：

```
Sum of ones RNN from scratch
chapter07-rnn/simple_rnn.py:5: RuntimeWarning: overflow encountered in
multiply
  return x * U + s * W
chapter07-rnn/simple_rnn.py:40: RuntimeWarning: invalid value encountered
in multiply
  gU += np.sum(gS * x[:, k - 1])
```

```
chapter07-rnn/simple_rnn.py:41: RuntimeWarning: invalid value encountered
in multiply
  gW += np.sum(gS * s[:, k - 1])
(nan, nan)
```

出现这些警告的原因是最终的参数 U 和 W **不是一个数值**（NaN）。为了正确地显示梯度，需要在 plot_training 函数改变梯度轴的规模，从 ax1.set_ylim(- 3,20) 变为 ax1.set_ylim(- 3,600)，并且改变损失轴的规模，从 ax2.set_ylim(- 3,0) 变为 ax2.set_ylim(- 3,200)。

现在，程序将产生新的损失和梯度图，如下所示。

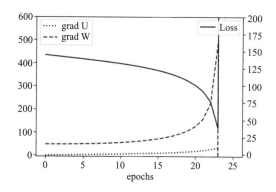

参数和损失函数在梯度爆炸中的情景

在起始 epoch 中，梯度缓慢增加，类似于较短序列的增加方式。然而，当它们到达 epoch 为 23 时（确切的 epoch 并不重要），梯度变得太大，超出了 float 变量的范围，变成 NaN（如图中的大幅度变化所示）。这个问题被称为梯度爆炸。可以在一个常规前馈神经网络中发现梯度爆炸，但它在 RNN 中尤其明显。为了理解其中的原因，回顾一下上一节中定义的两个连续序列步的循环梯度传播链式法则：

$$\frac{\partial J}{\partial s_{t-1}} = \frac{\partial J}{\partial s_t} \frac{\partial s_t}{\partial s_{t-1}} = \frac{\partial J}{\partial s_t} W$$

根据序列的长度，一个展开的 RNN 可以比常规网络更深。同时，RNN 的权重 W 在所有的步骤中都是共享的。因此，可以推广该公式来计算序列中两个非连续步的梯度。因为 W 是共享的，所以方程形成一个等比级数：

$$\frac{\partial s_t}{\partial s_{t-k}} = \frac{\partial s_t}{\partial s_{t-1}} \frac{\partial s_{t-1}}{\partial s_{t-2}} \cdots \cdots \frac{\partial s_{t-k+1}}{\partial s_{t-k}} = \prod_{j=1}^{k} \frac{\partial s_{t-j+1}}{\partial s_{t-j}} = W^k$$

在简单线性 RNN 中，如果 $|W| > 1$（梯度爆炸），那么梯度指数增长，其中 W 是一个单一标量权重，例如，在 $W = 1.5$ 时，50 个时间步是 $W^{50} \approx 637\ 621\ 500$。如果 $|W| < 1$（梯度消失），例如，在 $W = 0.6$ 时，10 个时间步等于 $W^{20} = 0.00097$。如果权重参数 W 是一个矩阵而不是标量，那么爆炸或消失的梯度与 W 的最大特征值（ϱ）有关，它也称为光

谱半径。$\varrho<1$ 是梯度消失的充分条件，$\varrho>1$ 是梯度爆炸的必要条件。

梯度消失的问题，在第 1 章中提到过，在 RNN 有另一个影响。梯度随着步数指数衰减直到它在更早的状态中变得非常小。实际上，它们被来自更近的时间步长的更大梯度掩盖，网络保留这些早期状态历史的能力消失。这个问题更难检测，因为训练仍然有效，网络将产生有效的输出（不像梯度爆炸）。它只是无法学习长期的依赖关系。

现在，熟悉了一些 RNN 的问题。这些知识对我们很有帮助，因为下一节将讨论如何在一种特殊类型的 RNN 的帮助下解决这些问题。

7.2   长短期记忆介绍

Hochreiter 和 Schmidhuber 广泛地研究了梯度消失和爆炸的问题，并提出了一个称为**长短期记忆**（LSTM，https://www.bioinf.jku.at/publications-/older/2604.pdf）的解决方案。LSTM 可以处理长期依赖关系，这是由于它有一个特别设计的记忆单元。事实上，它们工作得非常好，以至于目前在训练 RNN 解决各种问题方面取得的大多数成就都是由于使用了LSTM。本节将探索这个记忆单元是如何工作的，以及它如何解决梯度消失的问题。

LSTM 的关键思想是单元状态 c_t（除了隐藏的 RNN 状态 h_t），其中信息只能显式写入或删除，以便在没有外界干扰的情况下状态保持不变。单元状态只能被特定的门修改，这是一种让信息通过的方式。这些门是由一个 sigmoid 函数和元素依次相乘组成。因为 sigmoid 只输出 0 到 1 之间的值，所以乘法只能减小通过门的值。典型的 LSTM 由 3 个门组成：遗忘门、输入门和输出门。单元状态、输入和输出都是向量，因此 LSTM 可以在每个时间步保存不同信息块的组合。

下图是一个 LSTM 单元的示意图。

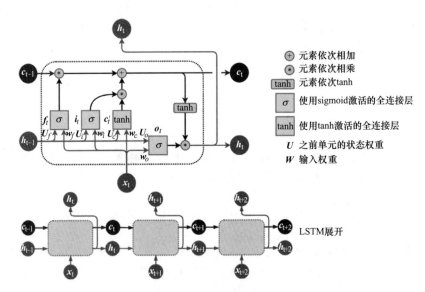

顶部图为 LSTM 单元，底部图为展开 LSTM 单元，
灵感来自 http://colah.github.io/posts/2015-08-understand-lstms/

继续讲解之前，先介绍一些符号。x_t、c_t 和 h_t 为 t 时刻 LSTM 的输入、记忆状态和输出（或隐藏状态）向量，c_t' 是候选单元状态向量（稍后详细介绍）。输入 x_t 和前一个单元输出 h_{t-1}，分别以全连接权重集合 W 和 U 连接到每个门和候选单元向量。f_t、i_t 和 o_t 是 LSTM 单元的遗忘门、输入门和输出门。这些门是有 sigmoid 激活函数的全连接层。

从遗忘门 f_t 开始介绍。顾名思义，它决定是否要擦除现有单元格状态的某些部分。它根据前一个单元 h_{t-1} 的输出的加权向量和以及当前输入 x_t 进行决策：

$$f_t = \sigma(W_f x_t + U_f h_{t-1})$$

从上面的图中，可以看到遗忘门在前一个状态向量 c_{t-1} 的每个元素上应用元素依次 sigmoid 激活：$f_t * c_{t-1}$。同样，请注意，由于操作是元素依次的，所以这个向量的值被压缩到 [0，1] 范围内。输出为 0 会完全擦除一个特定的 c_{t-1} 单元块，输出为 1 允许那个单元块通过信息。这意味着 LSTM 可以删除单元状态向量中的无关信息。

> **ⓘ** Hochreiter 最初提出的 LSTM 中并没有遗忘门。遗忘门在 "Learning to Forget：Continual Prediction with LSTM" （http：//citeseerx. ist. psu. edu/view-doc/download？ doi=10. 1. 1. 55. 5709&rep=rep1&type=pdf） 中被提出。

输入门 i_t 决定要在一个多步骤的过程中向记忆单元添加什么新信息。第一步决定是否要添加任何信息。就像遗忘门一样，它的决定基于 h_{t-1} 和 x_t：通过 sigmoid 函数对候选状态向量的每个单元输出 0 或 1。输出为 0 意味着没有信息被添加到该单元块的记忆中。因此，LSTM 可以在其单元状态向量中存储特定的信息片段：

$$i_t = \sigma(W_i x_t + U_i h_{t-1})$$

下一步，计算新的候选单元状态 c_t'。它基于前面的输出 h_{t-1} 和当前的输入 x_t，通过 tanh 函数变换：

$$c_t' = \tanh(W_c x_t + U_c h_{t-1})$$

接下来，c_t' 通过元素依次相乘与输入门的 sigmoid 输出相结合：$i_t * c_t'$。

回顾一下，遗忘门和输入门分别决定从前面的单元状态和候选单元状态中什么信息被遗忘和包含。新单元状态的最终版本 c_t 只是这两个组成部分的元素依次相加和：

$$c_t = f_t * c_{t-1} \oplus i_t * c_t'$$

接下来关注输出门，它决定了单元的总输出将是什么。它需要 h_{t-1} 和 x_t 作为单元记忆的每个块的输入和输出，输入和输出是 0 或 1（通过 sigmoid 函数）。与之前一样，0 表示块不输出任何信息，1 表示块可以作为单元的输出通过。因此，LSTM 可以从它的单元状态向量中输出特定的信息块：

$$o_t = \sigma(W_o x_t + U_o h_{t-1})$$

最后，通过 tanh 函数传递 LSTM 单元的输出：

$$\boldsymbol{h}_t = \boldsymbol{o}_t * \tanh(\boldsymbol{c}_t)$$

因为所有这些公式都是可导的，所以可以把 LSTM 单元串在一起，就像把简单的 RNN 状态串在一起，与沿时间反向传播来训练网络一样。

但是 LSTM 是如何防止梯度消失的呢？从前向阶段开始讲解。注意，如果遗忘门是 1 且输入门是 0，单元状态被恒定地一步一步复制：$\boldsymbol{c}_t = \boldsymbol{f}_t * \boldsymbol{c}_{t-1} \oplus \boldsymbol{i}_t * \boldsymbol{c}'_t = 1 * \boldsymbol{c}_{t-1} \oplus 0 * \boldsymbol{c}'_t = \boldsymbol{c}_{t-1}$。只有遗忘门能完全擦除单元的记忆。因此，记忆能够很长时间保持不变。同样，注意输入是一个被添加到当前单元记忆的 tanh 激活。这意味着单元记忆不会爆炸，并且非常微小。

使用一个示例来演示如何展开 LSTM 单元。为了简单起见，假设它有一维（单个标量值）的输入、状态和输出向量。因为值是标量，我们不会在这个例子的其他部分使用向量表示。

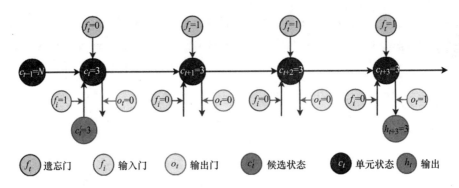

沿时间展开 LSTM，灵感来自 http：//nikhilbuduma. com/2015/01/11/a-deep-dive-intorecurrent-neural-networks/

流程如下：

1) 首先，有一个值为 3 的候选状态。输入门设为 $f_i = 1$，遗忘门设置为 $f_t = 0$。这意味着之前的状态 $c_{t-1} = N$ 被删除，被替换为新的状态：$c_t = 0 * N \oplus 1 * 3 = 3$。

2) 在接下来的两个时间步中，遗忘门被设置为 1，而输入门被设置为 0。通过这样做，所有的信息在这些步骤中被保存，并且没有新的信息被添加，因为输入门被设置为 0：$c_{t+1} = 1 * 3 \oplus 0 * c'_{t+1} = 3$。

3) 最后，输出门被设置为 $o_t = 1$，3 是输出，并保持不变。已经成功地解释了如何跨多个步骤存储内部状态。

接下来，关注反向阶段。单元状态 c_t 也可以在遗忘门 f_t 的帮助下缓解梯度消失和梯度爆炸。像常规的 RNN 一样，可以对两个连续的步骤使用链式法则来计算偏导 $\partial c_t / \partial c_{t-1}$。根据公式 $c_t = f_t * c_{t-1} \oplus i_t * c'_t$ 而不深入细节，它的偏导数为：

$$\frac{\partial c_t}{\partial c_{t-1}} \approx f_t$$

也可以将其推广到非连续的步骤：

$$\frac{\partial c_t}{\partial c_{t-k}} = \frac{\partial c_t}{\partial c_{t-1}} \frac{\partial c_{t-1}}{\partial c_{t-2}} \cdots \frac{\partial c_{t-k+1}}{\partial c_{t-k}} \approx \prod_{j=1}^{k} f_{t-j+1}$$

如果遗忘门的值接近于 1，梯度信息可以几乎不加改变地通过网络状态返回。这是因为 f_t 使用 sigmoid 激活，而信息流仍然受制于梯度消失，尤其是对 sigmoid 激活（见第 1 章）。但不像常规 RNN 中的梯度，f_t 在每个时间步都有一个不同的值。因此，这不是一个几何级数，梯度消失效果不太明显。

可以用与堆叠常规 RNN 相同的方式来堆叠 LSTM 单元，但不同之处在于，第一级 t 步的单元状态可以作为第 t+1 步的同一级单元状态的输入。下图显示了一个展开的堆叠 LSTM。

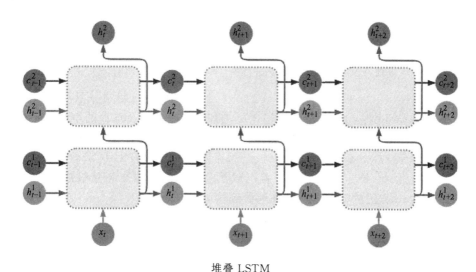

堆叠 LSTM

现在已经介绍了 LSTM，下一节实现它以巩固我们的知识。

实现 LSTM

本节使用 PyTorch1.3.1 实现一个 LSTM 单元。首先，注意到 PyTorch 已经有一个 LSTM 实现，可以使用 torch. nn. LSTM。但是，我们的目标是理解 LSTM 单元是如何工作的，因此从头开始实现自己的版本。单元将是 torch. nn. Module 的一个子类，使用它作为更大模型的构建块。此示例的源代码可以在 https://github. com/PacktPublishing/Advanced-Deep-Learning-with-Python/tree/master/Chapter07/lstm _ cell. py 上获得。让我们开始吧

1）导入：

```
import math
import typing

import torch
```

2）实现类以及 __init__ 方法：

```
class LSTMCell(torch.nn.Module):

    def __init__(self, input_size: int, hidden_size: int):
        """
        :param input_size: input vector size
        :param hidden_size: cell state vector size
        """

        super(LSTMCell, self).__init__()
        self.input_size = input_size
        self.hidden_size = hidden_size

        # combine all gates in a single matrix multiplication
        self.x_fc = torch.nn.Linear(input_size, 4 * hidden_size)
        self.h_fc = torch.nn.Linear(hidden_size, 4 * hidden_size)

        self.reset_parameters()
```

要理解全连接层（self.x_fc 和 self.h_fc）的角色，回顾一下，候选单元状态以及输入门、遗忘门和输出门都依赖于输入 x_t 的加权向量和以及前面的单元输出 h_{t-1}。因此，不对每个单元进行 8 个分离的 $W_{i,f,c,o}x_t$ 和 $U_{i,f,c,o}h_{t-1}$ 运算，而是将其结合起来成为 2 个大的全连接层 self.x_fc 和 self.h_fc，每个全连接层都有大小为 4* hidden_size 的输出。一旦需要一个特定门的输出，就可以从全连接层的两个张量输出中提取必要的切片（在 forward 方法的实现中看到如何做到这一点）。

3）继续使用 reset_parameters 方法，它使用特定于 LSTM 的 Xavier 初始化器来初始化网络的所有权重（如果直接复制粘贴这段代码，可能需要检查缩进）：

```
def reset_parameters(self):
    """Xavier initialization """
    size = math.sqrt(3.0 / self.hidden_size)
    for weight in self.parameters():
        weight.data.uniform_(-size, size)
```

4）开始实现 forward 方法，它包含在之前描述的所有 LSTM 执行逻辑。以当前第 t 步的小批量以及包含第 $t-1$ 步的单元输出和单元状态的元组作为输入：

```
def forward(self,
            x_t: torch.Tensor,
            hidden: typing.Tuple[torch.Tensor, torch.Tensor] =
(None, None)) \
        -> typing.Tuple[torch.Tensor, torch.Tensor]:
    h_t_1, c_t_1 = hidden # t_1 is equivalent to t-1

    # in case of more than 2-dimensional input
    # flatten the tensor (similar to numpy.reshape)
    x_t = x_t.view(-1, x_t.size(1))
```

```
h_t_1 = h_t_1.view(-1, h_t_1.size(1))
c_t_1 = c_t_1.view(-1, c_t_1.size(1))
```

5）继续通过计算激活所有 3 个门和候选状态。就像做下面的事情一样简单：

```
gates = self.x_fc(x_t) + self.h_fc(h_t_1)
```

6）对每个门的输出进行分割：

```
i_t, f_t, candidate_c_t, o_t = gates.chunk(4, 1)
```

7）对它们应用 activation 函数：

```
i_t, f_t, candidate_c_t, o_t = \
    i_t.sigmoid(), f_t.sigmoid(), candidate_c_t.tanh(),
o_t.sigmoid()
```

8）计算新的单元状态 c_t：

```
c_t = torch.mul(f_t, c_t_1) + torch.mul(i_t, candidate_c_t)
```

9）计算单元输出 h_t，并将它与新单元状态 c_t 一起返回：

```
h_t = torch.mul(o_t, torch.tanh(c_t))
return h_t, c_t
```

一旦有了 LSTM 单元，就可以将它应用到在序列计数的任务中，就像使用常规 RNN 所做的那样。本书只包含源代码中最相关的部分，但是完整的示例可以在 https://github.com/PacktPublishing/Advanced-Deep-Learning-with-Python/tree/master/Chapter07/lstm_gru_count_1s.py 找到。使用一个包含 10 000 个二元序列的完整训练集，这些二元序列的长度为 20（可以是任意数字）。实现的前提类似于 RNN 示例：以循环的方式向 LSTM 提供二元序列，然后单元以单个标量值（回归任务）的形式输出预测的 1 的计数。但是，LSTMCell 实现有两个限制：

- 它只包含序列中的一个步骤。
- 它输出单元状态和网络输出向量。这是一个回归任务，只有一个输出值，但是单元状态和网络输出有更多维度。

为了解决这些问题，实现一个自定义的 LSTMModel 类，它扩展了 LSTMCell。它向 LSTMCell 实例提供序列的所有元素，并处理从序列的一个元素到下一个元素的单元状态和网络输出的转换。

一旦最终的输出被产生，它被送到一个全连接层，该层将输出转换成一个单一的标量值，表示网络对 1 的数量的预测。以下是该过程的实现：

```
class LSTMModel(torch.nn.Module):
    def __init__(self, input_dim, hidden_size, output_dim):
        super(LSTMModel, self).__init__()
        self.hidden_size = hidden_size

        # Our own LSTM implementation
```

```
        self.lstm = LSTMCell(input_dim, hidden_size)

        # Fully connected output layer
        self.fc = torch.nn.Linear(hidden_size, output_dim)

    def forward(self, x):
        # Start with empty network output and cell state to initialize the
sequence
        c_t = torch.zeros((x.size(0), self.hidden_size)).to(x.device)
        h_t = torch.zeros((x.size(0), self.hidden_size)).to(x.device)

        # Iterate over all sequence elements across all sequences of the
mini-batch
        for seq in range(x.size(1)):
            h_t, c_t = self.lstm(x[:, seq, :], (h_t, c_t))
# Final output layer
return self.fc(h_t)
```

现在，直接跳到训练/测试设置阶段（回想一下，这只是完整源代码的一个片段）：

1）首先，生成训练和测试数据集。generate_dataset 函数返回 torch.utils.data.TensorDataset 的一个实例。其中包含 TRAINING_SAMPLES= 10000 个长度为 SEQUENCE_LENGTH= 20 的二元序列二维张量和每个序列中 1 的数量的标量值标签：

```
train = generate_dataset(SEQUENCE_LENGTH, TRAINING_SAMPLES)
train_loader = torch.utils.data.DataLoader(train,
batch_size=BATCH_SIZE, shuffle=True)

test = generate_dataset(SEQUENCE_LENGTH, TEST_SAMPLES)
test_loader = torch.utils.data.DataLoader(test,
batch_size=BATCH_SIZE, shuffle=True)
```

2）用 HIDDEN_UNITS= 20 实例化模型。这个模型取单个输入（每个序列元素）并输出单个值（1 的个数）：

```
model = LSTMModel(input_size=1, hidden_size=HIDDEN_UNITS,
output_size=1)
```

3）实例化 MSELoss 函数（因为回归）和 Adam 优化器：

```
loss_function = torch.nn.MSELoss()
optimizer = torch.optim.Adam(model.parameters())
```

4）可以运行 EPOCHS= 10 的训练/测试周期。train_model 和 test_model 函数与 2.2.1 节的相同：

```
for epoch in range(EPOCHS):
    print('Epoch {}/{}'.format(epoch + 1, EPOCHS))

    train_model(model, loss_function, optimizer, train_loader)
    test_model(model, loss_function, test_loader)
```

如果运行这个例子，网络将在 5 或 6 个 epoch 内达到 100% 的测试准确率。

现在已经了解了 LSTM，下面把注意力转移到门控循环单元上。这是另一种类型的循环块，它尝试复制 LSTM 的属性，但采用了简化的结构。

7.3 门控循环单元介绍

门控循环单元（GRU）是 2014 年提出的一种循环块（"Learning Phrase Representations using RNN Encoder-Decoder for Statistical Machine Translation"，https://arxiv.org/abs/1406.1078 和 "Empirical Evaluation of Gated Recurrent Neural Networks on Sequence Modeling"，https://arxiv.org/abs/1412.3555），作为对 LSTM 的改进。GRU单元（如下图所示）通常具有与 LSTM 类似或更好的性能，但它使用更少的参数和操作。

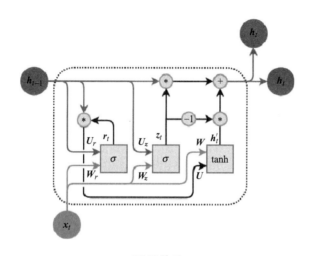

GRU 单元

与经典的 RNN 相似，GRU 单元只有一个隐藏状态 h_t。可以把它想成 LSTM 的隐藏状态和单元状态的组合。GRU 单元有两个门：

- 一个更新门 z_t，它结合了 LSTM 的输入门和遗忘门。它根据网络输入 x_t 和单元隐藏状态 h_{t-1} 来决定在它的位置上丢弃什么信息和添加什么新的信息。通过结合两个门，可以确保单元会忘记信息，但只有在它的位置包含新信息时：

$$z_t = \sigma(W_z x_t + U_z h_{t-1})$$

- 一个重置门 r_t，它使用前一个单元状态 h_{t-1} 和网络输入 x_t，来决定要保留多少以前的状态：

$$r_t = \sigma(W_r x_t + U_r h_{t-1})$$

接下来有候选状态 h_t'：

$$h_t' = \tanh(W x_t + U(r_t * h_{t-1}))$$

最后，GRU 输出 h_t，它是在 t 时刻为前一个输出 h_{t-1} 和候选输出 h'_t 的元素依次相加之和：

$$h_t = z_t * h_{t-1} \oplus (1 - z_t) * h'_t$$

由于更新门允许忘记和存储数据，所以它直接应用于前面的输出 h_{t-1}，并应用于候选输出 h'_t。

实现 GRU

本节将按照 7.2 节的模板，使用 PyTorch1.3.1 实现 GRU 单元。让我们开始吧。

1）导入：

```
import math
import torch
```

2）编写类定义和 init 方法。在 LSTM 中，为所有门创建一个共享的全连接层，因为每个门都需要相同的 x_t 和 h_{t-1} 的输入组合。GRU 门使用不同的输入，因此为每个 GRU 门创建单独的全连接操作：

```
class GRUCell(torch.nn.Module):

    def __init__(self, input_size: int, hidden_size: int):
        """
        :param input_size: input vector size
        :param hidden_size: cell state vector size
        """

        super(GRUCell, self).__init__()
        self.input_size = input_size
        self.hidden_size = hidden_size

        # x to reset gate r
        self.x_r_fc = torch.nn.Linear(input_size, hidden_size)

        # x to update gate z
        self.x_z_fc = torch.nn.Linear(input_size, hidden_size)

        # x to candidate state h'(t)
        self.x_h_fc = torch.nn.Linear(input_size, hidden_size)

        # network output/state h(t-1) to reset gate r
        self.h_r_fc = torch.nn.Linear(hidden_size, hidden_size)

        # network output/state h(t-1) to update gate z
        self.h_z_fc = torch.nn.Linear(hidden_size, hidden_size)

        # network state h(t-1) passed through the reset gate r
        towards candidate state h(t)
        self.hr_h_fc = torch.nn.Linear(hidden_size, hidden_size)
```

忽略 reset_parameters 的定义，因为与在 LSTMCell 中的定义相同。

3）通过遵循之前描述的步骤来实现 forward 方法。该方法取当前输入向量 x_t 和上一个单元状态/输出 h_{t-1} 作为输入。首先，计算遗忘门和更新门，这类似于计算 LSTM 单元中的门：

```
def forward(self,
            x_t: torch.Tensor,
            h_t_1: torch.Tensor = None) \
        -> torch.Tensor:

    # compute update gate vector
    z_t = torch.sigmoid(self.x_z_fc(x_t) + self.h_z_fc(h_t_1))

    # compute reset gate vector
    r_t = torch.sigmoid(self.x_r_fc(x_t) + self.h_r_fc(h_t_1))
```

4）计算新的候选/输出，它使用重置门：

```
candidate_h_t = torch.tanh(self.x_h_fc(x_t) +
self.hr_h_fc(torch.mul(r_t, h_t_1)))
```

5）根据候选状态和更新门计算新的输出：

```
h_t = torch.mul(z_t, h_t_1) + torch.mul(1 - z_t, candidate_h_t)
```

可以用与 LSTM 相同的方法，在 GRU 单元中实现 1 的计数任务。为了避免重复，在这里不包含实现过程，但是可以在 https://github.com/PacktPublishing/Advanced-Deep-Learning-withPython/tree-/master/Chapter07/lstm_gru_count_1s.py 中找到。

这就结束了对不同类型的 RNN 的讨论。接下来，通过实现一个文本情感分析示例来梳理这些知识。

7.4　实现文本分类

回顾一下这一章到目前为止的情况。首先使用 numpy 实现 RNN。然后，使用原始的 PyTorch 操作实现 LSTM。最后，将训练默认的 PyTorch1.3.1 LSTM 实现来解决文本分类问题。这个示例还需要 torchtext 0.4.0 包。文本分类是指根据其内容分配类别（或标签）的任务。文本分类任务包括垃圾邮件检测、主题标签和情感分析。这类问题是多对一关系的一个例子，在 7.1 节中定义了这种关系。

本节将在大型电影评论数据集（http://ai.stanford.edu/~amaas-/data/sentiment/）上实现一个情感分析示例，该数据集包含 25 000 个流行电影的评论训练样本和 25 000 个测试评论样本。每个评论都有一个二元标签，指示它是积极的还是消极的。除了 PyTorch，还将使用 torchtext 包（https://torchtext.readthedocs.io/）。它由数据处理工具和流行的自然语言数据集组成。还需要安装用于高级 NLP 的 spacy 开源软件库（https://spacy.io），我们将使用它来对数据集分词。

情感分析算法如下图所示。

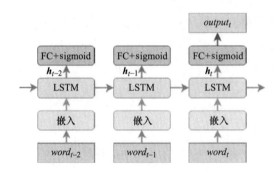

基于单词嵌入和 LSTM 的情感分析

算法的步骤（这些对任何文本分类算法都有效）如下：

1）序列中的每个单词都被其嵌入向量替换（见第 6 章）。这些嵌入可以用 word2vec、fastText、GloVe 等生成。

2）单词嵌入作为输入提供给 LSTM 单元。

3）单元输出 h_t 作为具有单个输出单元的全连接层的输入。该单元使用 sigmoid 激活，表示评论为积极（1）或消极（0）的概率。如果问题是多元（而不是二元）的，可以用 softmax 代替 sigmoid。

4）将序列最后一个元素的网络输出作为整个序列的结果。

现在已经提供了算法的概述，下面实现它。本书只包含代码中有趣的部分，但是完整的实现可以在 https：//github. com/PacktPublishing/Advanced-Deep-Learning-with-Python/tree/master/Chapter07/sentiment _ analysis. py 上获得。

 这个例子部分基于 https：//github. com/bentrevett/pytorch-sentiment-analysis。

让我们开始吧。

1）导入：

```
import torch
import torchtext
```

2）实例化一个 torchtext. data. Field 对象：

```
TEXT = torchtext.data.Field(
    tokenize='spacy',  # use SpaCy tokenizer
    lower=True,  # convert all letters to lower case
    include_lengths=True,  # include the length of the movie review
)
```

这个对象声明了一个文本处理管道，它从原始文本开始并输出文本的张量表示。更具体地说，它使用 spacy 分词器，将所有字母转换为小写，并包含每个电影评论的长度

（以单词计数）。

3）对标签（积极的或消极的）执行相同的操作：

```
LABEL = torchtext.data.LabelField(dtype=torch.float)
```

4）实例化训练和测试数据集分割：

```
train, test = torchtext.datasets.IMDB.splits(TEXT, LABEL)
```

电影评论数据集包含在 torchtext 中，不需要做任何额外的工作。split 方法将 TEXT 和 LABEL 字段作为参数。通过这样做，指定的管道将应用于选定的数据集。

5）实例化词表：

```
TEXT.build_vocab(train, vectors=torchtext.vocab.GloVe(name='6B',
dim=100))
LABEL.build_vocab(train)
```

词表提供了单词的数字表示机制。在本例中，TEXT 字段的数字表示是预先训练的 100d GloVe 向量。另一方面，数据集中的标签有一个 pos 或 neg 的字符串值。词表的作用是给这两个标签分配数字（0 和 1）。

6）为训练和测试数据集定义迭代器，其中 device 代表 GPU 或 CPU。迭代器将在每次调用时返回一个小批量：

```
train_iter, test_iter = torchtext.data.BucketIterator.splits(
    (train, test), sort_within_batch=True, batch_size=64,
device=device)
```

7）继续实现和实例化 LSTMModel 类。这是程序的核心，实现了本节开始的图表中定义的算法步骤：

```
class LSTMModel(torch.nn.Module):
    def __init__(self, vocab_size, embedding_size, hidden_size,
output_size, pad_idx):
        super().__init__()

        # Embedding field
self.embedding=torch.nn.Embedding(num_embeddings=vocab_size,
    embedding_dim=embedding_size,padding_idx=pad_idx)

        # LSTM cell
        self.rnn = torch.nn.LSTM(input_size=embedding_size,
        hidden_size=hidden_size)

        # Fully connected output
        self.fc = torch.nn.Linear(hidden_size, output_size)

    def forward(self, text_sequence, text_lengths):
        # Extract embedding vectors
        embeddings = self.embedding(text_sequence)

        # Pad the sequences to equal length
```

```
packed_sequence =torch.nn.utils.rnn.pack_padded_sequence
(embeddings, text_lengths)

packed_output, (hidden, cell) = self.rnn(packed_sequence)

return self.fc(hidden)
```

```
model = LSTMModel(vocab_size=len(TEXT.vocab),
                  embedding_size=EMBEDDING_SIZE,
                  hidden_size=HIDDEN_SIZE,
                  output_size=1,
                  pad_idx=TEXT.vocab.stoi[TEXT.pad_token])
```

LSTMModel 处理不同长度序列的小批量（在本例中是电影评论）。然而，小批量是一个张量，它为每个序列分配长度相等的切片。因此，所有序列都提前用特殊符号填充，以达到批量中最长序列的长度。torch.nn.Embedding 构造函数中的 padding_idx 参数表示词表中填充符号的索引。但是使用带填充的序列会导致对填充部分进行不必要的计算。由于这个原因，模型的前向传播将每个序列的 text 小批量和 text_length 作为参数。它们被提供给 pack_padded_sequence 函数，该函数将它们转换为一个 packed_sequence 对象。做这些都是因为 self.rnn 对象（torch.nn.LSTM 的实例）有一个处理打包序列的特殊流程，该流程对填充进行了优化计算。

8）复制 GloVe 词嵌入向量到模型的嵌入层：

```
model.embedding.weight.data.copy_(TEXT.vocab.vectors)
```

9）设置填充的嵌入实体和未知（unknown）token 为 0，以便它们不影响传播：

```
model.embedding.weight.data[TEXT.vocab.stoi[TEXT.unk_token]] =
torch.zeros(EMBEDDING_SIZE)
model.embedding.weight.data[TEXT.vocab.stoi[TEXT.pad_token]] =
torch.zeros(EMBEDDING_SIZE)
```

10）用下面的代码运行整个程序（train_model 和 test_model 函数与之前相同）：

```
optimizer = torch.optim.Adam(model.parameters())
loss_function = torch.nn.BCEWithLogitsLoss().to(device)


model = model.to(device)

for epoch in range(5):
    print(f"Epoch {epoch + 1}/5")
    train_model(model, loss_function, optimizer, train_iter)
    test_model(model, loss_function, test_iter)
```

如果一切按计划进行，该模型的测试准确率将达到 88% 左右。

7.5 总结

本章讨论了 RNN。首先，从 RNN 和沿时间反向传播理论开始。然后，从零开始实现了一个 RNN 来巩固我们在这方面的知识。接下来，使用相同的模式学习更复杂的 LSTM 和 GRU 单元：首先是理论解释，然后是实际的 PyTorch 实现。最后，将第 6 章的知识与本章的新知识相结合，实现了一个功能全面的情感分析任务。

下一章讨论 seq2seq 模型及其变体——一个序列处理领域令人兴奋的新进展。

第 **8** 章

seq2seq 模型和注意力机制

在第 7 章中，我们根据输入-输出组合概述了几种循环模型。其中一种是**间接多对多**或**序列对序列（seq2seq）**，即将一个输入序列转换为另一个不同的输出序列，但不一定具有与输入相同的长度。机器翻译是 seq2seq 任务中最流行的一种。输入序列是用一种语言表达的句子，输出序列是翻译成另一种语言的同一个句子。例如，可以把英语序列"tourist attraction"翻译成德语"touristenattraktion"。不仅输出句子的长度不同，而且输入和输出序列的元素之间也没有直接的对应关系。尤其是，一个输出元素对应于两个输入元素的组合。

用单一神经网络实现的机器翻译称为**神经机器翻译（NMT）**。其他类型的间接多对多任务包括：语音识别（接收一个音频输入的不同时帧，并将其转换为一个文本记录）、自动问答聊天机器人（输入序列是文本问题，输出序列是问题的答案）、文本摘要（输入一个文本文档，输出一个简短的摘要内容）。

本章介绍注意力机制——seq2seq 任务的一种新型算法。它允许直接访问输入序列的任何元素。这与循环神经网络（RNN）不同，RNN 用一个单独的隐藏状态向量总结整个序列，并将最近的序列元素的优先级排于旧序列元素之前。

8.1　seq2seq 模型介绍

seq2seq 或编码器-解码器（参见"Sequence to Sequence Learning with Neural Networks"，https://arxiv.org/abs/1409.3215）模型以一种特别适合于解决输入和输出之间有间接多对多关系的任务的方式来使用 RNN。在另一篇开拓性的论文中也提出了类似的模型（"Learning Phrase Representations using RNN Encoder-Decoder for Statistical MachineTranslation"，https://arxiv.org/abs/1406.1078）。下面是 seq2seq 模型的图表。将输入序列 $[A, B, C, <\text{EOS}>]$ 解码为输出序列 $[W, X, Y, Z, <\text{EOS}>]$：

该模型由编码器和解码器两部分组成。下面是推理部分的工作原理：

● 编码器是一个 RNN。原论文使用了 LSTM，但是也可以使用 GRU 或其他类型。

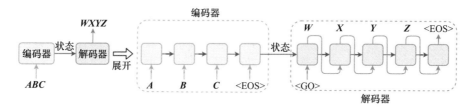

seq2seq 模型案例，https：//arxiv.org/abs/1409.3215

就其本身而言，编码器以通常的方式工作———一步一步地读取输入序列，并在每一步之后更新其内部状态。当到达特定的序列符号<EOS>（序列的结束）时，编码器将停止读取输入序列。假设使用一个文本序列，在每一步使用词嵌入向量作为编码器的输入，<EOS>符号表示句子的结束。编码器输出被丢弃，并且在 seq2seq 模型中没有作用，因为我们只对隐藏的编码器状态感兴趣。

- 一旦编码器完成工作，给解码器发送信号，这样解码器就可以用一个特殊的<GO>输入信号开始生成输出序列。编码器也是 RNN（LSTM 或 GRU）。编码器和解码器之间的链路是编码器最新的内部状态向量 h_t（也称为**思想向量**），它作为第一步解码器的循环关系。解码器第 $t+1$ 步输出 y_{t+1}，这是输出序列的一个元素。将它作为第 $t+2$ 步的输入，然后生成新的输出，以此类推（这种类型的模型称为**自回归模型**）。对于文本序列，解码器的输出是对词表中所有单词的 softmax。在每一步取概率最大的单词，并将其作为输入提供到下一步。一旦<EOS>成为最有可能的符号，解码就完成了。

模型的训练是有监督的，模型需要知道输入序列和对应的目标输出序列（例如同一文本多种语言）。将输入序列输入到解码器，生成思想向量 h_t，并使用它初始化从解码器生成的输出序列。然而，解码器使用了一个称为**强制教学（teacher forcing）**的过程——解码器在第 t 步的输入不是第 $t-1$ 步的输出。相反，第 t 步的输入始终是第 $t-1$ 步的目标序列中的正确字符。例如，假设直到第 t 步的正确目标序列是 $[W, X, Y]$，但是当前解码器生成的输出序列是 $[W, X, Z]$。在 teacher forcing 下，解码器在第 $t+1$ 步的输入将是 Y 而不是 Z。也就是说，解码器学会了给定目标值 $[\cdots, t]$ 来生成目标值 $[t+1, \cdots]$。可以这样想：解码器的输入是目标序列，而它的输出（目标值）是相同的序列，只是向右移动了一个位置。

综上所述，seq2seq 模型解决了输入/输出序列长度变化的问题，它将输入序列编码为一个固定长度的状态向量，然后使用这个向量作为基来生成输出序列。可以把它形式化，说它试图最大化下面的概率：

$$P(y_1, \cdots, y_{T'} \mid x_1, \cdots, x_T) = \prod_{t=1}^{T'} P(y_t \mid \boldsymbol{v}, y_1, \cdots, y_{t-1})$$

这与下面等价：

$$P(y_1,\cdots,y_{T'} \mid x_1,\cdots,x_T) = P(y_1 \mid v)P(y_2 \mid v,y_1)\cdots P(y_{T'} \mid v,y_1,\cdots,y_{T'-1})$$

详细地看看这个公式的元素：

- $P(y_1,\cdots,y_{T'} \mid x_1,\cdots,x_T)$ 是条件概率，其中 $(x_1,\cdots,x_T)$ 是长度为 T 的输入概率，$(y_1,\cdots,y_{T'})$ 是长度为 T' 的输出概率。
- 元素 v 是输入序列（思想向量）的固定长度编码。
- $P(y_{T'} \mid v,y_1,\cdots,y_{T'-1})$ 为给定先验单词 y 和输出向量 v 的输出单词 y'_t 的概率。

原始的 seq2seq 论文介绍了一些技巧来增强模型的训练和性能：

- 编码器和解码器是两个单独的 LSTM。在 NMT 的情况下，这使得使用相同的编码器训练不同的解码器成为可能。
- 论文作者的实验表明，多层 LSTM 的性能优于单层 LSTM。
- 输入序列被反向输入到解码器。例如，***ABC -> WXYZ*** 将变成 ***CBA -> WXYZ***。对于为什么这样做没有明确的解释，但是论文作者分享了其直觉：由于这是一个循序渐进的模型，如果序列按正常顺序排列，源句子中的每个源单词与输出句子中的对应单词会相差很远。如果反转输入序列，输入/输出单词之间的平均距离不会改变，但是第一个输入的单词会非常接近第一个输出的单词。这将有助于模型在输入和输出序列之间建立更好的"通信"。
- 除 \<EOS\> 和 \<GO\> 外，模型还使用了以下两个特殊符号（在 7.4 节已经遇到了）：
  - **\<UNK\>表示 unknown**：这是用来替换罕见的单词，这样词表就不会增长得太大。
  - **\<PAD\>**：由于性能原因，必须用固定长度的序列来训练模型。然而，这与现实世界的训练数据矛盾，在现实世界中，序列可以有任意的长度。为了解决这个问题，使用特殊的 \<PAD\> 符号填充较短的序列。

已经介绍了基本的 seq2seq 模型架构，接下来学习如何使用注意力机制来扩展它。

8.2　使用注意力的 seq2seq

解码器必须仅根据思想向量生成整个输出序列。要实现这一点，思想向量必须对输入序列的所有信息进行编码。然而，编码器是一个 RNN，可以预见到它的隐藏状态比最早的状态将携带更多的最新序列元素的信息。使用 LSTM 单元和反转输入可以有所帮助，但不能完全防止它。由于这个原因，思想向量成为一个瓶颈。因此，seq2seq 模型在短句子中作用较好，但在长句子中性能会下降。

8.2.1　Bahdanau Attention

可以在**注意力机制**的帮助下解决这个问题（见"Neural Machine Translation by Jointly Learning to Align and Translate"，https://arxiv.org/abs/1409.0473），这是 seq2seq 模型的一个扩展，这为解码器提供了一种方法来处理所有编码器隐藏状态，而不是最后一个状态。

 本节中的注意力机制类型以原论文作者的名字命名为 Bahdanau Attention。

注意力机制除了解决瓶颈问题外，还有其他优点。首先，直接访问以前的所有状态有助于防止梯度消失问题。它也允许结果的可解释性，因为可以看到解码器关注的是输入的哪一部分。

下图展示了注意力是如何工作的。

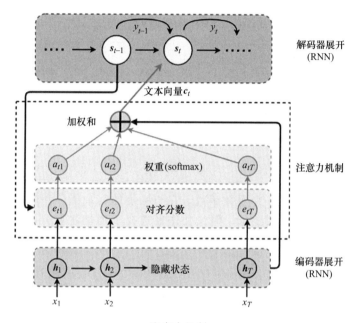

注意力机制

从上到下查看这个图：注意力机制通过在编码器和解码器之间插入一个额外的**上下文向量** c_t 来工作。在 t 时刻隐藏的解码器状态 s_t，现在不仅是第 $t-1$ 步的隐藏状态和解码器输出的函数，也是上下文向量 c_t 的函数：

$$s_t = f(s_{t-1}, y_{t-1}, c_t)$$

每个解码器步骤都有一个唯一的上下文向量，而一个解码器步骤的上下文向量只是**所有编码器隐藏状态的加权和**。如此一来，编码器就可以在每个输出步骤 t 处访问所有输入序列的状态，这样就不需要像常规的 seq2seq 模型那样，将源序列的所有信息编码为固定长度的向量：

$$c_t = \sum_{i=1}^{T} \alpha_{t,i} h_i$$

更详细地讨论这个公式：
- c_t 为解码器输出 T' 的步骤 t 的上下文向量，即总输出。
- h_i 是编码器在 T 个总输入步骤中第 i 步的隐藏状态。
- $a_{t,i}$ 是当前解码器在步骤 t 的上下文中与 h_i 关联的标量权重。

请注意 $a_{t,i}$ 对于编码器和解码器步骤都是唯一的——根据当前的输出步骤，输入序列状态将有不同的权重。例如，如果输入和输出序列的长度为 10，则权重将用一个 10×10 的矩阵表示，总共 100 个权重。这意味着，根据输出序列的当前状态，注意力机制会将解码器的注意力集中在输入序列的不同部分。如果 $a_{t,i}$ 很大，那么解码器会很重视步骤 t 的 h_i。

但是如何计算权重 $\alpha_{t,i}$ 呢？首先，应该提到对于解码器步骤 t 的所有 $\alpha_{t,i}$ 的总和为 1。可以在注意力机制的顶部使用 softmax 操作来实现这一点：

$$\alpha_{t,i} = \frac{\exp(e_{t,i})}{\sum_{j=1}^{T} \exp(e_{t,j})}$$

在这里，$e_{t,k}$ 是一个对齐模型，表示输入序列位置 k 的元素和输出序列位置 t 的元素匹配（或对齐）的程度。这个分数是基于之前的解码器状态 s_{t-1} 和编码器状态 h_i 给定的（使用 s_{t-1} 是因为还没有计算 s_t）：

$$e_{t,i} = a(s_{t-1}, h_i)$$

这里，a（而不是 α）是一个可微函数，它与系统的其余部分一起通过反向传播进行训练。不同的函数满足了这些要求，但论文作者选择了**加性注意力**，它在加法的帮助下结合了 s_{t-1} 和 h_i。它有两种形式：

$$e_{t,i} = a(s_{t-1}, h_i) = v^{\mathrm{T}} \tanh(W[h_i; s_{t-1}])$$
$$e_{t,i} = a(s_{t-1}, h_i) = v^{\mathrm{T}} \tanh(W_1 h_i + W_2 s_{t-1})$$

在第一个公式中，W 是一个权重矩阵，应用于将向量 s_{t-1} 和 h_i 串联。v 是权重向量。第二个公式与第一个公式类似，但这次有独立的全连接层（权重矩阵 W_1 和 W_2）然后对 s_{t-1} 和 h_i 求和。在这两种情况下，对齐模型都可以表示为一个带有隐藏层的简单前馈网络。

知道了 c_t 和 $\alpha_{t,i}$ 的公式，将后者替换为前者：

$$c_t = \sum_{i=1}^{T} \alpha_{t,i} h_i = \sum_{i=1}^{T} \frac{\exp(e_{t,i})}{\sum_{j=1}^{T} \exp(e_{t,j})} h_i$$

综上所述，将注意力算法逐步总结如下：

1）将输入序列输入编码器，并计算隐藏状态集 $H = \{h_1, h_2, \cdots, h_T\}$。

2）使用前一步的解码器状态 s_{t-1} 计算对齐分数 $e_{t,i} = a(s_{t-1}, h_i)$。如果 $t=1$，使用最后一个编码器状态 h_T 作为初始隐藏状态。

3）计算权重 $a_{t,i} = \mathrm{softmax}(e_{t,i}/e_t)$。

4）计算上下文向量 $c_t = \sum_{i=1}^{T} \alpha_{t,i} h_i$。

5）基于 s_{t-1} 和 c_t 的串联向量和前一层解码器输出 y_{t-1} 计算隐藏状态 $s_t = \mathrm{RNN}_{decoder}$ $([s_{t-i}; c_t], y_{t-1})$。在这一点上，可以计算最终输出 y_t。在需要分类下一个单词的情况下，需要使用 softmax 输出 $y_t = \mathrm{softmax}(W_y s_t)$，其中 W_y 是权重矩阵。

6）重复步骤 2~6，直到序列结束。

接下来，介绍一种稍微改进的注意力机制，叫作 Luong Attention。

8.2.2　Luong Attention

Luong Attention（见 "Effective Approaches to Attention-based Neural Machine Translationat"，https://arxiv.org/abs/1508.04025）介绍了一些针对 Bahdanau Attention 的改进。最值得注意的是，对齐分数 e_t 取决于解码器隐藏状态 s_t，而不是像在 Bahdanau Attention 中取决于 s_{t-1}。为了更好地理解这一点，比较一下这两种算法。

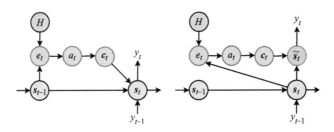

左：Bahdanau Attention；右：Luong Attention

逐步实现 Luong Attention：

1）将输入序列输入编码器，并计算编码器隐藏状态集 $H=\{\boldsymbol{h}_1，\boldsymbol{h}_2，\cdots，\boldsymbol{h}_T\}$。

2）基于前一层解码器隐藏状态 $\boldsymbol{s}_{t-1}$ 和前一层解码器输出 y_{t-1}（但不是上下文向量）来计算解码器隐藏状态 $\boldsymbol{s}_t=\mathrm{RNN}_{decoder}(\boldsymbol{s}_{t-1}，y_{t-1})$。

3）使用当前步骤的解码器状态 $\boldsymbol{s}_t$ 计算对齐分数 $e_{t,i}=a(\boldsymbol{s}_t，\boldsymbol{h}_i)$。除了加性注意力，Luong Attention 的论文还提出了两种**乘法注意力**：

- $e_{t,i}=\boldsymbol{s}_t^T\boldsymbol{h}_i$：没有任何参数的基本点积。使用这种方法，向量 $\boldsymbol{s}$ 和 $\boldsymbol{h}$ 需要有相同的大小。
- $e_{t,i}=\boldsymbol{s}_t^T\boldsymbol{W}_m\boldsymbol{h}_j$：这里，$\boldsymbol{W}_m$ 是一个注意力层的可训练权重矩阵。

向量的乘法作为一种对齐分数的度量有一个直观的解释——正如第 1 章中提到的，点积作为向量之间的相似性度量。因此，如果向量是相似的（即对齐的），乘法的结果将是一个很大的值，注意力将集中在当前的 t，i 关系上。

4）计算权重 $a_{t,i}=\mathrm{softmax}(e_{t,i}/\boldsymbol{e}_t)$。

5）计算上下文向量 $\boldsymbol{c}_t=\sum_{i=1}^T\alpha_{t,i}\boldsymbol{h}_i$。

6）基于 $\boldsymbol{c}_t$ 和 $\boldsymbol{s}_t$ 的串联向量计算向量 $\tilde{\boldsymbol{s}}_t=\tanh(\boldsymbol{W}_c[\boldsymbol{c}_t；\boldsymbol{s}_t])$。在这一点上，计算最后的输出 y_t。对于分类来说，使用 softmax $y_t=\mathrm{softmax}(\boldsymbol{W}_y\tilde{\boldsymbol{s}}_t$，其中 $\boldsymbol{W}_y$ 是一个权重矩阵。

7）重复步骤 2~7，直到序列结束。

接下来，讨论更多的注意力变体。从**强注意力**和**软注意力**开始，这与计算上下文向量 $\boldsymbol{c}_t$ 的方式有关。目前为止，已经描述了软注意力，其中 $\boldsymbol{c}_t$ 是输入序列中所有隐藏状态的加权和。对于强注意力，依然计算权重 $\alpha_{t,i}$，但只取与权重 $\alpha_{t,imax}$ 关联的最大的隐藏状态

h_{imax}。然后，被选择的状态 h_{imax} 作为上下文向量。首先，强注意力似乎有点反直觉——在所有这些努力让解码器能够访问所有输入状态之后，为什么又要限制它进入单一状态呢？然而，强注意力首先是在图像识别任务中引入的，其中输入序列代表同一幅图像的不同区域。在这种情况下，在多个区域或单个区域之间进行选择更有意义。不像软注意力，强注意力是一个不可微分的随机的过程。因此，反向传播阶段使用一些技巧来工作（这超出了本书的范围）。

　　局部注意力代表了软注意力和强注意力之间的折中。这些机制或者考虑所有的输入隐藏向量（全局），或者只考虑单个输入向量，而局部注意力则考虑一个围绕给定输入序列位置的向量窗口，然后只在这个窗口上应用软注意力。但是如何基于当前第 t 步的输出确定窗口 p_t 的中心（也叫作**对齐位置**）？最简单的方法是假设源序列和目标序列是大致单调对齐的（也就是设置 $p_t = t$），遵循输入和输出序列位置与同一事物相关的逻辑。

　　接下来，通过介绍注意力机制的一般形式总结到目前为止所学到的内容。

8.2.3　一般注意力

　　虽然本章已经讨论了 NMT 上下文中的注意机制，但它是一种通用的深度学习技术，可以应用于任何 seq2seq 任务。假设使用强注意力工作。这种情况下，可以把向量 s_{t-1} 看作是用键-值对数据库执行的**查询**，其中**键**是向量，隐藏状态 h_i 是**值**。它们通常被简写为 Q、K 和 V，你可以把它们想象成向量的矩阵。Luong Attention 和 Bahdanau Attention 的键 Q 以及值 V 是相同的向量。也就是说，这些注意力模型更像 Q/V，而不是 $Q/K/V$。一般注意力机制使用所有三个组件。

　　下面的图表说明了这个新的一般注意力。

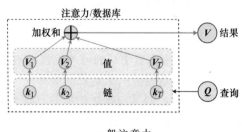

一般注意力

　　当对数据库执行查询时（$q = s_{t-1}$），将收到单个匹配——最大权重 $\alpha_{t,imax}$ 和键 k_{imax}。隐藏在这个键后面的是向量 $v_{imax} = h_{imax}$，就是我们感兴趣的实际值。但所有值都参与其中的软注意力如何工作呢？可以使用相同的查询/键/值术语，但是查询结果不是单一的值，而是具有不同权重的所有值。可以使用新的符号表示写出一个通用的注意力公式（基于上下文向量 c_t 的公式）：

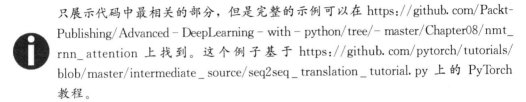

在这种通用注意力中，数据库的查询、键和向量不一定按顺序关联。换句话说，数据库不必包含不同步骤中隐藏的 RNN 状态，但是可以包含任何类型的信息。这就是对 seq2seq 模型背后理论的介绍。下一节将使用这些知识实现一个简单的 seq2seq NMT 示例。

8.2.4　使用注意力实现 seq2seq

在本节中，我们将使用 PyTorch 1.3.1 并采用 seq2seq 注意力模型来实现一个简单的 NMT 示例。为了更清楚，实现一个 8.1 节介绍的 seq2seq 注意力模型，并且用 Luong Attention 扩展它。模型编码器以一种语言的文本序列（句子）作为输入，解码器将相应的序列翻译成另一种语言输出。

> 只展示代码中最相关的部分，但是完整的示例可以在 https://github.com/Packt-Publishing/Advanced‒DeepLearning‒with‒python/tree/‒master/Chapter08/nmt_rnn_attention 上找到。这个例子基于 https://github.com/pytorch/tutorials/blob/master/intermediate_source/seq2seq_translation_tutorial.py 上的 PyTorch 教程。

从训练集开始。它包含大量的法语和英语句子，存储在一个文本文件中。NMTDataset 类（是 torch.utils.data.Dataset 的一个子类）实现了必要的数据预处理。它创建一个词表，其中包含数据集中所有可能单词的整数索引。为了简单起见，不使用嵌入向量，采用它们的数字表示将单词输入到网络中。另外，不会将数据集分割为训练和测试部分，因为我们的目标是演示 seq2seq 模型的工作。NMTDataset 类输出源‒目标元组句子，其中每个句子由该句子中单词的一维索引张量表示。

实现编码器

接下来，继续实现编码器。

从构造器开始：

```
class EncoderRNN(torch.nn.Module):
    def __init__(self, input_size, hidden_size):
        super(EncoderRNN, self).__init__()
        self.input_size = input_size
        self.hidden_size = hidden_size

        # Embedding for the input words
        self.embedding = torch.nn.Embedding(input_size, hidden_size)

        # The actual rnn sell
        self.rnn_cell = torch.nn.GRU(hidden_size, hidden_size)
```

进入点是 self.embedding 模块。它将获取每个单词的索引，并返回分配给它的嵌入向量。我们不使用预训练的单词向量（例如 GloVe），但嵌入向量的概念是相同的——只是会用随机值初始化它们，然后会在模型的其他部分训练它们。然后，我们将拥有 torch.nn.GRU 自己的 RNN 单元。

接下来，实现 EncoderRNN.forward 方法（请注意缩进）：

```python
def forward(self, input, hidden):
    # Pass through the embedding
    embedded = self.embedding(input).view(1, 1, -1)
    output = embedded

    # Pass through the RNN
    output, hidden = self.rnn_cell(output, hidden)
    return output, hidden
```

它表示对序列元素的处理。首先，获得 embedded 单词向量，然后把它输入到 RNN 单元。

我们还将实现 EncoderRNN.init_hidden 方法，该方法创建一个与隐藏 RNN 状态大小相同的空张量。这个张量作为序列开始的第一个 RNN 隐藏状态（请记住缩进）：

```python
def init_hidden(self):
    return torch.zeros(1, 1, self.hidden_size, device=device)
```

现在我们实现了编码器，让我们继续实现解码器。

实现解码器

实现 DecoderRNN 类——一个没有注意力的基本解码器。同样，从构造器开始：

```python
class DecoderRNN(torch.nn.Module):

    def __init__(self, hidden_size, output_size):
        super(DecoderRNN, self).__init__()
        self.hidden_size = hidden_size
        self.output_size = output_size

        # Embedding for the current input word
        self.embedding = torch.nn.Embedding(output_size, hidden_size)
        # decoder cell
        self.gru = torch.nn.GRU(hidden_size, hidden_size)

        # Current output word
        self.out = torch.nn.Linear(hidden_size, output_size)
        self.log_softmax = torch.nn.LogSoftmax(dim=1)
```

它类似于实现编码器所步骤——我们拥有初始的 self.embedding 单词嵌入和 self.gruGRU 单元。我们还拥有使用 self.log_softmax 激活的 self.out 全连接层，它将输出序列中预测的单词。

继续使用 DecoderRNN.forward 方法（请注意缩进）：

```python
def forward(self, input, hidden, _):
    # Pass through the embedding
    embedded = self.embedding(input).view(1, 1, -1)
    embedded = torch.nn.functional.relu(embedded)
```

```
# Pass through the RNN cell
output, hidden = self.rnn_cell(embedded, hidden)

# Produce output word
output = self.log_softmax(self.out(output[0]))
return output, hidden, _
```

它从 embedded 向量开始，它作为 RNN 单元的输入。模块返回它的新的隐藏状态和输出张量，它代表预测的单词。该方法接受 void 参数_，因此它可以匹配注意力解码器的接口，在下一节实现该接口。

使用注意力实现解码器

接下来，使用 Luong Attention 实现 AttnDecoderRNN 解码器。这也可以与 EncoderRNN 结合使用。

从实现 AttnDecoderRNN.__init__ 方法开始：

```
class AttnDecoderRNN(torch.nn.Module):
    def __init__(self, hidden_size, output_size, max_length=MAX_LENGTH,
    dropout=0.1):
        super(AttnDecoderRNN, self).__init__()
        self.hidden_size = hidden_size
        self.output_size = output_size
        self.max_length = max_length

        # Embedding for the input word
        self.embedding = torch.nn.Embedding(self.output_size,
        self.hidden_size)

        self.dropout = torch.nn.Dropout(dropout)

        # Attention portion
        self.attn = torch.nn.Linear(in_features=self.hidden_size,
                             out_features=self.hidden_size)

        self.w_c = torch.nn.Linear(in_features=self.hidden_size * 2,
                             out_features=self.hidden_size)

        # RNN
        self.rnn_cell = torch.nn.GRU(input_size=self.hidden_size,
                             hidden_size=self.hidden_size)

        # Output word
        self.w_y = torch.nn.Linear(in_features=self.hidden_size,
                             out_features=self.output_size)
```

和往常一样，使用 self.embedding，但这一次，还将添加 self.dropout 以防止过拟合。全连接层 self.attn 以及 self.w_c 与注意力机制有关，接下来查看 AttnDecoderRNN.forward 方法时，学习如何使用它们。AttnDecoderRNN.forward 实现了在 8.2.2 中描述的 Luong Attention 算法。从方法声明和参数预处理开始：

```
def forward(self, input, hidden, encoder_outputs):
    embedded = self.embedding(input).view(1, 1, -1)
    embedded = self.dropout(embedded)
```

计算当前隐藏状态（hidden＝s_t）。请注意缩进，因为这段代码仍然是 AttnDe-coderRNN.forward 方法的一部分：

```
rnn_out, hidden = self.rnn_cell(embedded, hidden)
```

使用乘法注意力公式计算对齐分数（alignment_scores＝$e_{t,i}$）。在这里，torch.mm 是矩阵乘法，encoder_outputs 是编码器的输出：

```
alignment_scores = torch.mm(self.attn(hidden)[0], encoder_outputs.t())
```

计算分数的 softmax 以生成注意力权重（attn_weights＝$a_{t,i}$）：

```
attn_weights = torch.nn.functional.softmax(alignment_scores, dim=1)
```

然后，遵循注意力公式计算上下文向量（c_t＝c_t）：

```
c_t = torch.mm(attn_weights, encoder_outputs)
```

接下来，通过串联当前隐藏状态和上下文向量来计算修改后的状态向量（hidden_s_t＝$\tilde{s}_t$）：

```
hidden_s_t = torch.cat([hidden[0], c_t], dim=1)
hidden_s_t = torch.tanh(self.w_c(hidden_s_t))
```

最后，计算下一个预测单词：

```
output = torch.nn.functional.log_softmax(self.w_y(hidden_s_t), dim=1)
```

我们应该注意 torch.nn.functional.log_softmax 在常规 softmax 之后应用对数。这个激活函数与负对数似然损失函数 torch.nn.NLLLoss 相结合。

最后，该方法返回 output、hidden 和 attn_weights。稍后使用 attn_weights 来可视化输入和输出句子之间的注意力（方法 AttnDecoderRNN.forward 的实现在这里结束）：

```
return output, hidden, attn_weights
```

下面讨论训练过程。

训练和评估

接下来实现 train 函数，它与前几章中实现的其他这样的函数类似。但是，它考虑了输入的顺序特性和 teacher forcing 原则。为了简单起见，每次只训练一个序列（一个大小为 1 的小批量）。

首先，对训练集进行迭代，建立初始序列张量，重置梯度：

```
def train(encoder, decoder, loss_function, encoder_optimizer,
decoder_optimizer, data_loader, max_length=MAX_LENGTH):
    print_loss_total = 0
```

```
# Iterate over the dataset
for i, (input_tensor, target_tensor) in enumerate(data_loader):
    input_tensor = input_tensor.to(device).squeeze(0)
    target_tensor = target_tensor.to(device).squeeze(0)

    encoder_hidden = encoder.init_hidden()

    encoder_optimizer.zero_grad()
    decoder_optimizer.zero_grad()

    input_length = input_tensor.size(0)
    target_length = target_tensor.size(0)

    encoder_outputs = torch.zeros(max_length, encoder.hidden_size,
device=device)

    loss = torch.Tensor([0]).squeeze().to(device)
```

编码器和解码器的参数是 EncoderRNN 和 AttnDecoderRNN（或 DecoderRNN）的
实例，loss_function 表示损失（在示例中是 torch.nn.NLLLoss），encoder_opti-
mizer 和 decoder_optimizer 都是 torch.optim.Adam 的实例。data_loader 是一个
torch.utils.data.DataLoader，它封装了 NMTDataset 的一个实例。

接下来进行真正的训练：

```
with torch.set_grad_enabled(True):
    # Pass the sequence through the encoder and store the hidden states
    at each step
    for ei in range(input_length):
        encoder_output, encoder_hidden = encoder(
            input_tensor[ei], encoder_hidden)
        encoder_outputs[ei] = encoder_output[0, 0]

    # Initiate decoder with the GO_token
    decoder_input = torch.tensor([[GO_token]], device=device)

    # Initiate the decoder with the last encoder hidden state
    decoder_hidden = encoder_hidden

        # Teacher forcing: Feed the target as the next input
        for di in range(target_length):
            decoder_output, decoder_hidden, decoder_attention = decoder(
                decoder_input, decoder_hidden, encoder_outputs)
            loss += loss_function(decoder_output, target_tensor[di])
            decoder_input = target_tensor[di]   # Teacher forcing

        loss.backward()

    encoder_optimizer.step()
    decoder_optimizer.step()
```

更详细地讨论一下：

- 将完整的序列提供给编码器，并将隐藏状态保存在 encoder_outputs 列表中。
- 以 GO_token 作为输入来初始化解码器序列。
- 使用解码器生成序列的新元素。按照 teacher forcing 原则，decoder 每一步的输入都来自真实的目标序列 decoder_input= target_tensor [di]。
- 分别使用 encoder_optimizer.step()和 decoder_optimizer.step()来训练编码器和解码器。

与 train 类似，我们有一个 evaluate 函数，它接受一个输入序列，并返回其对应的翻译及其伴随的注意力分数。本书不会提供完整的实现，但会提供编码器/解码器的实现部分。每一步 decoder 的输入都是前一步输出的单词，而不是 teacher forcing 输入的单词：

```
# Initiate the decoder with the last encoder hidden state
decoder_input = torch.tensor([[GO_token]], device=device)  # GO

# Initiate the decoder with the last encoder hidden state
decoder_hidden = encoder_hidden

decoded_words = []
decoder_attentions = torch.zeros(max_length, max_length)

# Generate the output sequence (opposite to teacher forcing)
for di in range(max_length):
    decoder_output, decoder_hidden, decoder_attention = decoder(
        decoder_input, decoder_hidden, encoder_outputs)
    decoder_attentions[di] = decoder_attention.data

    # Obtain the output word index with the highest probability
    _, topi = decoder_output.data.topk(1)

if topi.item() != EOS_token:
    decoded_words.append(dataset.output_lang.index2word[topi.item()])
else:
    break

# Use the latest output word as the next input
decoder_input = topi.squeeze().detach()
```

当运行完整的程序时，它将显示几个例子的翻译，还将显示输入和输出序列元素之间的注意力分数图，如下所示。

例如，可以看到输出词 "she" 将注意力集中在输入词 "elle"（法语为 she）上。如果没有注意力机制，只依赖最后的编码器隐藏状态来启动翻译，那么输出就可能是 "She's five years younger than me"。由于单词 "elle" 距离句子的末尾最远，因此很难单独在最后一个编码器隐藏状态中对其进行编码。

下一节将讨论没有 RNN 的情况，并介绍 tranformer（一个 seq2seq 模型），它完全基于注意力机制。

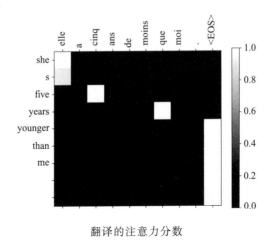

翻译的注意力分数

8.3　理解 transformer

我们用本章的大部分篇幅来宣扬注意力机制的优点,但我们仍然在 RNN 的上下文中使用注意力。也就是说,它是对这些模型的核心循环本质的补充。由于注意力工作得很好,有没有办法在没有 RNN 的情况下只使用注意力?事实证明这是可行的。论文 "Attention is all you need"(https://arxiv.org/abs/1706.03762)介绍了一种名为 **transformer** 的新架构,它带有编码器和解码器,完全依赖于注意力机制。首先,介绍一下 transformer 注意力。

8.3.1　transformer 注意力

在关注整个模型之前,先讨论 transformer 注意力是如何实现的(见下图)。

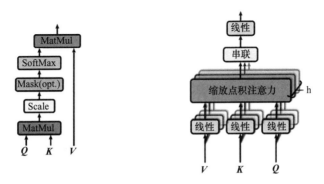

左:缩放点积(乘法)注意力。右:多头注意力。来源:https://arxiv.org/abs/1706.03762

transformer 使用点积注意力(上图的左侧),它遵循 8.2 节部分中介绍的一般注意力过程(正如已经提到的,它不限于 RNN 模型)。可以用以下公式来定义:

$$\text{Attention}(\boldsymbol{Q}, \boldsymbol{K}, \boldsymbol{V}) = \text{softmax}\left(\frac{\boldsymbol{Q}\boldsymbol{K}^{\mathrm{T}}}{\sqrt{d_k}}\right)\boldsymbol{V}$$

在实践中，将在一个矩阵 $\boldsymbol{Q}$ 中同时计算一组查询的注意力函数。在这个场景中，键 $\boldsymbol{K}$、值 $\boldsymbol{V}$ 以及结果都是矩阵。更详细地讨论公式的步骤：

1）用矩阵乘法匹配查询 $\boldsymbol{Q}$ 和数据库（键 $\boldsymbol{K}$），来生成对齐分数 $\boldsymbol{Q}\boldsymbol{K}^{\mathrm{T}}$。假设要对 n 个值的数据库匹配 m 个不同的查询，查询键向量长度为 d_k。然后，有一个矩阵 $\boldsymbol{Q} \in \mathbb{R}^{m \times d_k}$，每行有一个 d_k 维的查询，总共有 m 行。同样，有一个矩阵 $\boldsymbol{K} \in \mathbb{R}^{n \times d_k}$，每行有一个 d_k 维的查询，总共有 n 行。然后，输出矩阵将会有 $\boldsymbol{Q}\boldsymbol{K}^{\mathrm{T}} \in \mathbb{R}^{m \times n}$，其中一行包含对数据库所有键的一个查询的对齐分数。

$$\boldsymbol{Q}\boldsymbol{K}^{\mathrm{T}} = \underbrace{\begin{bmatrix} q_{11} & q_{12} & \cdots & q_{1d_k} \\ q_{21} & q_{22} & \cdots & q_{2d_k} \\ \vdots & \vdots & \ddots & \vdots \\ q_{m1} & q_{m2} & \cdots & q_{md_k} \end{bmatrix}}_{\boldsymbol{Q}} \bullet \underbrace{\begin{bmatrix} k_{11} & k_{12} & \cdots & k_{1n} \\ k_{21} & k_{22} & \cdots & k_{2n} \\ \vdots & \vdots & \ddots & \vdots \\ k_{d_k 1} & k_{d_k 2} & \cdots & k_{d_k n} \end{bmatrix}}_{\boldsymbol{K}^{\mathrm{T}}} \bullet \underbrace{\begin{bmatrix} e_{11} & e_{12} & \cdots & e_{1n} \\ e_{21} & e_{22} & \cdots & e_{2n} \\ \vdots & \vdots & \ddots & \vdots \\ e_{m1} & e_{m2} & \cdots & e_{mn} \end{bmatrix}}_{\boldsymbol{Q}\boldsymbol{K}^{\mathrm{T}}}$$

换句话说，可以在一个矩阵-矩阵乘法中针对多个数据库键匹配多个查询。在 NMT 环境下，可以用同样的方法计算目标句子的所有单词对源句的所有单词的对齐分数。

2）用 $1/\sqrt{d_k}$ 缩放对齐分数，其中 d_k 是键向量在矩阵 $\boldsymbol{K}$ 中的向量大小，也等于 $\boldsymbol{Q}$ 中的查询向量的大小（类似地，d_v 是键向量 $\boldsymbol{V}$ 的向量大小）。论文的作者猜测，对于较大的 d_k 值，点积的大小会以数量级变大，并且会在梯度极小的区域推动 softmax，这导致了臭名昭著的梯度消失问题，因此需要对结果进行缩放。

3）沿矩阵的行使用 softmax 操作来计算注意力分数（稍后将讨论掩码操作）

$$\text{softmax}\left(\frac{\boldsymbol{Q}\boldsymbol{K}^{\mathrm{T}}}{\sqrt{d_k}}\right) = \begin{bmatrix} \text{softmax}(e_{11}/\sqrt{d_k} & e_{12}/\sqrt{d_k} & \cdots & e_{1n}/\sqrt{d_k}) \\ \text{softmax}(e_{21}/\sqrt{d_k} & e_{22}/\sqrt{d_k} & \cdots & e_{2n}/\sqrt{d_k}) \\ \vdots & \vdots & \ddots & \vdots \\ \text{softmax}(e_{m1}/\sqrt{d_k} & e_{m2}/\sqrt{d_k} & \cdots & e_{mn}/\sqrt{d_k}) \end{bmatrix}$$

4）将注意力分数与 $\boldsymbol{V}$ 相乘，计算最终注意力向量：

$$\text{softmax}\left(\frac{\boldsymbol{Q}\boldsymbol{K}^{\mathrm{T}}}{\sqrt{d_k}}\right)\boldsymbol{V} = \begin{bmatrix} \text{softmax}(e_{11}/\sqrt{d_k} & e_{12}/\sqrt{d_k} & \cdots & e_{1n}/\sqrt{d_k}) \\ \text{softmax}(e_{21}/\sqrt{d_k} & e_{22}/\sqrt{d_k} & \cdots & e_{2n}/\sqrt{d_k}) \\ \vdots & \vdots & \ddots & \vdots \\ \text{softmax}(e_{m1}/\sqrt{d_k} & e_{m2}/\sqrt{d_k} & \cdots & e_{mn}/\sqrt{d_k}) \end{bmatrix} \bullet \begin{bmatrix} v_{11} & v_{12} & \cdots & v_{1d_v} \\ v_{21} & v_{22} & \cdots & v_{2d_v} \\ \vdots & \vdots & \ddots & \vdots \\ v_{n1} & v_{m2} & \cdots & v_{nd_v} \end{bmatrix}$$

$$= \boldsymbol{A} \in \mathbb{R}^{m \times d_v}$$

可以调整这一机制，使之既适用于强注意力，也适用于软注意力。

论文作者还提出了**多头注意力**（参见上图的右侧图）。将键、查询和值线性投影 h

次，从而生成 h 个不同的这些值的 d_k 维、d_q 维和 d_v 维投影，而不是使用 d_{model} 维键的单一注意力函数。然后，在新创建的向量上应用独立的平行注意力函数（或头），为每个头生成一个 d_v 维的输出。最后，将头的输出串联起来，产生最终的注意力结果。多头注意力允许每个头关注序列中的不同元素。同时，该模型将头的输出组合为单一内聚表示。为了更精确，可以用以下公式来定义：

$$\text{当 } head_i = \text{Attention}(QW_i^Q, KW_i^K, VW_i^V)$$
$$\text{MultiHead}(Q,K,V) = \text{Concat}(head_1, head_2, \cdots, head_h)W^O$$

下面给出了更详细的信息，从头开始：

1）每个头接收初始 Q、K 和 V 的线性投影版本。投影用可学习权重矩阵 W_i^Q、W_i^K 和 W_i^V 分别计算。注意，对于每个分量（Q、K、V）和每个头 i，有一个单独的权重集。为了满足从 d_{model} 到 d_k 和 d_v 的转换，这些矩阵的维度分别是 $W_i^Q \in \mathbb{R}^{d_{model} \times d_k}$、$W_i^K \in \mathbb{R}^{d_{model} \times d_k}$ 和 $W_i^V \in \mathbb{R}^{d_{model} \times d_v}$。

2）一旦对 Q，K，V 进行转换，就可以使用本节描述的一般注意力模型来计算每个头的注意力。

3）最终的注意力结果是线性投影在串联头上输出 $head_i$（可学习权重矩阵 W^O）。

到目前为止，已经演示了对不同的输入和输出序列的注意力。例如，已经看到，在 NMT 中，翻译句子中的每个单词都与源句子的单词相关。transformer 模型也依赖于自注意力（或内在注意力），其中查询 Q 与查询数据库的键 K 和向量 V 属于同一数据集。换句话说，在自注意力方面，源和目标是相同的序列（在例子中，是同一个句子）。自注意力的好处不是立马就显现的，因为没有直接的任务可以应用它。在直观的层面上，它允许看到相同序列的单词之间的关系。例如，右边的图表显示了动词"making"的多头自注意力（不同的颜色代表不同的头）。许多注意力头集中在较远的依赖上，完成短语"making…more difficult"的转换。

transformer 模型使用自注意力作为编码器/解码器 RNN 的替代品，下一节将对此进行更多介绍。

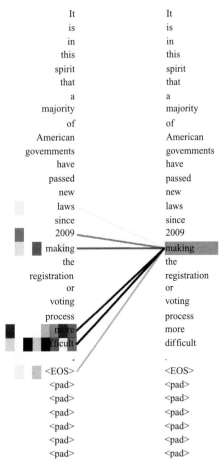

这是一个多头自注意力的例子。
来源：https://arxiv.org/abs/1706.03762

8.3.2 transformer 模型

现在已经熟悉了多头注意力，从下图开始讨论完整的 transformer 模型。

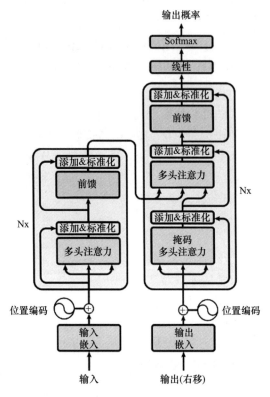

transformer 模型架构。左侧显示编码器，右侧显示解码器。
来源：https://arxiv.org/abs/1706.03762

这看起来很可怕，但不要担心，实际上比看起来容易。从编码器（上述图表的左侧组件）开始介绍：

- 它从一个由独热编码单词组成的输入序列开始，这些单词被转换为 d_{model} 维嵌入向量。嵌入向量进一步乘以 $\sqrt{d_{model}}$。
- transformer 不使用 RNN，因此，它必须以其他方式传递每个序列元素的位置信息。可以通过使用位置编码来加强每个嵌入向量，来明确地做到这一点。简而言之，位置编码是一个相同长度的向量，长度为 d_{model}，并作为嵌入向量。位置向量被添加（元素依次进行）到嵌入向量中，结果在编码器中进一步传播。当前词在序列中有位置 pos 时，论文作者对位置向量的每个元素 i 引入如下函数：

$$PE(pos, 2i) = \sin\left(\frac{pos}{10\,000^{2i/d_{model}}}\right)$$

$$PE(pos, 2i+1) = \cos\left(\frac{pos}{10\,000^{2i/d_{model}}}\right)$$

位置编码的每一维对应一个正弦信号。波长以几何级数的形式从 2π 到 $10\,000 \cdot 2\pi$。论文作者假设,这个函数会让模型很容易学会按相对位置参与,因为对于任何固定偏移 k,PE_{pos+k} 可以表示为 PE_{pos} 的线性函数。

- 其余的编码器是由 $N=6$ 个相同的块堆叠。每个块有两个子块:
  - 一个多头自注意力机制与在 8.3.1 节中描述的一样。由于自注意力机制在整个输入序列上工作,所以编码器是**双向**设计的。有些算法只使用编码器的 transformer 部分,所以被称为 transformer 编码器。
  - 一个简单的、全连接的前馈网络,定义为如下公式:

$$FFN(x) = ReLU(\boldsymbol{W}_1 x + \boldsymbol{b}_1)\boldsymbol{W}_2 + \boldsymbol{b}_2$$

  将网络分别应用于每个序列元素 x。它在不同的位置使用相同的一组参数($\boldsymbol{W}_1$,$\boldsymbol{W}_2$,$\boldsymbol{b}_1$ 和 $\boldsymbol{b}_2$),但不同的参数跨越不同的编码器块。

  每个子层(包括多头注意力和前馈网络)在自身周围都有一个残差连接,并以该连接及其自身输出和残差连接之和的标准化结束。因此,每个子层的输出如下:

$$LayerNorm(x + SubLayer(x))$$

  标准化技术在论文 "Layer Normalization" (https://arxiv.org/abs/1607.06450) 中描述。

  接下来讨论解码器,这有点类似于编码器:

- 第 t 步的输入是解码器自己在第 $t-1$ 步预测的输出单词。输入单词使用与编码器相同的嵌入向量和位置编码。
- 解码器继续使用 $N=6$ 个相同块的堆叠,这些块有点类似于编码器块。每个块由三个子层组成,每个子层使用残差连接和标准化。三个子层如下:
  - 一个多头自注意力机制。编码器的自注意力可以关注序列中的所有元素,不管它们是在目标元素之前还是之后。但解码器只有部分生成的目标序列。因此,这里的自注意力只能关注目标元素前面的序列元素。这是通过掩码 softmax 输入中的所有值(设置为负无穷)来实现的,这些值对应于非法连接:

$$\text{mask}(\boldsymbol{QK}^\top) = \text{mask}\left(\begin{bmatrix} e_{11} & e_{12} & \cdots & e_{1n} \\ e_{21} & e_{22} & \cdots & e_{2n} \\ \vdots & \vdots & \ddots & \vdots \\ e_{m1} & e_{m2} & \cdots & e_{mn} \end{bmatrix}\right) = \begin{bmatrix} e_{11} & -\infty & -\infty & \cdots & -\infty \\ e_{21} & e_{22} & -\infty & \cdots & -\infty \\ e_{31} & e_{32} & e_{33} & \cdots & -\infty \\ \vdots & \vdots & \vdots & \ddots & \vdots \\ e_{m1} & e_{m2} & e_{m3} & \cdots & e_{mn} \end{bmatrix}$$

  掩码使得解码器是**单向**的(不像双向编码器)。与解码器一起工作的算法被称为 transformer 解码器算法。
  - 一种定期注意机制,其中查询来自前一解码器层,键和值来自前一子层,它表

示步骤 $t-1$ 处经过处理的解码器输出。这允许解码器中的每个位置都参与输入序列中的所有位置。这模仿了 8.2 节讨论过的典型的编码器-解码器注意力机制。

■ 前馈网络，这类似于编码器中的前馈网络。

● 解码器以一个跟随着 softmax 的全连接层结束，softmax 产生句子中最有可能的下一个单词。

transformer 使用丢弃（dropout）作为一种正则化技术，它将"丢弃"添加到每个子层的输出中，然后再将其添加到子层输入并进行规范化。它还将丢弃应用于编码器和解码器堆叠中的嵌入和位置编码的总和。

最后，总结一下自注意力相对于 8.2 节中讨论的 RNN 注意力模型的好处。自注意力机制的关键优势是可以立即访问输入序列的所有元素，而不是像 RNN 模型那样的瓶颈思想向量。另外（下面是直接引用论文的描述），自注意力层用恒定数量的顺序执行操作连接所有位置，而循环层需要 $O(n)$ 个顺序操作。

在计算复杂性方面，当序列长度 n 小于表示维度 d 的时候，自注意力层的速度比循环层更快，这是用在机器翻译中的模型表示时经常发生的情况，如 word-piece 表示（见 "Google's Neural Machine Translation System：Bridging the Gap between Human and Machine Translation"，https：//arxiv.org/abs/- 1609.08144）和 byte-pair 表示（见 "Neural Machine Translation of Rare Words with Subword Unitsat"，https：//arxiv.org/abs/-1508.07909）。为了提高涉及很长序列的任务的计算性能，可以限制自注意力只考虑输入序列中以各自输出位置为中心的一个大小为 r 的邻域。

对 transformer 的理论介绍结束了，下一节从头实现一个 transformer。

8.3.3 实现 transformer

本节使用 PyTorch 1.3.1 实现 transformer 模型。因为示例比较复杂，通过使用一个基本的训练数据集来简化它：我们训练模型复制随机生成的整数值序列，也就是说，源序列和目标序列是相同的，transformer 将学习复制输入序列作为输出。本书不提供完整的源代码，但你可以在 https://github.com/PacktPublishing/Advanced – Deep – Learning – with – Python/tree -/master/Chapter08/transformer.py 上找到源代码。

这个例子基于 https://github.com/harvardnlp/annotatedtransformer 实现。注意，PyTorch 1.2 引入了本地 transformer 模块（可在 https://pytorch.org/docs/master/nn.html#transformer – layers 中获得文档）。不过，本节将从头实现 transformer，以便更好地理解它。

首先，从功能函数 clone 开始，它接受 torch.nn.Module 的一个实例，生成相同模块的 n 个相同的深度副本（不包括原始源实例）：

```
def clones(module: torch.nn.Module, n: int):
    return torch.nn.ModuleList([copy.deepcopy(module) for _ in range(n)])
```

在这个简短的介绍之后，继续介绍多头注意力的实现。

多头注意力

本节中，我们遵循 8.3.1 节的定义来实现多头注意力。从实现常规缩放点积注意力开始：

```python
def attention(query, key, value, mask=None, dropout=None):
    """Scaled Dot Product Attention"""
    d_k = query.size(-1)

    # 1) and 2) Compute the alignment scores with scaling
    scores = torch.matmul(query, key.transpose(-2, -1)) / math.sqrt(d_k)
    if mask is not None:
        scores = scores.masked_fill(mask == 0, -1e9)

    # 3) Compute the attention scores (softmax)
    p_attn = torch.nn.functional.softmax(scores, dim=-1)

    if dropout is not None:
        p_attn = dropout(p_attn)

    # 4) Apply the attention scores over the values
    return torch.matmul(p_attn, value), p_attn
```

提醒一下，这个函数实现了公式 $\text{Attention}(\boldsymbol{Q}, \boldsymbol{K}, \boldsymbol{V}) = \text{softmax}(\boldsymbol{Q}\boldsymbol{K}^T / \sqrt{d_k})\boldsymbol{V}$，其中 $\boldsymbol{Q} = \text{query}$，$\boldsymbol{K} = \text{key}$ 并且 $\boldsymbol{V} = \text{value}$。如果有 mask 可用，它也会被应用。

接下来，把自注意力机制实现为 torch.nn.Module。提醒一下，实现公式如下：

$$\text{MultiHead}(\boldsymbol{Q}, \boldsymbol{K}, \boldsymbol{V}) = \text{Concat}(\text{head}_1, \text{head}_2, \cdots, \text{head}_h)\boldsymbol{W}^O$$
$$\text{where head}_i = \text{Attention}(\boldsymbol{Q}\boldsymbol{W}_i^Q, \boldsymbol{K}\boldsymbol{W}_i^K, \boldsymbol{V}\boldsymbol{W}_i^V)$$

从 __init__ 方法开始：

```python
class MultiHeadedAttention(torch.nn.Module):
    def __init__(self, h, d_model, dropout=0.1):
        """
        :param h: number of heads
        :param d_model: query/key/value vector length
        """
        super(MultiHeadedAttention, self).__init__()
        assert d_model % h == 0
        # We assume d_v always equals d_k
        self.d_k = d_model // h
        self.h = h

        # Create 4 fully connected layers
        # 3 for the query/key/value projections
        # 1 to concatenate the outputs of all heads
        self.fc_layers = clones(torch.nn.Linear(d_model, d_model), 4)
        self.attn = None
        self.dropout = torch.nn.Dropout(p=dropout)
```

注意，使用 clones 函数创建了四个相同的、全连接的 self.fc_layers。用其中三个来做 $Q/K/V$ 线性投影——W_i^Q、W_i^K 和 W_i^V。第四个全连接层是合并不同头 W^O 输出的串联结果。把当前的注意力储存在 self.attn 中。

接下来实现 MultiHeadedAttention.forward 方法（请注意缩进）：

```python
def forward(self, query, key, value, mask=None):
    if mask is not None:
        # Same mask applied to all h heads.
        mask = mask.unsqueeze(1)

    batch_samples = query.size(0)

    # 1) Do all the linear projections in batch from d_model => h x d_k
    projections = list()
    for l, x in zip(self.fc_layers, (query, key, value)):
        projections.append(
            l(x).view(batch_samples, -1, self.h, self.d_k).transpose(1, 2)
        )

    query, key, value = projections

    # 2) Apply attention on all the projected vectors in batch.
    x, self.attn = attention(query, key, value,
                             mask=mask,
                             dropout=self.dropout)

    # 3) "Concat" using a view and apply a final linear.
    x = x.transpose(1, 2).contiguous() \
        .view(batch_samples, -1, self.h * self.d_k)

    return self.fc_layers[-1](x)
```

迭代 $Q/K/V$ 向量和它们的参考投影 self.fc_layers 并且用如下代码片段产生 $Q/K/V$ projections：

```python
l(x).view(batch_samples, -1, self.h, self.d_k).transpose(1, 2)
```

然后，使用最初定义的 attention 函数对投影应用常规注意力，最后，将多个头的输出串联起来并返回结果。现在已经实现了多头注意力，继续实现编码器。

编码器

本节将实现编码器，它由几个不同的子组件组成。先从主要的定义开始，然后深入更多细节：

```python
class Encoder(torch.nn.Module):
    def __init__(self, block: EncoderBlock, N: int):
        super(Encoder, self).__init__()
        self.blocks = clones(block, N)
        self.norm = LayerNorm(block.size)
```

```
def forward(self, x, mask):
    """Iterate over all blocks and normalize"""
    for layer in self.blocks:
        x = layer(x, mask)

    return self.norm(x)
```

它相当简单：编码器由 self.blocks 组成，它是 N 个堆叠的 EncoderBlock 实例，其中每个实例作为下一个的输入。然后是 LayerNorm 标准化 self.norm（在 8.3.2 节中讨论了这些概念）。forward 方法以数据张量 x 和 mask 实例为输入，mask 阻塞了一些输入序列元素。正如 8.3.2 节中所讨论的，掩码只与模型的解码器部分相关，此时序列的未来元素还不可用。在编码器中，掩码仅作为占位符存在。

我们省略 LayerNorm 的定义（只要知道在编码器的末尾进行了标准化就足够了），并关注 EncoderBlock：

```
class EncoderBlock(torch.nn.Module):
    def __init__(self,
                 size: int,
                 self_attn: MultiHeadedAttention,
                 ffn: PositionwiseFFN,
                 dropout=0.1):
        super(EncoderBlock, self).__init__()
        self.self_attn = self_attn
        self.ffn = ffn

        # Create 2 sub-layer connections
        # 1 for the self-attention
        # 1 for the FFN
        self.sublayers = clones(SublayerConnection(size, dropout), 2)
        self.size = size

    def forward(self, x, mask):
        x = self.sublayers[0](x, lambda x: self.self_attn(x, x, x, mask))
        return self.sublayers[1](x, self.ffn)
```

提醒一下，每个编码器块由两个子块组成（用熟悉的 clones 函数实例化的 self.sublayers）：一个多头注意力 self_attn（MultiHeadedAttention 的一个实例），然后是一个简单的全连接网络 ffn（PositionwiseFFN 的一个实例）。每个子层由其剩余连接封装，这通过子类 blayerconnection 实现：

```
class SublayerConnection(torch.nn.Module):
    def __init__(self, size, dropout):
        super(SublayerConnection, self).__init__()
        self.norm = LayerNorm(size)
        self.dropout = torch.nn.Dropout(dropout)

    def forward(self, x, sublayer):
        return x + self.dropout(sublayer(self.norm(x)))
```

剩余连接还包括标准化和丢弃（根据定义）。提醒一下，它遵循公式 LayerNorm $(x+$ SubLayer $(x))$，但是为了使代码简单，`self.norm` 是第一个而不是最后一个。`SublayerConnection.forward` 短语以数据张量 x 和 sublayer 为输入，它们是 MultiHeadedAttention 或 PositionwiseFFN 的实例。可以在 EncoderBlock.forward 方法中看到这种动态变化。

唯一还没有定义的组件是 PositionwiseFFN，它实现公式 $\text{FFN}(x)=\text{ReLU}(W_1 x+b_1)$ W_2+b_2。把缺失的部分加上：

```
class PositionwiseFFN(torch.nn.Module):
    def __init__(self, d_model: int, d_ff: int, dropout=0.1):
        super(PositionwiseFFN, self).__init__()
        self.w_1 = torch.nn.Linear(d_model, d_ff)
        self.w_2 = torch.nn.Linear(d_ff, d_model)
        self.dropout = torch.nn.Dropout(dropout)

    def forward(self, x):
        return
self.w_2(self.dropout(torch.nn.functional.relu(self.w_1(x))))
```

现在已经实现了编码器和它的所有构建块。下一节继续讲解解码器的定义。

解码器

本节实现解码器。它遵循一个非常类似于编码器的模式：

```
class Decoder(torch.nn.Module):
    def __init__(self, block: DecoderBlock, N: int, vocab_size: int):
        super(Decoder, self).__init__()
        self.blocks = clones(block, N)
        self.norm = LayerNorm(block.size)
        self.projection = torch.nn.Linear(block.size, vocab_size)

    def forward(self, x, encoder_states, source_mask, target_mask):
        for layer in self.blocks:
            x = layer(x, encoder_states, source_mask, target_mask)

        x = self.norm(x)

        return torch.nn.functional.log_softmax(self.projection(x), dim=-1)
```

它由 self.blocks 组成，它是 N 个堆叠的 DecoderBlock 实例，其中每个实例作为下一个的输入。然后是 self.norm 标准化（LayerNorm 的一个实例）。最后，为了产生最可能的单词，解码器有一个附加的 softmax 激活的全连接层。请注意 Decoder.forward 方法接受额外的参数 encoder_states，它表示编码器的注意力向量。然后将 encoder_states 传递给 DecoderBlock 实例。

接下来实现 DecoderBlock：

```
class DecoderBlock(torch.nn.Module):
    def __init__(self,
```

```
            size: int,
            self_attn: MultiHeadedAttention,
            encoder_attn: MultiHeadedAttention,
            ffn: PositionwiseFFN,
            dropout=0.1):
    super(DecoderBlock, self).__init__()
    self.size = size
    self.self_attn = self_attn
    self.encoder_attn = encoder_attn
    self.ffn = ffn

    # Create 3 sub-layer connections
    # 1 for the self-attention
    # 1 for the encoder attention
    # 1 for the FFN

    self.sublayers = clones(SublayerConnection(size, dropout), 3)

def forward(self, x, encoder_states, source_mask, target_mask):
    x = self.sublayers[0](x, lambda x: self.self_attn(x, x, x,
target_mask))
    x = self.sublayers[1](x, lambda x: self.encoder_attn(x,
encoder_states, encoder_states, source_mask))
    return self.sublayers[2](x, self.ffn)
```

这类似于 EncoderBlock，但有一个实质性的区别：EncoderBlock 只依赖于自注意力机制，但是这里结合了自注意力和来自编码器的常规注意力。这被反映在 encoder_attn 模块和之后的 forward 方法的 encoder_states 参数，以及用于编码器注意值的附加 SublayerConnection 中。可以看到在 DecoderBlock.forward 方法中多种注意力机制的结合。注意 self.self_attn 对查询/键/值都使用 x，而 self.encoder_attn 使用 x 作为查询，encoder_states 使用键和值。通过这种方式，常规注意力建立了编码器和解码器之间的联系。

解码器的实现到此结束。下一节继续构建完整的 transformer 模型。

构建完整的 tranformer 模型

继续从主要的 EncoderDecoder 类开始：

```
class EncoderDecoder(torch.nn.Module):
    def __init__(self,
                 encoder: Encoder,
                 decoder: Decoder,
                 source_embeddings: torch.nn.Sequential,
                 target_embeddings: torch.nn.Sequential):
        super(EncoderDecoder, self).__init__()
        self.encoder = encoder
        self.decoder = decoder
        self.source_embeddings = source_embeddings
        self.target_embeddings = target_embeddings
```

```
def forward(self, source, target, source_mask, target_mask):
    encoder_output = self.encoder(
        x=self.source_embeddings(source),
        mask=source_mask)

    return self.decoder(

        x=self.target_embeddings(target),
        encoder_states=encoder_output,
        source_mask=source_mask,
        target_mask=target_mask)
```

它结合了 Encoder、Decoder 和 source_embeddings/target_embeddings（我们将在本节的后面关注嵌入）。EncoderDecoder.forward 方法获取源序列并将其提供给 self.encoder。然后，self.decoder 从前面的输出步骤 x= self.target_embeddings (target)、编码器状态 encoder_states= encoder_output，以及源和目标掩码来获取它的输入。通过这些输入，它将生成序列中预测的下一个元素（单词），这也是 forward 方法的返回值。

接下来实现 build_model 函数，将迄今为止实现的所有内容合并到一个一致的模型中：

```
def build_model(source_vocabulary: int,
                target_vocabulary: int,
                N=6, d_model=512, d_ff=2048, h=8, dropout=0.1):
    """Build the full transformer model"""
    c = copy.deepcopy
    attn = MultiHeadedAttention(h, d_model)
    ff = PositionwiseFFN(d_model, d_ff, dropout)
    position = PositionalEncoding(d_model, dropout)

    model = EncoderDecoder(
        encoder=Encoder(EncoderBlock(d_model, c(attn), c(ff), dropout), N),
        decoder=Decoder(DecoderBlock(d_model, c(attn), c(attn),c(ff),
                                     dropout), N, target_vocabulary),
        source_embeddings=torch.nn.Sequential(
            Embeddings(d_model, source_vocabulary), c(position)),
        target_embeddings=torch.nn.Sequential(
            Embeddings(d_model, target_vocabulary), c(position)))

    # This was important from their code.
    # Initialize parameters with Glorot / fan_avg.
    for p in model.parameters():
        if p.dim() > 1:
            torch.nn.init.xavier_uniform_(p)

    return model
```

除了熟悉的 MultiHeadedAttention 和 PositionwiseFFN 之外，还创建了 position 变量（PositionalEncoding 类的一个实例）。这个类实现了 8.3.2 节中描述的正

弦位置编码（这里不包括完整的实现）。现在关注 `EncoderDecoder` 实例化，我们已经熟悉了编码器和解码器，所以这里没有特别提到它。但是嵌入更有趣一点。下面的代码实例化了源嵌入（但这对目标也是有效的）：

```
source_embeddings=torch.nn.Sequential(Embeddings(d_model,
source_vocabulary), c(position))
```

可以看到，它们是由两部分组成的顺序列表：

- `Embeddings` 类的一个实例，它只是一个 `torch.nn.Embedding` 进一步乘以 $\sqrt{d_{model}}$ 的简单组合（这里省略类定义）。
- 位置编码 `c(position)`，将位置的正弦数据添加到嵌入向量中。

一旦以这种方式对输入数据进行预处理，它就可以作为编码器/解码器核心部分的输入。

transformer 的实现到此结束。展示这个例子的目的是为 8.3.1 节和 8.3.2 节的理论基础提供补充。因此，关注代码中最相关的部分——主要介绍随机数字序列的 `Random-Dataset` 数据生成器和实现训练的 `train_model` 函数，并省略了一些普通的代码部分。尽管如此，还是鼓励读者一步一步地浏览完整的示例，以便更好地理解 transformer 的工作方式。

下一节将讨论一些基于我们目前所介绍的注意力机制的最先进的语言模型。

8.4　transformer 语言模型

第 6 章介绍了几种不同的语言模型（word2vec、GloVe 和 fastText），它们使用单词的上下文（它周围的单词）创建单词向量（嵌入）。这些模型有一些共同的特性：

- 它们与上下文无关（这与前面的说法相矛盾），因为它们根据训练文本中出现的所有单词为每个单词创建一个全局单词向量。例如，"lead the way" 和 "lead atom" 两个短语中的 lead 可以有完全不同的意思，然而，该模型将尝试在同一个单词向量中嵌入这两种含义。
- 它们是位置无关的，因为它们在训练嵌入向量时没有考虑上下文单词的顺序。

相比之下，可以创建基于 transformer 的语言模型，这些模型依赖于上下文和位置。考虑到当前上下文单词及其位置，这些模型将为单词的每个独特的上下文生成不同的单词向量。这导致了经典模型和基于 transformer 的模型之间的概念差异。因为像 word2vec 这样的模型创建了静态上下文和与位置无关的嵌入向量，所以可以丢弃这个模型，只在后续的下游任务中使用向量。但是 transformer 模型基于上下文创建动态向量，因此必须将其作为任务管道的一部分包括进来。

之后将讨论一些最新的基于 transformer 的模型。

8.4.1　基于 transformer 的双向编码器表示

基于 transformer 的双向编码器表示（BERT）（见 "BERT：Pretraining of Deep Bidirectional Transformers for Language Understanding"，https：//arxiv.org-/abs/1810.04805）。模

型有一个非常有描述性的名称。看看上面提到的一些元素：

- 编码器表示：这个模型只使用 8.3.2 节中描述的 transformer 架构的多层编码器部分的输出。
- 双向：编码器具有固有的双向特性。

为了在这方面获得一些认知，用 L 表示 transformer 块的数量，用 H 表示隐藏大小（之前用 d_{model} 表示），用 A 表示自注意力的头数量。论文的作者实验了两种 BERT 配置：$BERT_{BASE}$（$L=12$，$H=768$，$A=12$，总参数 $=110M$），$BERT_{LARGE}$（$L=24$，$H=1024$，$A=16$，总参数 $=340M$）。

为了更好地理解 BERT 框架，从包含两步的训练开始：

1）**预训练**：在不同的预训练任务中对未标记数据进行训练。

2）**微调**：用预先训练好的参数初始化模型，然后在特定下游任务的标记数据集上对所有参数进行微调。

步骤如下图所示。

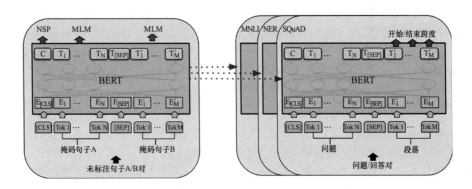

左：预训练；右：微调。源：https://arxiv.org/abs/1810.04805

这些图将在接下来的章节中作为参考，因此请继续关注更多细节。目前知道 **Tok N** 表示独热编码的输入 token，E 表示嵌入 token，T 表示模型输出向量就足够了。

对 BERT 有了一个概括了解，下面讨论它的组件。

输入数据表示

在开始每个训练步骤之前，讨论一下由两个步骤共享的输入和输出数据表示。类似于 fastText（见第 6 章），BERT 使用一个名为 WordPiece 的数据驱动的分词算法（https://arxiv.org/abs/1609.08144）。这意味着，它不是一个完整的词表，而是在一个迭代过程中创建一个子单词 token 的词表，直到该词表达到预定的大小（在 BERT 的例子中，大小为 30 000 个 token）。这种方法有两个主要优点：

- 允许我们控制字典的大小。
- 通过将未知单词分配给最近的现有字典子单词 token 来处理这些单词。

BERT 可以处理各种下游任务。为此，论文作者引入了一种特殊的输入数据表示，可以明确地将以下内容表示为单个输入的 token 序列：

- 一个句子（例如，在分类任务中的情感分析）
- 一对句子（例如，在自动回答问题中）

这里的"句子"不仅指语言句子，还可以指任意长度的连续文本。

该模型使用了两个特殊 token：

- 每个序列的第一个 token 总是一个特殊的分类 token([CLS])。与此 token 对应的隐藏状态用作分类任务的聚合序列表示。例如，如果应用情感分析序列，对应于 [CLS] 输入 token 的输出将代表情感（正/负）模型的输出。
- 句子对被打包成一个单一的序列。第二个特殊 token([SEP]) 标记两个输入句子之间的边界（在有两个输入句子的情况下）。对于每一个表示属于句子 A 或句子 b 的 token，通过额外学习的分段嵌入来进一步区分句子。因此，输入嵌入是 token 嵌入、分段嵌入和位置嵌入的总和。在这里，token 和位置嵌入的作用与它们在常规 transformer 中的作用相同。

下面的图表显示了特殊的 token，以及输入嵌入：

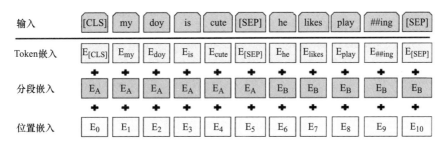

BERT 输入表示；输入嵌入是 token 嵌入、分段嵌入和位置嵌入的总和。
来源：https://arxiv.org/abs/1810.04805

现在知道了输入是如何处理的，下面讨论预训练步骤。

预训练

预训练步骤在上一节中进行了说明。论文的作者使用两个无监督的训练任务来训练 BERT 模型：**掩码语言模型（MLM）**和**预测下一个句子（Next Sentence Prediction，NSP）**。

从 MLM 开始，其中模型有一个输入序列，其目标是预测该序列中丢失的单词。这种情况下，BERT 就像一个**去噪自编码器**，试图重建故意损坏的输入。MLM 在本质上类似于 word2vec 模型的 CBOW 目标（见第 6 章）。为了解决这个问题，BERT 编码器的输出被扩展为带有 softmax 激活的全连接层，可以给定输入序列，产生最可能的单词。每个输入序列被修改通过随即掩码 15%（根据论文的要求）的 wordPiece token。为了更好地理解这一点，使用论文本身的一个例子：假设未标记的句子是"my dog is hairy"，并且在随机掩码过程中，选择第 4 个 token（对应于 hairy），掩码过程可以通过以下几点来进一步说明：

- **80% 的情况下**：用 [MASK] token 替换单词——例如，"my dog is hairy" → "my dog is [MASK]"。

- **10%的情况下**：用一个随机单词替换单词——例如，"my dog is hairy" → "my dog is apple"。
- **10%的情况下**：保持单词不变 "my dog is hairy" → "my dog is hairy"。这样做的目的是使表示偏向于实际观察到的单词。

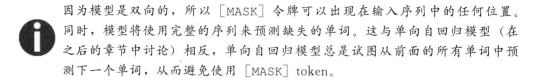

因为模型是双向的，所以［MASK］令牌可以出现在输入序列中的任何位置。同时，模型将使用完整的序列来预测缺失的单词。这与单向自回归模型（在之后的章节中讨论）相反，单向自回归模型总是试图从前面的所有单词中预测下一个单词，从而避免使用［MASK］token。

需要这个 80/10/10 分布有两个主要原因：

- ［MASK］token 造成了预训练和微调之间的不匹配（在下一节讨论这个问题），因为它只出现在前者中，而不在后者中，也就是说，微调任务将显示带有输入序列的模型，但没有［MASK］token。然而，模型被预先训练以期望带有［MASK］的序列，这可能导致未定义的行为。
- BERT 假设预测的 token 是相互独立的。为了理解这一点，想象一下，模型试图重构 "I went ［MASK］ with my ［MASK］" 的输入序列。BERT 可以预测出 "I went cycling with my bicycle"，这是一个有效的句子。但是因为模型没有把这两个掩码的单词联系起来，所以无法防止它预测 "I went swimming with my bicycle"（这是无效的）。

对于 80/10/10 分布，transformer 编码器不知道将要求它预测哪些单词，或哪些单词已被随机单词替换，因此它必须保持每个输入 token 的分发上下文表示。此外，由于随机替换只发生在所有 token 的 1.5% 中（即 15% 的 10%），这似乎不会损害模型的语言理解能力。

MLM 的一个缺点是，由于模型在每批量中只能预测 15% 的单词，可能会比使用所有单词的预训练模型收敛得慢。

接下来，继续使用 NSP。论文作者认为，许多重要的下游任务，如**问题回答**（QA）和**自然语言推断**（NLI）都是基于对两个句子之间关系的理解，而语言建模并没有直接捕捉到这些关系。

自然语言推断决定了一个代表**假设**的句子，对于另一个被称为**前提**的句子，是真（蕴含）、假（矛盾）还是不确定（中性）。下表给出了一些例子。

前提	假设	标签
I am running	I am sleeping	矛盾
I am running	I am listening to music	中性
I am running	I am training	蕴含

为了训练一个理解句子关系的模型，预先训练 NSP 任务，这个任务可以从任何单语言语料库中生成。具体地说，每个输入序列有一个开始的［CLS］token，然后是两个连接的句子（A 和 B），它们由［SEP］token 分开。在为每个预训练示例选择句子 A 和 B

时，50％的情况下，B 是在 A 之后实际出现的下一个句子（标记为 IsNext），50％的情况下，它是从语料库中随机抽取的句子（标记为 NotNext）。正如提到的，模型输出 [CLS] 对应输入的 IsNext/NotNext 标签。

用下面的例子来说明 NSP 任务：

- [CLS] the man went to [MASK] store [SEP] he bought a gallon [MASK] milk [SEP] 的标签是 IsNext。
- [CLS] the man [MASK] to the store [SEP] penguins [MASK] are flight ♯♯less birds [SEP] 的标签是 NotNext。请注意 ♯♯less token 的使用，这是 WordPiece 分词算法的结果。

接下来讲解微调步骤。

微调

微调任务紧随预训练任务之后，除了输入预处理之外，这两个步骤非常相似。没有创建一个掩码序列，而是简单地向 BERT 模型提供特定于任务的未修改的输入和输出，并以端到端方式微调所有参数。因此，在微调阶段使用的模型与在实际生产环境中使用的模型相同。

下图展示了如何用 BERT 解决几种不同类型的任务。

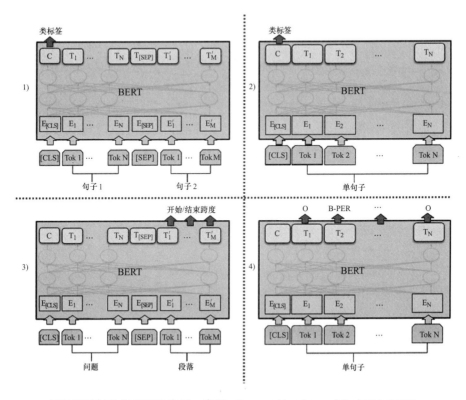

用于不同任务的 BERT 应用。来源：https://arxiv.org/abs/1810.04805

让我们讨论这些任务：

- 左上角的场景演示了如何将 BERT 用于句子对分类任务（如 NLI）。简而言之，向模型提供两个串联的句子，并且只查看 [CLS] token 输出分类，它将输出模型结果。例如，在一个 NLI 任务中，目标是预测第二个句子相对于第一个句子是蕴含的、矛盾的还是中性的。
- 右上角的场景演示了如何将 BERT 用于单句分类任务，比如情感分析。这与句子对分类非常相似。
- 左下角的场景说明了如何在**斯坦福问题回答数据集**（SQuAD v1.1, https://raj-purkar. github. io/SQuADexplorer/explore/1.1/dev/）中使用 BERT。假设序列 A 是一个问题，而序列 B 是来自 Wikipedia 的一篇包含回答的文章，目标是预测这篇文章中回答的文本跨度（开始和结束）。引入两个新的向量：一个开始向量 $S \in \mathbb{R}^H$ 和一个结束向量 $E \in \mathbb{R}^H$，其中 H 是模型的隐藏大小。每个单词 i 作为回答空间的开始（或结束）的概率被计算为它的输出向量 T_i 和 S（或 E）的点积，然后是一个 softmax 作用在序列 B 的所有单词上：$P_i = \dfrac{e^{S \cdot T_i}}{\sum_j e^{S \cdot T_j}}$。候选跨度从位置 i 跨到 j 的分数计算为 $S \cdot T_i + E \cdot T_j$。输出最大的候选分数，其中 $j \geqslant i$。
- 右下角的场景说明了如何使用 BERT 进行**命名实体识别（NER）**，其中每个输入 token 被归类为某种类型的实体。

关于 BERT 模型的介绍到此结束。提醒一下，它是基于 transformer 编码器实现的。下一节讨论 transformer 解码器模型。

8. 4. 2　transformer-XL

本节讨论对普通 transformer 的改进（称为 transformer-XL），其中 XL 表示特别长（见 "Transformer-XL：Attentive Language Models Beyond a Fixed-Length Context"，https://arxiv. org/abs/1901. 02860）。为了理解改进常规 transformer 的必要性，讨论一下它的一些局限性，其中之一来自 transformer 本身的特性。基于 RNN 的模型（至少在理论上）能够传递关于任意长度序列的信息，因为 RNN 的内部状态是根据以前的所有输入进行调整的。但 transformer 的自注意力没有这样的周期性分量，完全被限制在当前输入序列的范围内。如果有无限的内存和计算能力，一个简单的解决方案就是处理整个上下文序列。但在实际操作中，由于资源有限，因此要将整个文本分割成更小的片段，只在每个片段中训练模型，如下图（a）所示。

横轴表示输入序列 $[x_1, \cdots, x_4]$，纵轴表示堆叠的解码块。注意，元素 x_i 只能加入 $x_{i \leqslant j}$ 的元素。这是因为 transformer-XL 基于 transformer 解码器（不包括编码器），不像 BERT 基于编码器。因此，transformer-XL 解码器与完整的编码器-解码器 transformer 中的解码器不同，因为它不像常规解码器那样可以访问编码器状态。在这个意义上，transformer-XL 解码器非常类似于一般的 transformer 编码器，除了由于输入序列掩码导致了它是单向的以外。transformer-XL 是**自回归模型**的一个例子。

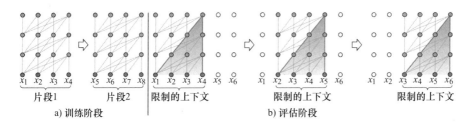

说明对输入序列长度为 4 的常规 transformer 的训练（a）和评估（b），
注意使用单向 transformer 解码器。来源：https://arxiv.org/abs/1901.02860

如上图所示，最大可能的依赖长度是由片段长度所限制的，尽管注意力机制通过允许立即访问序列的所有元素来防止梯度消失，但由于输入段有限，transformer 无法充分利用这一优势。此外，文本分割通常是在不考虑句子或任何其他语义边界的情况下，选择一个连续的符号块来分割文本，本文将其称为上下文分割。引用论文本身的描述：模型缺少准确预测前几个符号所需的上下文信息，导致优化效率低下，性能较差。

普遍 transformer 的另一个问题在评估阶段中得到了体现，如上面的图的右边所示。每一步，模型都以完整的序列作为输入，但只做一次预测。为了预测下一个输出，将 transformer 右移一个位置，但是必须在整个输入序列上从头开始处理新片段（除了最后一个与最终片段相同的值之外）。

现在已经确定了 transformer 模型的一些问题，接下来讨论如何解决这些问题。

具有状态复用的分段级循环

transformer-XL 在 transformer 模型中引入了循环关系。在训练阶段，模型缓存当前段的状态，当它处理下一个段时，它可以访问缓存的（但是固定的）值，如下图所示。

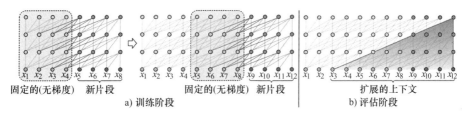

输入序列长度为 4 的 transformer-XL 的训练（a）和评估（b）。
来源：https://arxiv.org/abs/1901.02860

在训练阶段，梯度不通过缓存段传播。形式化这个概念（使用论文中的符号，可能与本章之前的符号略有不同）。用 $s_\tau = [x_{\tau,1}, \cdots, x_{\tau,L}]$ 和 $s_{\tau+1} = [x_{\tau+1,1}, \cdots, x_{\tau+1,L}]$ 表示两个长度为 L 的连续段，用 $\boldsymbol{h}_\tau^n \in \mathbb{R}^{L \times d}$ 表示第 τ 个片段的第 n 个隐藏块状态，其中 d 是隐藏层的维度（等价于 d_{model}）。再次明确一下，$\boldsymbol{h}_\tau^n$ 是 L 行的矩阵，其中每一行包含输入序列中每个元素的 d 维自注意力向量。然后，通过以下步骤，生成第 $\tau+1$ 段的第 n 层隐藏状态：

$$\tilde{\boldsymbol{h}}_{\tau+1}^{n-1} = \left[\mathrm{SG}(\boldsymbol{h}_{\tau}^{n-1}) \circ \boldsymbol{h}_{\tau+1}^{n-1} \right]$$

$$\boldsymbol{Q}_{\tau+1}^{n}, \boldsymbol{K}_{\tau+1}^{n}, \boldsymbol{V}_{\tau+1}^{n} = \boldsymbol{h}_{\tau+1}^{n-1} \boldsymbol{W}_{Q}^{\mathsf{T}}, \tilde{\boldsymbol{h}}_{\tau+1}^{n-1} \boldsymbol{W}_{K}^{\mathsf{T}}, \tilde{\boldsymbol{h}}_{\tau+1}^{n-1} \boldsymbol{W}_{V}^{\mathsf{T}}$$

$$\boldsymbol{h}_{\tau+1}^{n} = \text{Transformer-Layer}(\boldsymbol{Q}_{\tau+1}^{n}, \boldsymbol{K}_{\tau+1}^{n}, \boldsymbol{V}_{\tau+1}^{n})$$

这里，SG（ · ）表示停止梯度，$\boldsymbol{W}.$ 表示模型参数（之前用 $\boldsymbol{W}^{*}$ 表示），$[\boldsymbol{h}_{\tau}^{n-1} \circ \boldsymbol{h}_{\tau}^{n-1}] \in \mathbb{R}^{2L \times d}$ 表示两个隐藏序列在长度维度上的串联。为了说明这一点，串联的隐藏序列是一个 $2L$ 行的矩阵，其中每一行包含组合 τ 和 $\tau+1$ 的输入序列的一个元素的 d 维自注意力向量。论文很好地解释了前面公式的复杂性，因此下面的解释包含一些直接引用。与标准 transformer 相比，关键的区别在于键 $\boldsymbol{K}_{\tau+1}^{n}$ 和值 $\boldsymbol{V}_{\tau+1}^{n}$ 取决于扩展的上下文 $\tilde{\boldsymbol{h}}_{\tau+1}^{n-1}$，所以 $\tilde{\boldsymbol{h}}_{\tau}^{n-1}$ 从上一段缓存。通过将这种循环机制应用于一个语料库的每两个连续段，实质上是在隐藏状态中创建一个分段级循环。因此，所使用的有效上下文可以远远超出两个分段。然而，注意，$\boldsymbol{h}_{\tau+1}^{n}$ 和 $\boldsymbol{h}_{\tau}^{n-1}$ 之间的循环性依赖会使每个段向下移动一个层。因此，最大可能的依赖长度随着层数和段长度线性增长，即 $O(N \times L)$，如上图阴影部分所示。

除了实现超长上下文和解决分段之外，循环方案带来的另一个好处是计算速度显著加快。具体地说，在评估阶段，可以重用前面分段的表示，而不是像普通模型那样从头开始计算。

最后，请注意，循环方案不需要被限制只在前一段中进行。理论上，可以缓存 GPU 内存允许的尽可能多的前面的段，并在处理当前段时重用它们作为额外的上下文。

循环机制需要一种新的方法编码序列元素的位置。下面讨论这个主题。

相对位置编码

普通 transformer 输入增加了正弦位置编码（见 8.3.2 节），这只与当前段相关。下面的公式展示了如何用当前位置编码的方式计算状态 $\boldsymbol{h}_{\tau}$ 和 $\boldsymbol{h}_{\tau+1}$：

$$\boldsymbol{h}_{\tau+1} = f(\boldsymbol{h}_{\tau}, \boldsymbol{E}_{s_{\tau+1}} + \boldsymbol{U}_{1:L})$$

$$\boldsymbol{h}_{\tau} = f(\boldsymbol{h}_{\tau-1}, \boldsymbol{E}_{s_{\tau}} + \boldsymbol{U}_{1:L})$$

这里，$\boldsymbol{E}_{s_{\tau}} \in \mathbb{R}^{L \times d}$ 是 s_{τ} 的单词嵌入序列，f 是转换函数。可以看到，对 $\boldsymbol{E}_{s_{\tau}}$ 和 $\boldsymbol{E}_{s_{\tau+1}}$ 使用了相同的位置编码 $\boldsymbol{U}_{1:L}$。因此，模型无法区分同一位置的两个元素在不同序列 $x_{\tau,j}$ 和 $x_{\tau+1,j}$ 中的位置。为了避免这种情况，论文作者提出了一种新的**相对**位置编码方案。他们观察到当一个查询向量（或查询矩阵）$\boldsymbol{Q}_{\tau,i}$ 处理键向量 $\boldsymbol{K}_{\tau,j \leqslant i}$ 时，不需要知道每个键向量的绝对位置，就可以识别出片段的时间顺序。相反，只要知道每个键向量 $\boldsymbol{K}_{\tau,j}$ 与自身 $\boldsymbol{Q}_{\tau,i}$ 的相对距离（即 $i-j$）就足够了。

提出的解决方案是创建一组相对位置编码 $\boldsymbol{R} \in \mathbb{R}^{L_{\max} \times d}$，其中第 i 行的每个单元表示第 i 个元素和序列中其余元素之间的相对距离。$\boldsymbol{R}$ 使用与之前相同的正弦公式，但这次使用的是相对位置而不是绝对位置。这个相对距离是动态注入的（而不是作为输入预处理的一部分），这使得查询向量区分 $x_{\tau,j}$ 和 $x_{\tau+1,j}$ 成为可能。为了理解这一点，从 8.3.1 节的积绝对位置注意力公式开始，可以将它分解为：

$$A_{i,j}^{\text{abs}} = \underbrace{\boldsymbol{E}_{x_i}^{\mathrm{T}}\boldsymbol{W}_Q^{\mathrm{T}}\boldsymbol{W}_K\boldsymbol{E}_{x_j}}_{(1)} + \underbrace{\boldsymbol{E}_{x_i}^{\mathrm{T}}\boldsymbol{W}_Q^{\mathrm{T}}\boldsymbol{W}_K\boldsymbol{U}_j}_{(2)}$$

$$+ \underbrace{\boldsymbol{U}_i^{\mathrm{T}}\boldsymbol{W}_Q^{\mathrm{T}}\boldsymbol{W}_K\boldsymbol{E}_{x_j}}_{(3)} + \underbrace{\boldsymbol{U}_i^{\mathrm{T}}\boldsymbol{W}_Q^{\mathrm{T}}\boldsymbol{W}_K\boldsymbol{U}_j}_{(4)}$$

下面讨论一下这个公式的组件：

1）单词 i 对单词 j 的关注程度，而不考虑其当前位置（基于内容的寻址）。例如，单词 tire 与单词 car 有多少关系。

2）单词 i 对位置 j 的单词的关注程度，而不管这个单词是什么（依赖于内容的位置偏差）。例如，如果单词 i 是 cream，检查单词 $j=i-1$ 是 ice 的概率。

3）这一步与第二步相反。

4）在位置 i 的单词对在位置 j 的单词的关注程度，而不管这两个单词是什么（全局定位偏差）。例如，对于距离很远的位置，这个值可能比较低。在 transformer-XL 中，对该公式进行了修正，使其包含相对位置嵌入：

$$A_{i,j}^{\text{rel}} = \underbrace{\boldsymbol{E}_{x_i}^{\mathrm{T}}\boldsymbol{W}_Q^{\mathrm{T}}\boldsymbol{W}_{K,E}\boldsymbol{E}_{x_j}}_{(1)} + \underbrace{\boldsymbol{E}_{x_i}^{\mathrm{T}}\boldsymbol{W}_Q^{\mathrm{T}}\boldsymbol{W}_{K,R}\boldsymbol{R}_{i-j}}_{(2)}$$

$$+ \underbrace{u^{\mathrm{T}}\boldsymbol{W}_{K,E}\boldsymbol{E}_{x_j}}_{(3)} + \underbrace{v^{\mathrm{T}}\boldsymbol{W}_{K,R}\boldsymbol{R}_{i-j}}_{(4)}$$

概括一下关于绝对位置公式的变化：

- 为了计算在（2）和（4）项中的键向量，用它们对应的 $\boldsymbol{R}_{i-j}$ 替换绝对位置嵌入 $\boldsymbol{U}_j$ 的所有表象。
- 用一个可训练的参数 $u \in \mathbb{R}^d$ 替换（3）项的查询 $\boldsymbol{U}_i^T\boldsymbol{W}_Q^T$。这样做的原因是查询向量对于所有的查询位置都是相同的。因此，无论查询位置如何，对不同单词的观注倾向性都应该保持一致。同理，可训练参数 $v \in \mathbb{R}^d$ 替换（4）项的 $\boldsymbol{U}_i^T\boldsymbol{W}_Q^T$。
- 将 $\boldsymbol{W}_K$ 分成两个权重矩阵 $\boldsymbol{W}_{K,E}$ 和 $\boldsymbol{W}_{K,R}$，产生基于内容和基于位置的独立键向量。

综上所述，分段级别循环和相对位置编码是 transformer-XL 相对于普通 transformer 的主要改进。下一节讨论 transformer-XL 的另一个改进。

8.4.3　XLNet

论文作者指出，与单向自回归模型（如 transformer-XL）相比，带有去噪自编码预处理的双向模型（如 BERT）取得了更好的性能。但是正如 8.4.1 节中提到的，[mask] token 在预训练和微调步骤之间引入了差异。为了克服这些局限性，transformer-XL 的作者提出 XLNet（见"XLNet：Generalized Autoregressive Pretraining for Language Understanding"，https://arxiv.org/abs/1906.08237），一个广义**自回归**预训练机制，通过最大化分解顺序的所有排列的期望可能性，使学习双向上下文成为可能。为了说明这一点，XLNet 构建了 transformer-XL 的 transformer 解码器模型，并在自回归预训练步骤中引入了一种智能的基于排列的机制，用于双向上下文流。

　　下图说明了模型如何处理具有不同分解顺序的相同输入序列。具体来说，它展示了一个具有两个堆叠块和分段级别循环（mem 字段）的 transformer 解码器。

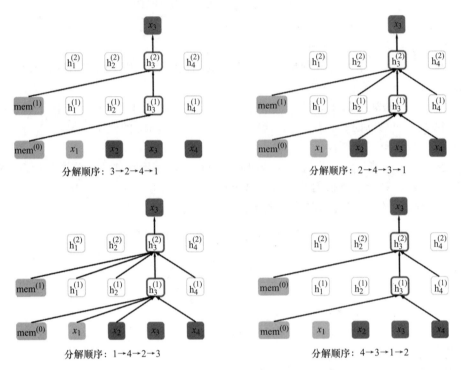

用四种不同的分解顺序在相同的输入序列上预测 x_3。

来源：https://arxiv.org/abs/1906.08237

　　有 $T!$ 对长度为 t 的序列进行有效的自回归分解的不同顺序。假设有一个长度为 4 的输入序列 $[x_1, x_2, x_3, x_4]$。这个图显示了该序列 $4! = 24$ 种可能的分解顺序中的 4 种（从左上角顺时针开始）：$[x_3, x_2, x_4, x_1]$、$[x_2, x_4, x_3, x_1]$、$[x_4, x_3, x_1, x_2]$、$[x_1, x_4, x_2, x_3]$。请记住，自回归模型允许当前元素只关注序列的前面元素。因此，在正常情况下，x_3 只能关注 x_1 和 x_2。但是 XLNet 算法不仅用规则的序列训练模型，而且用该序列的不同分解顺序训练模型。因此，该模型将"看到"所有 4 种分解顺序以及原始输入。例如，对于 $[x_3, x_2, x_4, x_1]$，x_3 将无法关注任何其他元素，因为它是第一个元素。另外，$[x_2, x_4, x_3, x_1]$ 中，x_3 能够关注 x_2 和 x_4。在以前的情况下，x_4 是不可访问的。图中的黑色箭头表示 x_3 可以关注的元素，这取决于分解顺序（不可用元素没有箭头）。

　　但这是怎么做到的呢？如果序列不是按照它的自然顺序排列，就会失去意义，那么训练又有什么意义呢？为了回答这个问题，记住 transformer 没有隐式循环机制，相反，使用显式的位置编码来表示元素的位置。还要记住，在常规的 transformer 解码器中，使用自注意力掩码来限制对当前序列元素的访问。当用另一个分解顺序输入一个序列时（比如 $[x_2, x_4, x_3, x_1]$），序列的元素将保持它们原来的位置编码，transformer 将不会失去它们的正确顺序。实际上，输入仍然是原始序列 $[x_1, x_2, x_3, x_4]$，但是**改变注意力掩码**，只提供对元素 x_2 和 x_4 的访问。

为了使这个概念形式化，引入一些符号：$\mathcal{Z}_T$ 是长度为 T 的索引序列 $[1, 2, \cdots, T]$ 的所有可能排列的集合；$z \in \mathcal{Z}_T$ 是 $\mathcal{Z}_T$ 的一个全排列；z_t 是全排列的第 t 个元素；$z_{<t}$ 是全排列前 $t-1$ 个元素，$P_\theta(x_{z_i} \mid \boldsymbol{x}_{z<t})$ 是在给定当前排列 $\boldsymbol{x}_{z<t}$（自回归任务，这是模型的输出）时，下一个单词 x_{z_i} 的概率分布，其中 θ 是模型参数。那么，排列语言建模目标如下：

$$\min_\theta \mathbb{E}_{z \sim \mathcal{Z}_T}\Big[\sum_{t=1}^{T} \log P_\theta(x_{z_i} \mid \boldsymbol{x}_{z<t}) \Big]$$

它对输入序列的不同分解顺序一次采样一个，并试图最大化概率 p_θ。也就是说，增加模型预测正确单词的机会。参数 θ 在所有分解顺序上共享。因此，模型能够看到每一个可能的元素 $x_i \neq x_t$，从而模拟双向上下文。同时，这仍然是一个自回归函数，它不需要 $[\mathrm{mask}]$ token。

还需要一个片段来充分利用基于排列的预训练。从给定当前排列 $\boldsymbol{x}_{z<t}$（自回归任务，这是模型的输出）时下一个单词 X_{z_i} 的概率分布 $P_\theta(X_{z_i} \mid \boldsymbol{x}_{z<t})$ 的定义开始，这是一个简单的 softmax 输出的模型：

$$P_\theta(X_{z_i} = x \mid \boldsymbol{x}_{z<t}) = \frac{\exp(e(x)^\mathrm{T} h_\theta(\boldsymbol{x}_{z<t}))}{\sum_{x'} \exp(e(x')^\mathrm{T} h_\theta(\boldsymbol{x}_{z<t}))}$$

这里的 $e(x)$ 充当查询，$h_\theta(\boldsymbol{x}_{z<t})$ 是适当掩码之后的由 transformer 产生的隐藏表示，这作为键-值数据库。

接下来，假设有两个分解顺序：$\boldsymbol{z}^{(1)} = [x_3, x_2, x_4, x_1]$ 和 $\boldsymbol{z}^{(2)} = [x_3, x_2, x_1, x_4]$，其中前两个元素是相同的，而后两个是交换的。再假设 $t=3$。也就是说，模型必须预测序列的第三个元素。因为 $\boldsymbol{z}_{<2}^{(1)} = \boldsymbol{z}_{<2}^{(2)}$，可以看到 $h_\theta(\boldsymbol{x}_{z<t})$ 在这两种情况下是一样的。因此，$P_\theta^{(1)}(X_{z_i} \mid \boldsymbol{x}_{z^{(1)}<t}) = P_\theta^{(2)}(X_{z_i} \mid \boldsymbol{x}_{z^{(2)}<t})$。但这不是一个有效的结果，因为在第一种情况下，模型应该预测 x_4，而在第二种情况下，模型应该预测 x_1。记住，虽然预测 x_1 和 x_4 在位置 3，但它们仍然保持其原来的位置编码。因此，可以修改当前公式来包含预测元素的位置信息（对 x_1 和 x_4 不同），但不包括实际的单词。换句话说，可以修改模型的任务，从"预测下一个单词"变成"假设知道单词的位置，预测下一个单词"。这样，两样本分解顺序的公式就不一样了。修正公式如下：

$$P_\theta(X_{z_i} = x \mid \boldsymbol{x}_{z<t},) = \frac{\exp(e(x)^\mathrm{T} g\theta(\boldsymbol{x}_{z<t}, z_t))}{\sum_{x'} \exp(e(x')^\mathrm{T} g\theta(\boldsymbol{x}_{z<t}, z_t))}$$

这里 g_θ 是新的 transformer 函数，它还包含位置信息 z_t。作者提出了一种特殊的机制——双流自注意力机制来解决这一问题。顾名思义，它由两种组合的注意力机制组成：

- 内容表示 $h_\theta(\boldsymbol{x}_{z<t})$，这是已经熟悉的注意力机制。该表示对上下文和内容本身进行编码。
- 查询表示 $g_\theta(\boldsymbol{x}_{z<t}, z_t)$，这只能访问上下文信息 $\boldsymbol{x}_{z<t}$ 和位置 z_t，但不能访问内容

x_{z_i}，正如先前提到的。

可以查阅原始论文以了解更多细节。下一节实现一个 transformer 语言模型的基本示例。

8.4.4　使用 transformer 语言模型生成文本

本节采用 Hugging Face 发布的 `transformers 2.1.1` 库（https：//huggingface.co/transformers/）实现一个基本的文本生成示例。这是一个实现了不同的 transformer 语言模型的流行且维护良好的开源包，它包括 BERT、transformer-XL、XLNet、OpenAI GPT、GPT-2 等。使用一个预先训练好的 transformer-XL 模型根据初始输入序列生成新文本，目的是尝试使用这个库：

1）从导入开始：

```
import torch
from transformers import TransfoXLLMHeadModel, TransfoXLTokenizer
```

`TransfoXLLMHeadModel` 和 `TransfoXLTokenizer` 短语是 transformer-XL 语言模型及其对应的编译器的实现。

2）初始化设备并实例化 `model` 和 `tokenizer`。注意，我们使用 `transfo-xl-wt103` 预训练的参数集，可以在库中获得它：

```
device = torch.device("cuda:0" if torch.cuda.is_available() else
"cpu")

# Instantiate pre-trained model-specific tokenizer and the model
itself

    tokenizer = TransfoXLTokenizer.from_pretrained('transfo-xl-wt103')
    model = TransfoXLLMHeadModel.from_pretrained('transfo-xl-
wt103').to(device)
```

3）指定初始序列，对其进行分词，并将其转化为与模型兼容的输入 `tokens_ten-sor`，其中包含一系列 token：

```
text = "The company was founded in"
tokens_tensor = \
    torch.tensor(tokenizer.encode(text)) \
        .unsqueeze(0) \
        .to(device)
```

4）使用这个 token 来启动一个循环，在这个循环中，模型将为序列生成新的 token：

```
mems = None  # recurrence mechanism

predicted_tokens = list()
for i in range(50):  # stop at 50 predicted tokens
    # Generate predictions
    predictions, mems = model(tokens_tensor, mems=mems)
```

```
# Get most probable word index
predicted_index = torch.topk(predictions[0, -1, :], 1)[1]

# Extract the word from the index
predicted_token = tokenizer.decode(predicted_index)

# break if [EOS] reached
if predicted_token == tokenizer.eos_token:
    break

# Store the current token
predicted_tokens.append(predicted_token)

# Append new token to the existing sequence
tokens_tensor = torch.cat((tokens_tensor,
predicted_index.unsqueeze(1)), dim=1)
```

从 token tokens_tensor 的初始序列开始循环。模型使用它来生成 predictions（对词表的所有 token 使用 softmax）和 mems（为循环关系存储以前的隐藏解码器状态的变量）。提取最可能的单词的索引 predicted_index，并将其转换为词表 token predicted_token。然后，将其附加到现有的 tokens_tensor 中，并使用新的序列再次初始化循环。循环要么在 50 个 token 之后结束，要么在到达特殊的［EOS］token 时结束。

5）显示结果：

```
print('Initial sequence: ' + text)
print('Predicted output: ' + " ".join(predicted_tokens))
```

该程序的输出如下：

```
Initial sequence: The company was founded in
Predicted output: the United States .
```

这个例子结束了关于注意力模型的长篇介绍。

8.5　总结

本章主要讨论 seq2seq 模型和注意力机制。首先，讨论并实现了一个规则的循环编码器-解码器 seq2seq 模型，并学习了如何用注意力机制对其进行补充。然后，讨论并实现了一种完全基于注意力的模型类型，称为 transformer。还在其上下文中定义了多头注意力。接下来讨论了 transformer 语言模型（例如 BERT、transformer-XL 和 XLNet）。最后使用 transformers 库实现了一个简单的文本生成示例。

本章总结了重点关注自然语言处理的系列章节。下一章讨论深度学习的一些新趋势，这些趋势尚未完全成熟，但在未来具有巨大的潜力。

第四部分

展 望 未 来

本部分讨论一些最近的 DL 技术，这些技术虽然还没有被广泛采用，但仍然很有前景。

第 **9** 章

新兴的神经网络设计

本章研究一些新兴的神经网络（NN）设计。它们还没有成熟，但拥有潜力，因为它们试图克服现有 DL 算法的基本限制。如果有一天，这些技术中的任何一项被证明是成功的，并在实际应用中发挥作用，我们可能会离人工通用智能更近一步。

需要记住的一件事是结构化数据的本质。到目前为止，本书关注的是处理图像或文本，即非结构化数据。这不是巧合，因为一方面神经网络擅长在像素或文本序列的组合中寻找结构这一看似复杂的任务。另一方面，当涉及社交网络图或大脑连接等结构化数据时，ML 算法（如梯度增强树或随机森林）的表现似乎与神经网络算法不相上下，甚至更好。本章将介绍图神经网络以处理任意结构的图。

循环神经网络（RNN）显示了神经网络的另一个局限性。理论上，这是最强大的神经网络模型之一，因为它们是图灵完备的，这意味着 RNN 在理论上可以解决任何计算问题。但实际情况往往并非如此。RNN（甚至长短期记忆（LSTM））难以在长时间内携带信息。一个可能的解决方案是用外部可寻址内存扩展 RNN。我们将在本章中看到如何做到这一点。

本章的主题并没有脱离本书的其他主题。事实上，要讨论的新的网络架构是基于前面讲过的很多算法的。这些包括卷积、RNN 和注意力模型，以及其他模型。

9.1 GNN 介绍

在学习图神经网络（GNN）之前，先看看为什么需要图网络。首先定义一个图，它是一组对象（也称为**节点**或**顶点**），其中一些成对的对象之间有连接（或边）。

 本节会使用一些综述论文作为参考，其中最著名的是 "A Comprehensive Survey on Graph Neural Networks"（https://arxiv.org/abs/1901.00596），其中包含一些引用和图片。

图具有以下属性：
- 用 $G=(V, E)$ 表示图，其中 V 是节点的集合，E 是边的集合。

- 表达式 $e_{i,j}=(v_i，v_j)\in E$ 描述了两个节点 $v_i，v_j\in V$ 之间的一条边。
- 一个邻接矩阵 $\boldsymbol{A}\in\mathbb{R}^{n\times n}$，其中 n 为图的节点数。如果一条边 $e_{i,j}=(v_i，v_j)$ 存在，那么 $a_{i,j}=1$；如果它不存在，那么 $a_{i,j}=0$。
- 当图的边有方向时，图是**有向**的；反之，图是**无向**的。无向图的邻接矩阵是对称的，即 $\boldsymbol{A}=\boldsymbol{A}^{\mathrm{T}}$。有向图的邻接矩阵是不对称的，即 $\boldsymbol{A}\neq\boldsymbol{A}^{\mathrm{T}}$。
- 图可以是**有环**的，也可以是**无环**的。顾名思义，循环图至少包含一个循环，即只有第一个节点和最后一个节点相同的节点的非空路径。无环图不包含循环。
- 图边和节点都可以有相关的属性，称为特征向量。用 $\boldsymbol{x}_v\in\mathbb{R}^d$ 表示节点 v 的 d 维特征向量。如果一个图有 n 个节点，可以把它们表示成一个矩阵 $\boldsymbol{X}\in\mathbb{R}^{n\times d}$。类似地，每个边的属性都是一个 c 维特征向量，表示为 $\boldsymbol{x}_{v,u}^e\in\mathbb{R}^c$，其中 v 和 u 都是节点。可以用矩阵 $\boldsymbol{X}^e\in\mathbb{R}^{n\times c}$ 来表示图的边的属性集。

下图为五个节点的有向图及其对应的邻接矩阵。

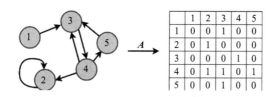

五个节点的有向图及其对应的邻接矩阵 $\boldsymbol{A}\in\mathbb{R}^{5\times5}$

图是一种通用的数据结构，非常适合在许多真实场景中组织数据。以下是一些简略的例子：

- 可以使用图来表示社交网络中的用户（节点）和其朋友（边）。事实上，这就是 Facebook 对其社交图所做的事情（"The Anatomy of the Facebook Social Graph"，https：//arxiv.org/abs/1111.4503）。
- 可以用图来表示分子，节点是原子，边是原子之间的化学键。
- 可以将街道网络（一个经典的例子）表示为图，其中街道是边，它们的交叉点是节点。
- 在电子商务中，可以将用户和项目表示为节点，将它们之间的关系表示为边。

接下来讨论一下可以用图解决的任务类型，大致可分为三类：

- **专注节点**：单个节点的分类和回归。例如，在著名的 Zachary 空手道俱乐部问题（https：//en.wikipedia.org/wiki/Zachary%27s_karate_club）中有很多空手道俱乐部的成员（节点）和他们之间的友谊（边）。最初，俱乐部只有一位教练，所有的成员在这位教练的指导下组成一个小组进行训练。后来，俱乐部分成两组，分别有两个教练。假设所有的成员都选择加入两个组中的一个，目标是在考虑最后一个未决定的成员与其他成员的友谊下，哪个组会选择他。
- **专注边**：对图的单个边进行分类和回归。例如，可以预测在社交网络中的两个人互相认识的可能性有多大。换句话说，任务是确定两个图节点之间是否存在一条边。

- **专注图**：全图的分类与回归。例如，给定一个用图表示的分子，就可以预测这个分子是否有毒。

接下来介绍一下 GNN 的主要训练框架：

- **有监督**：所有训练数据都有标签。可以在节点、边和图层次上应用监督学习。
- **无监督**：这里的目标是学习某种形式的图嵌入。例如，使用自编码器（将在本章后面讨论这个场景）。可以在节点、边和图级别上应用无监督学习。
- **半监督**：这通常应用于节点级别，有些图节点被标记，有些则没有。半监督学习特别适合图，因为可以做一个简单的（但通常是正确的）假设，即相邻的节点可能有相同的标签。例如，假设有两个相邻的连接节点。其中一个包含一辆汽车的图像，另一个包含一辆卡车的图像。假设卡车节点标记为车辆，而汽车节点未标记。假设汽车节点也是车辆，因为它接近另一个车辆节点（卡车）。在 GNN 中有多种方法可以利用这个图属性，在此列出其中的两个（它们并不相互排斥）：

  - 通过将图的邻接矩阵作为输入提供，隐式地使用此属性。网络将发挥它的作用，并有希望推断出近邻的节点很可能有相同的标签，从而通过额外的信息提高预测的准确率。本章中讨论的大多数 GNN 都使用这种机制。
  - **标签传播**，这里可以使用带标签的节点作为种子，根据它们与带标签的节点的接近程度，将标签分配给未带标签的节点。通过以下步骤，可以用一种迭代的方式来进行收敛：
    1) 从种子标签开始。
    2) 对于所有图节点（种子除外），根据其相邻节点的标签分配一个标签。这一步为整个图创建了一个新的标签配置，基于修改后的近邻的标签，其中一些节点可能需要一个新的标签。
    3) 满足收敛准则时停止标签传播，否则，重复步骤 2。

将这个对图的简短介绍作为接下来几节的基础，接下来讨论各种专注图的神经网络模型。GNN 领域相对较新，在计算机视觉中还没有完美的类似卷积神经网络（CNN）的模型。相反，我们有具有不同属性的不同模型，它们中的大多数属于一些通用的类别，人们试图创建一个足够通用的框架以将它们全部组合起来。本书的目的不是发明新的模型或模型分类标准，而是介绍一些现有的模型。

9.1.1 循环 GNN

本节将从**图神经网络**（GraphNN，见 "The Graph Neural Network Model"，https：//ieeexplore. ieee. org/document/4700287）开始。虽然论文作者将模型简称为 GNN，但为了避免与缩写 GNN 发生冲突，我们使用 GraphNN 来指代它，GNN 是留给图网络的通用类使用的。GraphNN 是第一批被提出的 GNN 模型之一，它扩展了现有的神经网络来处理图结构的数据。就像使用一个单词的上下文（即它周围的单词）来创建嵌入向量一样（见第 6 章），也可以使用一个节点的邻接图节点来做同样的事情。GraphNN 的目标是基于节点的近邻创建节点 v 的 s 维向量状态 $\boldsymbol{h}_v \in \mathbb{R}^s$。与语言建模类似，向量状态可以作为其他任务的输入，比如节点分类。

通过循环地交换近邻信息来更新节点的状态，直到达到稳定的平衡。用 $N(v)$ 表示节点 v 的近邻的集合，用 u 表示该近邻的单个节点。节点的隐藏状态按下式循环地更新：

$$h_v^{(t)} = \sum_{u \in \mathcal{N}(v)} f(x_v, x_{(u,v)}^e, x_u, h_u^{(t-1)})$$

其中 f 是一个参数函数（例如**前馈神经网络（FFNN）**），并且每个状态 $h_v^{(0)}$ 都是随机初始化的。参数函数 f 以 v 的特征向量 x_v、它的近邻 u 的特征向量 x_u、连接 u 和 v 的边的特征向量 $x_{u,v}^e$ 和第 $t-1$ 步的 u 的状态向量 $h_u^{(t-1)}$ 作为输入。换句话说，f 使用了关于 v 的近邻的所有已知信息。表达式 $h_v^{(t)}$ 是对所有近邻节点应用的 f 的总和，这使 GraphNN 可以独立于近邻节点的数量及其顺序。函数 f 对于该过程的所有步骤都是相同的（即具有相同的权重）。

注意，有一个迭代（或循环）过程，其中第 t 步的状态是基于前面所有到 $t-1$ 的步骤数，如下图所示。

特征向量状态更新的循环过程；对于所有步骤，**Grec** 循环层是相同的（即权重相同）。

来源：https://arxiv.org/abs/1901.00596

这个过程一直持续到达到稳定的平衡。为了实现这一点，函数 f 必须是一个收缩映射。再说清楚点，当应用于任意两点（或值）A 和 B 时，一个收缩映射函数 f 满足条件 $|f(A)-f(B)| \leqslant \gamma |A-B|$，其中 γ 是一个标量值并且 $0 \leqslant \gamma < 1$。换句话说，收缩映射缩小映射后两点之间的距离。这确保了对于任何初始值 $h_v^{(0)}$，系统将（以指数速度）收敛到平衡状态向量 h_v。可以将神经网络修改为一个收缩函数，但这超出了本书的范围。

现在有了隐藏状态，可以将其用于诸如节点分类之类的任务。可以用以下公式表示：

$$o_v = g(x_v, h_v)$$

其中，h_v 是达到平衡后的状态，g 是参数函数（例如，用于分类任务的使用 softmax 激活的全连接层）。

接下来讨论如何训练这个 GraphNN，对于一些或所有的图节点，给定一组训练标签 t_i 和一个大小为 m 的小批量。为了训练这个 GraphNN，需要执行以下步骤：

1）按照刚才描述的循环过程，计算所有 m 个节点的 h_v 和 o_v。

2）计算损失函数（t_i 为节点 i 的标签）：

$$J = \sum_{i=1}^{m} (t_i - o_i)$$

3）将损失反向传播。注意，将步骤 1 的节点状态更新与当前步骤的梯度传播交替进行，可以使 GraphNN 处理循环图。

4）更新组合网络 $g(f)$ 的权重。

GraphNN 有一些局限性，其中之一是计算平衡状态向量 h_v 的效率不高。此外，正如之前在本节中提到的，GraphNN 使用相同的参数（权重）更新所有步骤 t 的 h_v。相比之下，其他的神经网络模型可以使用具有不同权重集合的多层堆叠层，这有可能捕获数据的层次结构，它也允许在一次前向传递中计算 h_v。最后，值得一提的是，尽管计算是一个循环过程，但 GraphNN 并不是一个循环网络。

门控图神经网络（**GGNN**，https://arxiv.org/abs/1511.05493）模型借助**门控循环单元**（**GRU**，更多信息见第 7 章）作为循环函数来尝试克服这些限制。可以这样定义 GGNN：

$$h_v^{(t)} = \mathrm{GRU}\Big(h_v^{(t-1)}, \sum_{u \in \mathcal{N}(v)} WH_u^{(t)}\Big)$$

其中，$h_v^{(0)} = x_v$。再说清楚一点，GGNN 根据其相同步骤 t 的相邻状态 $h_u^{(t)}$ 和之前的隐藏状态 $h_v^{(t-1)}$ 来更新状态。

从历史的角度来看，GraphNN 是最早的 GNN 模型之一。但正如前面提到的，它们有一些局限性。下一节讨论卷积图网络，这是一个更新的发展方向。

9.1.2 卷积图神经网络

卷积图神经网络（**ConvGNN**）使用一组特殊的图卷积层（Gconv*）在更新状态向量时对图的节点进行卷积。与 GraphNN 类似，图的卷积获取一个节点的近邻并生成它的向量表示 h_v。但是 GraphNN 在计算 $h_v^{(t)}$ 的所有步骤 t 上使用相同的层（即相同的权重集），而 ConvGNN 在每一步使用不同的层。下图说明了这两种方法之间的区别。

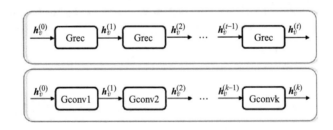

顶部：GraphNN 在所有步骤 t 上使用相同的 Grec 循环层。底部：ConvGNN 为每一步
使用一个不同的 Gconv* 层。来源：https://arxiv.org/abs/1901.00596

通过 ConvGNN，将网络的深度定义为步长 t。虽然我们将从一个稍微不同的角度来讨论这个问题，但 ConvGNN 的行为就像一个常规的 FFNN，只是使用了图卷积。通过多层叠加，每个节点最终的隐藏表示接收到来自更远近邻的消息，如下图所示。

该图显示了两种场景：

● 节点级（顶部），其中每个卷积层（包括最后一层）的输出是图中每个节点的一个向量。可以对这些向量执行节点级操作。

● 图级（底部），它交替进行图卷积和池化操作，以读出层结束，然后是几个全连接层，这些层汇总整个图以产生单个输出。

现在已经对 ConvGNN 有了一个高层次的概述，下一节将讨论图卷积（之后将讨论读出层和池化层）。

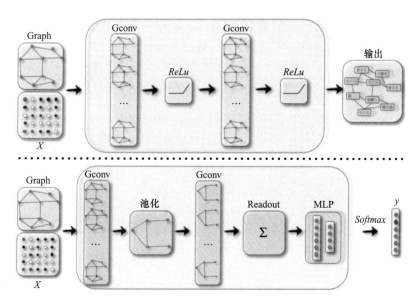

顶部：节点级分类 GraphCNN。底部：图级分类 GraphCNN。
来源：https://arxiv.org/abs/1901.00596

基于谱的卷积

有各种各样的图卷积（见 "A Comprehensive Survey on Graph Neural Networks"），但是本节将讨论来自 "Semi-Supervised Classification with Graph Convolutional Networks"（https://arxiv.org/abs/1609.02907）的算法。我们用 GCN 表示这个卷积，以避免与通用的 ConvGNN 表示混淆，后者指的是一般的图卷积网络。GCN 是所谓的**基于谱的（spectral-based）**的 ConvGNN 的代表。这些算法从图形信号处理的角度引入过滤器来定义图卷积，其中图卷积操作被解释为从图形信号中去除噪声。

之前已经定义了隐藏节点状态 $h_v^{(t)}$，注意在 GGNN 中 $h_v^{(t)} = x_v$。通过将图中所有节点的隐藏向量状态叠加到一个矩阵 $H \in \mathbb{R}^{n \times d}$ 中来扩展这个表示，其中 n 是图中的节点总数，d 是特征向量的大小。矩阵的每一行表示单个节点的隐藏状态。那么，可以将第 $l+1$ 步中单个 GCN 层的通用公式定义为：

$$H^{(l+1)} = f(H^{(l)}, A)$$

这里，A 是邻接矩阵，f 是非线性激活（例如 ReLU），$H^{(0)} = X$（特征向量矩阵）。因为

$\boldsymbol{h}_v^{(0)}$ 和 $\boldsymbol{x}_v$ 有相同的大小，所以 $\boldsymbol{H}^{(0)}$ 与节点特征矩阵 $\boldsymbol{X}$ 的维数相同。然而，$\boldsymbol{H}^{(l)} \in \boldsymbol{R}^{n \times z}$，其中 z 是隐藏状态向量 $\boldsymbol{h}_v^{(l)}$ 的大小，并不一定与初始 d 相同。

继续使用一个简化但具体的 GCN 版本：

$$f(\boldsymbol{H}^{(l)}, \boldsymbol{A}) = \sigma(\boldsymbol{A}\boldsymbol{H}^{(l)}\boldsymbol{W}^{(l)})$$

这里的 $\boldsymbol{W}^{(l)} \in \mathbb{R}^{z_l \times z_{l+1}}$ 是权重矩阵，σ 是 sigmoid 函数。由于邻接矩阵 $\boldsymbol{A}$ 以矩阵形式表示该图，可以通过一次操作计算该层的输出。$\boldsymbol{A}\boldsymbol{H}^{(l)}$ 操作允许每个节点从其相邻节点接收输入（它还允许 GCN 同时处理有向图和无向图）。通过一个例子来讨论它是如何工作的。使用之前介绍的五节点图。为了可读性，为每个节点分配一个等于节点编号 $[\boldsymbol{h}_1^{(l)} = 1,\ \boldsymbol{h}_2^{(l)} = 2,\ \boldsymbol{h}_3^{(l)} = 3,\ \boldsymbol{h}_4^{(l)} = 4,\ \boldsymbol{h}_5^{(l)} = 5]$ 的一维向量隐藏状态 $\boldsymbol{h}_v$。然后可以用以下公式来计算示例：

$$\boldsymbol{A}\boldsymbol{H}^{(l)} = \begin{bmatrix} 0 & 0 & 1 & 0 & 0 \\ 0 & 1 & 0 & 0 & 0 \\ 0 & 0 & 0 & 1 & 0 \\ 0 & 1 & 1 & 0 & 1 \\ 0 & 0 & 1 & 0 & 0 \end{bmatrix} \cdot \begin{bmatrix} 1 \\ 2 \\ 3 \\ 4 \\ 5 \end{bmatrix} = \begin{bmatrix} 0*1+0*2+1*3+0*4+0*5 \\ 0*1+1*2+0*3+0*4+0*5 \\ 0*1+0*2+0*3+1*4+0*5 \\ 0*1+1*2+1*3+0*4+1*5 \\ 0*1+0*2+1*3+0*4+0*5 \end{bmatrix} = \begin{bmatrix} 3 \\ 2 \\ 4 \\ 10 \\ 3 \end{bmatrix}$$

可以看到为什么 $\boldsymbol{h}_4^{(l)} = 10$，因为它从节点 2、3 和 5 接收输入。如果 $\boldsymbol{h}_v$ 有更多维度，则输出向量的每个单元为输入节点状态向量对应的单元的和：

$$\boldsymbol{h}_v^{(l+1)} = \begin{bmatrix} a_{v,1}\boldsymbol{h}_{1,1}^{(l)} + a_{v,2}\boldsymbol{h}_{2,1}^{(l)} + \cdots + a_{v,n}\boldsymbol{h}_{z,1}^{(l)} \\ a_{v,1}\boldsymbol{h}_{1,2}^{(l)} + a_{v,2}\boldsymbol{h}_{2,2}^{(l)} + \cdots + a_{v,n}\boldsymbol{h}_{z,2}^{(l)} \\ \cdots \\ a_{v,1}\boldsymbol{h}_{1,n}^{(l)} + a_{v,2}\boldsymbol{h}_{2,n}^{(l)} + \cdots + a_{v,n}\boldsymbol{h}_{z,n}^{(l)} \end{bmatrix}$$

这里，$a_{v,i}$ 是邻接矩阵的单元。

虽然这个解决方案是优雅的，但它有两个限制：

- 并非所有节点都从它们自己以前的状态接收输入。在前面的示例中，只有节点 2 从自身获取输入，因为它有一条循环边（这条边将节点与自身连接起来）。这个问题的解决方案是人为地为所有节点创建循环边，将邻接矩阵主对角线上的所有值设置为 1：$\hat{\boldsymbol{A}} = \boldsymbol{A} + \boldsymbol{I}$。在这个等式中，$\boldsymbol{I}$ 是单位矩阵，它的主对角线上都是 1，其他单元都是 0。

- 由于 $\boldsymbol{A}$ 未归一化，相邻节点数量较多的节点的状态向量与相邻节点数量较少的节点的状态向量的规模变化方式不同。可以在前面的示例中看到这一点，其中 $\boldsymbol{h}_4^{(l)} = 10$ 比其他节点更大，因为节点 4 的近邻有 3 个节点。这个问题的解决方法是将邻接矩阵归一化，使一行中所有元素之和为 1：$a_{v,1} + a_{v,2} + \cdots + a_{v,n} = 1$。可以通过将 $\boldsymbol{A}$ 乘以逆度矩阵 $\boldsymbol{D}^{-1}$ 来实现。度矩阵 $\boldsymbol{D}$ 是一个对角矩阵（也就是说，除了主对角线之外的所有元素都是零），它包含每个节点的度信息。将一个节点的近邻数作为该节点的度。例如，示例图的度矩阵如下。

$$\boldsymbol{D} = \begin{bmatrix} 1 & 0 & 0 & 0 & 0 \\ 0 & 1 & 0 & 0 & 0 \\ 0 & 0 & 1 & 0 & 0 \\ 0 & 0 & 0 & 3 & 0 \\ 0 & 0 & 0 & 0 & 1 \end{bmatrix}$$

因此，$\boldsymbol{D}^{-1}\boldsymbol{A}$ 变成如下。

$$\boldsymbol{D}^{-1}\boldsymbol{A} = \begin{bmatrix} 1 & 0 & 0 & 0 & 0 \\ 0 & 1 & 0 & 0 & 0 \\ 0 & 0 & 1 & 0 & 0 \\ 0 & 0 & 0 & \frac{1}{3} & 0 \\ 0 & 0 & 0 & 0 & 1 \end{bmatrix} \cdot \begin{bmatrix} 0 & 0 & 1 & 0 & 0 \\ 0 & 1 & 0 & 0 & 0 \\ 0 & 0 & 0 & 1 & 0 \\ 0 & 1 & 1 & 0 & 1 \\ 0 & 0 & 1 & 0 & 0 \end{bmatrix} = \begin{bmatrix} 0 & 0 & 1 & 0 & 0 \\ 0 & 1 & 0 & 0 & 0 \\ 0 & 0 & 0 & 1 & 0 \\ 0 & \frac{1}{3} & \frac{1}{3} & 0 & \frac{1}{3} \\ 0 & 0 & 1 & 0 & 0 \end{bmatrix}$$

该机制为每个相邻节点分配相同的权重。在实践中，论文作者发现使用对称归一化 $\boldsymbol{D}^{-\frac{1}{2}}\boldsymbol{A}\boldsymbol{D}^{-\frac{1}{2}}$ 的效果更好。

结合这两个改进，GCN 公式的最终形式为：

$$f(\boldsymbol{H}^{(l)}, \boldsymbol{A}) = \sigma(\hat{\boldsymbol{D}}^{-\frac{1}{2}} \hat{\boldsymbol{A}} \hat{\boldsymbol{D}}^{-\frac{1}{2}} \boldsymbol{H}^{(l)} \boldsymbol{W}^{(l)})$$

注意，刚才描述的 GCN 只包括作为上下文的节点的近邻。每一堆叠层都有效地将节点的感受野增加 1，超过其近邻。ConvGNN 第二层的感受野包括相邻的节点，第二层的感受野包括距离当前节点两跳的节点，以此类推。

下一节研究图卷积操作的第二大类，称为基于空间的卷积。

基于空间的卷积

第二类 ConvGNN 是基于空间的方法，灵感来自计算机视觉卷积（见第 2 章）。可以把图像想象成一个图，其中每个像素都是一个节点，直接连接到它的近邻像素（下图中左边的图）。例如，用 3×3 作为过滤器，每个像素的邻域由 8 个像素组成。图卷积中，在 3×3 的块上使用 3×3 的加权过滤器，得到的结果是所有 9 个像素的强度的加权和。同理，基于空间的图卷积，将中心节点的表示与近邻节点的表示进行卷积，得到中心节点的更新表示，如下图右图所示。

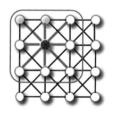 

左：像素网格上的 2D 卷积。右：空间图卷积。来源：https://arxiv.org/abs/1901.00596

一般的基于空间的卷积在某种程度上类似于 GCN，因为这两种操作都依赖于图的近邻。GCN 使用逆度矩阵来为每个近邻分配权重。空间卷积使用卷积过滤器来实现同样的目的。两者的主要区别在于，GCN 中，权重是固定的并且是归一化的，而空间卷积的过滤器权重是可学习的并且是未归一化的。某种意义上，也可以把 GCN 看作一种基于空间的方法。

继续介绍一种特殊的基于空间的模型，叫作**图注意力网络（GAT**，更多信息参见 https://arxiv.org/abs/1710.10903）。它使用一个特殊的图自注意力层来实现图卷积。GAT 没有学习卷积过滤器或使用平均邻接矩阵作为 GCN，而是使用自注意力机制的注意力分数来为每个相邻节点分配权重。GAT 层是图注意力网络的主要组成部分，它由多个 GAT 层堆叠组成。与 GCN 一样，每增加一层都会增大目标节点的感受野。

与 GCN 类似，GAT 层以一组节点特征向量 $\boldsymbol{H}^{(l)} \in \mathbb{R}^{n \times z_l}$ 作为输入，并输出一组不同的特征向量 $\boldsymbol{H}^{(l+1)} \in \mathbb{R}^{n \times z_{l+1}}$，但不一定具有相同的基。按照第 8 章中概述的步骤，操作从计算两个相邻节点的特征向量 $\boldsymbol{h}_i^{(l)}$ 和 $\boldsymbol{h}_j^{(l)}$ 之间的对齐分数开始：

$$e_{ij} = f_a(\boldsymbol{W}^{(l)}\boldsymbol{h}_i, \boldsymbol{W}^{(l)}\boldsymbol{h}_j)$$

这里的 $\boldsymbol{W}^{(l)} \in \boldsymbol{R}^{z_{l+1} \times z_l}$ 是一个权重矩阵，它将输入向量转换为输出向量的基，并提供必要的可学习参数。f_a 表达式是一个简单的 FFN，具有单层和 LeakyReLU 激活，由权重向量 $\boldsymbol{a} \in \mathbb{R}^{2z_{l+1}}$ 参数化，实现了加性注意机制：

$$f_a = \text{LeakyBeLU}(\boldsymbol{a}^{\mathrm{T}}[\boldsymbol{W}^{(l)}\boldsymbol{h}_i, \boldsymbol{W}^{(l)}\boldsymbol{h}_j])$$

这里的 $[\boldsymbol{W}^{(l)}\boldsymbol{h}_i, \boldsymbol{W}^{(l)}\boldsymbol{h}_j]$ 表示串联。如果不施加任何限制，每个节点将能够关注图中的所有其他节点，而不管它们与目标节点的接近程度如何。然而，只对近邻的节点感兴趣。GAT 的作者提出用掩码注意力来解决这一问题，即掩码覆盖所有不是目标节点近邻的节点。用 N_i 表示节点 i 的近邻。

接下来，使用 softmax 计算注意力分数。下面是通用公式和带 f_a 的公式（只适用于紧邻的近邻）：

$$\alpha_{i,j} = \text{softmax}(e_{i,j}) = \frac{\exp(e_{i,j})}{\sum_{k \in N_i} \exp(e_{i,k})}$$

$$\alpha_{i,j} = \frac{\exp(\text{LeakyReLU}(\boldsymbol{a}^{\mathrm{T}}[\boldsymbol{W}^{(l)}\boldsymbol{h}_i, \boldsymbol{W}^{(l)}\boldsymbol{h}_j]))}{\sum_{k \in N_i} \exp(\text{LeakyReLU}(\boldsymbol{a}^{\mathrm{T}}[\boldsymbol{W}^{(l)}\boldsymbol{h}_i, \boldsymbol{W}^{(l)}\boldsymbol{h}_k]))}$$

一旦有了注意力分数，可以用它来计算每个节点的最终输出特征向量（在第 8 章中称之为上下文向量），它是所有近邻的输入特征向量的加权组合：

$$\boldsymbol{h}_i^{(l+1)} = \sigma\left(\sum_{j \in N_i} \alpha_{i,j} \boldsymbol{W}\boldsymbol{h}_j^{(l)}\right)$$

在这里，σ 是 sigmoid 函数。论文作者还发现，多头注意力对模型的性能有好处：

$$\boldsymbol{h}_i^{(l+1)} = \mathrm{Concat}_{k=1}^K \left(\sigma \Big(\sum_{j \in \mathcal{N}_i} \alpha_{i,j}^k \boldsymbol{W}^{(l)(k)} \boldsymbol{h}_j^{(l)} \Big) \right)$$

在这里，k 是每个头的索引（总共有 k 个头），$\alpha_{i,j}^k$ 是每个注意力头的注意力分数，$\boldsymbol{W}^{(l)(k)}$ 是每个注意力头的权重矩阵。因为 $\boldsymbol{h}_i^{(l+1)}$ 是串联的结果，它的基数是 $k \times z_{l+1}$。因此，在网络的最后注意层中串联是不可能的。为了解决这个问题，论文作者建议对最后一层的注意力头的输出（用索引 L 表示）进行平均：

$$\boldsymbol{h}_i^{(L)} = \sigma \left(\frac{1}{K} \sum_{k=1}^K \sum_{j \in \mathcal{N}_i} \alpha_{i,j}^k \boldsymbol{W}^{(L-1)(k)} \boldsymbol{h}_j^{(L-1)} \right)$$

下图显示了 GAT 上下文中一般注意力和多头注意力的比较。在左边的图像中，可以看到在两个节点和 i、j 之间应用的一般注意力机制。在右边的图像中，可以看到节点 1 与其邻域 $k=3$ 的头的多头注意力。聚合的特征或者是串联的（对于所有隐藏的 GAT 层）或者是平均的（对于最终的 GAT 层）。

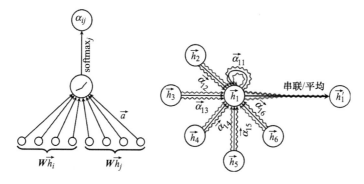

左：在两个以上节点的一般注意力；右：节点 1 及其邻域的多头注意力。
来源：https://arxiv.org/abs/1710.10903

一旦有了最后一个 GAT 层的输出，就可以使用它作为下一个特定任务的层的输入。例如，这可以是一个具有节点分类 softmax 激活的全连接层。

在结束关于 ConvGNN 的讨论之前，讨论一下还未讨论的最后两个组件。第一个是图级分类示例中介绍的读出层。将最后一个图卷积层 $\boldsymbol{H}^{(L)}$ 的所有节点状态作为输入并输出一个总结整个图的向量。可以将其正式定义为：

$$\boldsymbol{h}_G = R(\boldsymbol{h}_v^{(L)}, v \in G)$$

其中 G 表示图节点集合，R 为读出函数。有多种方法可以实现它，但最简单的方法是取所有节点状态的元素之和或平均值。

我们看到的下一个（也是最后一个）ConvGNN 组件是池操作。有多种方法使用它，但最简单的是使用相同的最大/平均池操作，就像计算机视觉卷积中做的：

$$\boldsymbol{h}_G = \mathrm{mean/max/sum}(\boldsymbol{h}_1^{(l)}, \boldsymbol{h}_2^{(l)}, \cdots, \boldsymbol{h}_p^{(l)})$$

此处，p 表示池化窗口的大小。如果池化窗口包含整个图，则池化与读出类似。

关于 ConvGNN 的讨论结束了，下一节讨论图自编码器，它提供了一种生成新图的方法。

9.1.3 图自编码器

快速回顾一下在第 5 章中介绍的自编码器。一个自编码器是一个 FFN，试图复制它的输入（更准确地说，它试图学习一个恒等函数 $h_{w,w'}(x)=x$。可以把自编码器看作是两个组件的虚拟组合——**编码器**将输入数据映射到网络的内部潜在特征空间（表示为向量 z），而**解码器**试图从网络的内部数据表示中重构输入。可以通过最小化损失函数（称为**重构误差**），以一种无监督的方式训练自编码器，它测量原始输入和重构之间的距离。

图自编码器（GAE） 与自编码器类似，区别在于编码器将图节点映射到自编码器的潜在特征空间，然后解码器尝试从中重构特定的图特征。这一节讨论在 "Variational Graph Auto-Encoders"（https://arxiv.org/abs/1611.07308）中介绍的 GAE 变体。它还概述了 GAE 的变化版本（VGAE）。下图显示了一个示例 GAE。

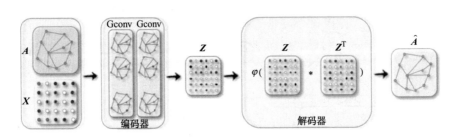

图自编码器的一个示例。来源：https://arxiv.org/abs/1901.00596

编码器是一个 GCN 模型，在 9.1.2 节中定义它以计算图节点的网络嵌入 $Z \in \mathbb{R}^{n \times d}$，其中共有 n 个节点的嵌入是一个 d 维向量 z。它以邻接矩阵 A 和节点特征向量集合 X 作为输入（与本章讨论的其他 GNN 模型相似）。编码器用以下公式表示：

$$z = \mathrm{GCN}_{enc}(X,A) = \mathrm{Gconv}(f(\mathrm{Gconv}(A,X;W_1));W_2)$$

在这里，W_1 和 W_2 是两个 GCN 图卷积的可学习参数（权重），f 是一个非线性激活函数，如 ReLU。尽管该算法可以在任意层上工作，但作者在论文中使用了两个卷积层。

解码器尝试重构图的邻接矩阵 $\hat{A}$：

$$\hat{A} = \sigma(ZZ^\mathrm{T})$$

在这里，σ 是 sigmoid 函数。它首先计算 Z 和它的转置之间的点（或内）积：ZZ^T。再说清楚一点，这个操作计算每个节点 i 的嵌入向量 z_i 与图中其他每个节点 j 的嵌入向量 z_j 的点积，如下例所示：

$$\boldsymbol{ZZ}^{\mathrm{T}} = \begin{bmatrix} z_{11} & z_{12} & \cdots & z_{1d} \\ z_{21} & z_{22} & \cdots & z_{2d} \\ \vdots & \vdots & \ddots & \vdots \\ z_{n1} & z_{n2} & \cdots & z_{nd} \end{bmatrix} \cdot \begin{bmatrix} z_{11} & z_{21} & \cdots & z_{n1} \\ z_{12} & z_{22} & \cdots & z_{n2} \\ \vdots & \vdots & \ddots & \vdots \\ z_{1d} & z_{2d} & \cdots & z_{nd} \end{bmatrix} = \begin{bmatrix} d_{11} & d_{12} & \cdots & d_{1n} \\ d_{21} & d_{22} & \cdots & d_{2n} \\ \vdots & \vdots & \ddots & \vdots \\ d_{n1} & d_{n2} & \cdots & d_{nn} \end{bmatrix}$$

正如第 1 章中提到的，可以把点积看作是向量之间的相似性度量。因此，$\boldsymbol{ZZ}^{\mathrm{T}}$ 度量每个可能的节点对之间的距离。这些距离是重构工作的基础。在此之后，解码器应用一个非线性激活函数，继续重构图的邻接矩阵。可以通过最小化重构的真实邻接矩阵之间的差异来训练 GAE。

接下来关注**变分图自编码器**（VGAE）。就像第 5 章中讨论的**变分自编码器**（VAE）一样，VGAE 是一个生成模型，可以生成新的图（更具体地说，生成新的邻接矩阵）。为了理解这一点，先简要回顾一下 VAE。与常规的自编码器不同，VAE 瓶颈层不会直接输出潜在向量。相反，它将输出两个向量，它们描述了潜在向量 z 分布的**均值** μ 和**方差** σ。用它们从一个高斯分布中采样一个与 z 的维度相同的随机向量 $\boldsymbol{\varepsilon}$。更具体地说，通过潜在分布的均值 μ 来改变 ε，并通过潜在分布的方差 σ 来放缩它：

$$z = \mu + \sigma \odot \boldsymbol{\varepsilon}$$

这种技术称为**重新参数化**技巧，允许随机向量拥有与原始数据集相同的均值和方差。

可以将 VGAE 看作是 GAE 和 VAE 的组合，因为它使用图输入（如 GAE）并遵循相同的原则来生成新数据（如 VAE）。首先，讨论分为两条路径的编码器：

$$\mu = \mathrm{GCN}_{\mu}(\boldsymbol{X}, \boldsymbol{A}) = \widetilde{\boldsymbol{A}}\mathrm{ReLU}(\widetilde{\boldsymbol{A}}\boldsymbol{X}\boldsymbol{W}_0)\boldsymbol{W}_{\mu}$$

$$\sigma = \mathrm{GCN}_{\sigma}(\boldsymbol{X}, \boldsymbol{A}) = \widetilde{\boldsymbol{A}}\mathrm{ReLU}(\widetilde{\boldsymbol{A}}\boldsymbol{X}\boldsymbol{W}_0)\boldsymbol{W}_{\sigma}$$

其中，权重 $\boldsymbol{W}_0$ 在各路径间共享，$\widetilde{\boldsymbol{A}}$ 是对称归一化邻接矩阵，$\boldsymbol{\mu}$ 是每个图节点的平均向量 μ_i 的矩阵，$\boldsymbol{\sigma}$ 是方差 σ_i 的矩阵。那么，全图的编码器推理步骤定义为所有图节点 i 的潜在表示的内积：

$$q_{\varphi}(\boldsymbol{Z} \mid \boldsymbol{X}, \boldsymbol{A}) = \prod_{i=1}^{n} q_{\varphi}(z_i \mid \boldsymbol{X}, \boldsymbol{A})$$

在这个公式中，n 为图中的节点数，$q_{\varphi}(z_i \mid \boldsymbol{X}, \boldsymbol{A})$ 表示真实概率分布 $p(z_i \mid \boldsymbol{X}, \boldsymbol{A})$ 的编码器近似分布，其中 φ 是网络参数（这里保留了第 5 章中的表示）。近似是一个高斯分布的节点特定的均值 μ_i 和对角协方差值 σ_i^2：

$$q_{\varphi}(\boldsymbol{Z}_i \mid \boldsymbol{X}, \boldsymbol{A}) = N(z_i \mid \mu_i, diag(\alpha_i^2))$$

接下来定义生成步骤，该步骤创建了新的邻接矩阵。它是随机潜向量的内积：

$$p_{\theta}(\boldsymbol{A} \mid \boldsymbol{Z}) = \prod_{i=1}^{n} \prod_{j=1}^{n} p_{\theta}(\boldsymbol{A}_{i,j} \mid z_i, z_j)$$

这里，$\boldsymbol{A}_{i,j}$ 指示在两个节点 i 和 j 之间是否存在边，$p_{\theta}(\boldsymbol{A}_{i,j} \mid z_i, z_j)$ 表示真实概率分布

$p(\boldsymbol{A}_{i,j}\,|\,\boldsymbol{z}_i\,,\boldsymbol{z}_j)$的解码器近似分布。使用已经熟悉的 VAE 损失来训练 VGAE。

$$L(\theta,\varphi\,;\boldsymbol{X}) = -\,D_{KL}(q_\varphi(\boldsymbol{Z}\,|\,\boldsymbol{X},\boldsymbol{A})\,\|\,p_\theta(\boldsymbol{Z})) + E_{q_\varphi(\boldsymbol{Z}|\boldsymbol{X},\boldsymbol{A})}[\log(p_\phi(\boldsymbol{A}|\boldsymbol{Z}))]$$

其中，第一项是 KL 散度，第二项是重构损失。

对 GAE 和 VGAE 的描述结束了，下一节讨论另一种图学习范式，它使混合结构化和非结构化数据作为网络输入成为可能。

9.1.4　神经图学习

此部分将描述神经图学习（NGL）范式（更多信息，请见 "Neural Graph Learning: Training Neural Networks Using Graphs"，https://storage. google – apis. com/pub – tools – public – publication – data/pdf/bbd774a3c6f13f05bf754e09aa45e7aa6faa08a8. pdf），它让基于带有结构化信号的非结构化数据的增强训练成为可能。更具体地说，我们将讨论**神经结构化学习**（**NSL**）框架（更多信息请访问 https：//www. tensorflow. org/neural_structured_learning/），它基于 TensorFlow 2.0 并实现了这些原则。

为了理解 NGL 是如何工作的，使用 CORA 数据集（https://relational. fit. cvut. cz/dataset/CORA），它由分为 7 类中的 1 类（这是数据集的非结构化部分）的 2708 个科学出版物组成。数据集中所有出版物中的唯一单词的数量（即词表）是 1433。每个发布都被描述为一个单一的 **multihot** 编码向量。这是一个大小为 1433 的向量（与词表相同），其中单元值为 0 或 1。如果一个发布包含词表的第 i 个单词，那么该发布的第 i 个单元的独热编码向量被设置为 1。如果该单词不在发布中，则单元设置为 0。这种机制保存了文章中出现的单词的信息，但不保存它们的顺序信息。数据集还包含一个有 5 429 次引用的有向图，其中节点是出版物，它们之间的边表示出版物 v 是否引用出版物 u（这是数据集的结构化部分）。

接下来，从下图开始讨论 NGL 本身。

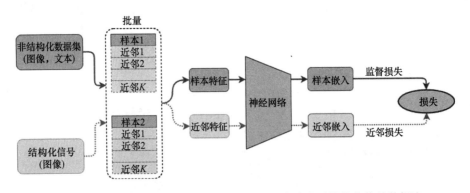

NGL 框架：实线显示非结构化的输入数据流，虚线表示结构化信号数据流，灵感来自：https://www. tensorflow. org/neural_structured_learning/framework

作为常规神经网络训练框架的一种封装，它可以应用于任何类型的网络，包括 FFN 和 RNN。例如，可以有一个常规的 FFN，它以 multihot 编码的发布向量作为输入，并尝试使用 softmax 输出将其分类为 7 个类中的 1 个，如上图的实线所示。NGL 允许我们用引用提供的结构化数据来扩展这个网络，如虚线所示。

它是如何工作的？首先假设图中相邻的节点有些相似。可以把这个假设转换到神经网络领域，通过描述假设两个样本在关联图中是相邻的，由神经网络产生样本 i 的嵌入向量（嵌入是最后一个隐藏层的输出）应在某种程度上类似于样本 j 的嵌入向量。在例子中，可以假设出版物 i 的嵌入向量应该与出版物 j 的嵌入向量相似，前提是其中一个引用了另一个（也就是说，它们在引用的图中是相邻的）。在实践中，可以通过以下步骤来实现：

1）从同时包含非结构化数据（multihot 编码的出版物）和结构化数据（引用的图）的数据集开始。

2）构建特殊类型的复合训练样本（批量组织），其中每个复合样本由单个规则输入样本（一个 multihot 编码的出版物）及其近邻样本（引用初始样本或被初始样本引用的 multihot 编码出版物）的 K 个组成。

3）将复合样本输入神经网络，并为初始样本及其近邻生成嵌入。尽管前面的图显示了并行运行的两条路径，但情况并非如此。图的目的是说明网络处理中心样本和相邻样本，但实际的神经网络并不参与这种安排——它只是将所有 multihot 编码的输入作为单个批量的一部分进行处理。相反，常规神经网络上的 NSL 部分区分了这两个组件。

4）计算一种特殊类型的复合损失函数，由常规有监督损失和正则化近邻损失两部分组成，该函数使用一个度量来测量初始样本嵌入与其近邻嵌入之间的距离。近邻损失允许用结构化信号来增加非结构化训练数据的机制。复合损失的定义如下：

$$J_\theta = \frac{1}{n} \Big[\underbrace{\sum_{i=1}^{n} \mathcal{L}_s(f_\theta(x_i), t_i)}_{\text{有监督损失}} + \alpha \underbrace{\sum_{i=1}^{n} \sum_{x_j \in \mathcal{N}(x_i)} w_{ij}\, \mathcal{D}(f_\theta(x_i), f_\theta(\boldsymbol{x}_j))}_{\text{近邻损失}} \Big]$$

该公式具有以下特点：
- n 为小批量复合样品的数量。
- $\mathcal{L}_s$ 为有监督损失函数。
- f_θ 为权重为 θ 的神经网络函数。
- α 是一个标量参数，用于确定两个损失组件之间的相对权重。
- $\mathcal{N}(x_i)$ 为样本 x_i 的近邻的图的集合。请注意，近邻损失在图中所有节点的所有近邻上都进行迭代（两个和）。
- w_{ij} 是样本 i 和 j 之间的图边的权重。如果任务没有权重的概念，可以假设所有的权重都是 1。
- $\mathcal{D}$ 是样本 i 和样本 j 的嵌入向量的距离矩阵。

由于近邻损失的正则化性质，NGL 也被称为**图正则化**。

5）反向传播误差并更新网络权重 θ。

了解图正则化概况后，下面实现它。

实现图正则化

本节使用 NSL 框架在 Cora 数据集上实现图正则化。本示例基于 https://www.tensorflow. org/neural_structured_learning/tutorials/- graph_keras_mlp_cora 上提供的教程。实现之前,必须满足一些先决条件。首先,需要 TensorFlow 2.0 和 neural-structured-learning 1.1.0 包(通过 pip 提供)。

一旦满足这些要求,就可以继续实施:

1)从包的导入开始:

```
import neural_structured_learning as nsl
import tensorflow as tf
```

2)继续使用程序的一些常量参数(希望常量名称和注释能说明问题):

```
# Cora dataset path
TRAIN_DATA_PATH = 'data/train_merged_examples.tfr'
TEST_DATA_PATH = 'data/test_examples.tfr'
# Constants used to identify neighbor features in the input.

NBR_FEATURE_PREFIX = 'NL_nbr_'
NBR_WEIGHT_SUFFIX = '_weight'
# Dataset parameters
NUM_CLASSES = 7
MAX_SEQ_LENGTH = 1433
# Number of neighbors to consider in the composite loss function
NUM_NEIGHBORS = 1
# Training parameters
BATCH_SIZE = 128
```

`TRAIN_DATA_PATH` 和 `TEST_DATA_PATH` 下的文件包含 Cora 数据集和标签,它们以对 TensorFlow 友好的格式进行了预处理。

3)加载数据集。这个过程是通过使用两个函数实现的:make_dataset 和 parse_example,前者构建整个数据集,后者解析单个复合示例(make_dataset 在内部使用 parse_example)。从 make_dataset 开始:

```
def make_dataset(file_path: str, training=False) ->
tf.data.TFRecordDataset:
    dataset = tf.data.TFRecordDataset([file_path])
    if training:
        dataset = dataset.shuffle(10000)
    dataset = dataset.map(parse_example).batch(BATCH_SIZE)

    return dataset
```

注意 dataset.map (parse_example) 在内部对数据集的所有示例应用 parse_example。从声明开始,继续 parse_example 的定义:

```
def parse_example(example_proto: tf.train.Example) -> tuple:
```

该函数创建 feature_spec 字典,该字典表示单个复合示例的一种模板,稍后将用数据集的实际数据填充该模板。首先，用 'words' 和 'label' 的 tf.io.FixedLenFea-ture 的占位符实例填充 feature_spec，'words' 表示一个 multihot 编码的出版物，'label' 它表示发布的类（请记住缩进，因为这段代码仍然是 parse_example 的一部分）：

```python
feature_spec = {
    'words':
        tf.io.FixedLenFeature(shape=[MAX_SEQ_LENGTH],
                              dtype=tf.int64,
                              default_value=tf.constant(
                                  value=0,

                                  dtype=tf.int64,
                                  shape=[MAX_SEQ_LENGTH])),
    'label':
        tf.io.FixedLenFeature((), tf.int64, default_value=-1),
}
```

然后，对第一个 NUM_NEIGHBORS 近邻进行迭代，将它们的 multihot 向量和边权重分别添加到 nbr_feature_key 和 nbr_weight_key 键下的 feature_spec：

```python
for i in range(NUM_NEIGHBORS):
    nbr_feature_key = '{}{}_{}'.format(NBR_FEATURE_PREFIX, i,
'words')
    nbr_weight_key = '{}{}{}'.format(NBR_FEATURE_PREFIX, i,
NBR_WEIGHT_SUFFIX)
    feature_spec[nbr_feature_key] = tf.io.FixedLenFeature(
        shape=[MAX_SEQ_LENGTH],
        dtype=tf.int64,
        default_value=tf.constant(
            value=0, dtype=tf.int64, shape=[MAX_SEQ_LENGTH]))

    feature_spec[nbr_weight_key] = tf.io.FixedLenFeature(
        shape=[1], dtype=tf.float32,
default_value=tf.constant([0.0]))

features = tf.io.parse_single_example(example_proto,
feature_spec)

labels = features.pop('label')
return features, labels
```

注意，用数据集中的真实样本填充模板，并使用以下代码片段：

```python
features = tf.io.parse_single_example(example_proto,
feature_spec)
```

4）实例化训练和测试数据集：

```python
train_dataset = make_dataset(TRAIN_DATA_PATH, training=True)
test_dataset = make_dataset(TEST_DATA_PATH)
```

5）实现这个模型，它是一个简单的 FFN，有两个隐藏层，softmax 作为输出。该模型以 multihot 编码的出版物向量作为输入，输出出版类。它独立于 NSL，可以通过简单的有监督方式作为一种分类进行训练：

```python
def build_model(dropout_rate):
    """Creates a sequential multi-layer perceptron model."""
    return tf.keras.Sequential([
        # one-hot encoded input.
        tf.keras.layers.InputLayer(
            input_shape=(MAX_SEQ_LENGTH,), name='words'),

        # 2 fully connected layers + dropout
        tf.keras.layers.Dense(64, activation='relu'),
        tf.keras.layers.Dropout(dropout_rate),
        tf.keras.layers.Dense(64, activation='relu'),
        tf.keras.layers.Dropout(dropout_rate),

        # Softmax output
        tf.keras.layers.Dense(NUM_CLASSES, activation='softmax')
    ])
```

6）实例化模型：

```python
model = build_model(dropout_rate=0.5)
```

7）我们有了所有需要用到的元素来进行图正则化。首先用 NSL 包装器包装 model：

```python
graph_reg_config = nsl.configs.make_graph_reg_config(
    max_neighbors=NUM_NEIGHBORS,
    multiplier=0.1,
    distance_type=nsl.configs.DistanceType.L2,
    sum_over_axis=-1)
graph_reg_model = nsl.keras.GraphRegularization(model,
                                                graph_reg_config)
```

用图正则化参数来实例化 graph_reg_config 对象（nsl.configs.GraphRegConfig 的一个实例）：max_neighbors= NUM_NEIGHBORS 是可使用的近邻的数量，multiplier= 0.1 等于之前介绍的复合损失的参数值，distance_type= nsl.configs.DistanceType.L2 是相邻节点嵌入之间的距离度量。

8）构建一个训练框架，开始 100 个 epoch 的训练：

```python
graph_reg_model.compile(
    optimizer='adam',
    loss='sparse_categorical_crossentropy',
    metrics=['accuracy'])

# run eagerly to prevent epoch warnings
graph_reg_model.run_eagerly = True

graph_reg_model.fit(train_dataset, epochs=100, verbose=1)
```

9）在测试数据集上运行训练过的模型：

```
eval_results = dict(
    zip(graph_reg_model.metrics_names,
        graph_reg_model.evaluate(test_dataset)))
print('Evaluation accuracy: {}'.format(eval_results['accuracy']))
print('Evaluation loss: {}'.format(eval_results['loss']))
```

如果一切正常，程序的输出应该是：

Evaluation accuracy: 0.8137432336807251
Evaluation loss: 1.1235489577054978

关于 GNN 的讨论到此结束。正如我们所提到的，有各种各样的 GNN，本书只包括了一小部分。如果你有兴趣了解更多，可参考本章中介绍的综述论文，或者在 https://github.com/thunlp/GNNPapers 上查阅与 GNN 相关的论文列表。

下一节讨论一种使用外部记忆存储信息的新型神经网络。

9.2　记忆增强神经网络介绍

我们已经在神经网络中看到了记忆的概念（尽管是以一种奇怪的形式）。例如，LSTM 单元可以在输入门和遗忘门的帮助下添加或删除其隐藏单元状态的信息。另一个例子是注意力机制，其中表示编码源序列的向量集可以看作是由编码器写入并由解码器读取的外部记忆。但这种能力也有一些局限性。例如，编码器只能写入单个记忆位置，即序列的当前元素。不能更新以前写的向量。另外，解码器只能读取数据库，不能写入数据库。

本节将进一步讨论记忆的概念，并研究**记忆增强神经网络（MANN）**，它解除了这些限制。这是一种新的算法，还处于早期阶段，不像已经存在了几十年的更主流的神经网络类型，比如卷积和 RNN。讨论的第一个 MANN 是神经图灵机。

9.2.1　神经图灵机

MANN 的概念最开始是在**神经图灵机（NTM）**的概念中引入的（更多信息，请访问 https://arxiv.org/abs/1410.5401）。NTM 有两个组成部分：
- 一个神经网络控制器。
- 一种用矩阵 $\boldsymbol{M} \in \mathbb{R}^{n \times d}$ 表示的外部记忆。这个矩阵包含 n 行 d 维向量。

下图提供了 NTM 架构的概述。

NTM 以顺序的方式工作（类似于 RNN），其中控制器接收输入向量并产生相应的输出向量。它还可以通过多个并行读取/写入头对记忆进行读写。

关注读操作，它与第 8 章中看到的注意力机制非常相似。读取头总是读取整个记忆矩阵，但它是通过处理不同强度的不同记忆向量来实现的。为此，读取头发出一个 n 维向量 w_t^r（第 t 步），其约束条件如下：

$$\sum_{i=1}^{n} w_t^r(i) = 1, \quad 0 \leqslant w_t^r(i) \leqslant 1$$

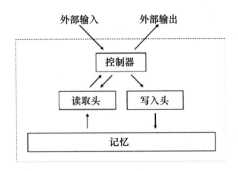

NTM。来源：https://arxiv.org/abs/1410.5401

W_t^r 实现了一个注意力机制，其中向量的每个单元 i 表示构成输出的第 i 个记忆向量（即矩阵 M 的第 i 行）的权重。第 t 步读取操作的输出是一个 d 维向量 r_t，将其定义为所有记忆向量的加权和：

$$r_t \leftarrow \sum_{i=1}^{n} w_t^r(i) M_t(i)$$

这种操作类似于第 8 章中讨论的软注意力机制。软注意力（不像强注意力）是可微的，这个操作也是如此。这样，整个 NTM（控制器和记忆）就是一个可微的系统，这使得用梯度下降和反向传播对其进行训练成为可能。

接下来关注写入操作，它由两个步骤组成：**擦除**后加上**添加**。写入头和读取头输出相同类型的注意向量 W_t^w。它也输出另一个**擦除**向量 $e_t \in \mathbb{R}^d$，其值均在（0，1）范围内。可以定义：在第 t 步对记忆的第 i 行进行的擦除操作作为这两个向量和第 $t-1$ 步记忆状态 M_{t-1} 的函数：

$$\widetilde{M}_t(i) \leftarrow M_{t-1}(i)\big[1 - w_t^w(i) e_t\big]$$

其中，**1** 是一个 d 维的单位向量，并且擦除组件之间的乘法是基于元素的。根据该公式，只有当权重 $w_t^w(i)$ 和 e_t 均非零时，才能擦除记忆位置。因为乘法是可交换的，所以这种机制可以在多个注意力头以任意顺序进行写入操作的情况下工作。

擦除操作之后是添加操作。写入头产生一个**添加**向量 $a_t \in \mathbb{R}^d$，擦除后添加到内存中，产生第 t 步的最终记忆状态：

$$M_t(i) \leftarrow \widetilde{M}_t(i) + w_t^w(i) a_t$$

现在熟悉了读取和写入操作，但是仍然不知道如何产生注意力向量 w_t（省略上标索引，因为下面的描述适用于读取头和写入头）。NTM 使用两种互补的寻址机制（基于内容的和基于位置的）来做到这一点。

从基于内容的寻址开始，其中每个头（读取和写入）都输出一个键向量 $k_t \in \mathbb{R}^d$。使用相似度度量 $K[k_t, M_t(i)]$ 将键向量与每个记忆向量 $M_t(i)$ 进行比较，定义如下：

$$K[\boldsymbol{k}_t, \boldsymbol{M}_t(i)] = \frac{\boldsymbol{k}_t \cdot \boldsymbol{M}_t(i)}{|\boldsymbol{k}_t| \cdot |\boldsymbol{M}_t(i)|}$$

然后，定义基于内容的寻址向量的单个单元作为所有记忆向量相似度结果的 softmax：

$$w_t^c(i) \leftarrow \frac{\exp(\beta_t K[\boldsymbol{k}_t, \boldsymbol{M}_t(i)])}{\sum_{j=1}^{n} \exp(\beta_t K[\boldsymbol{k}_t, \boldsymbol{M}_t(j)])}$$

在这里，β_t 是一个标量值键强度，它扩大或缩小了焦点的范围。对于较小的 β_t 值，注意力会分散到所有的记忆向量上，对于较大的 β_t 值，注意力只会集中在最相似的记忆向量上。

NTM 的作者认为，在一些问题中，基于内容的注意力是不够的，因为变量的内容可以是任意的，但它的地址必须是可识别的。他们将数学问题作为此类问题之一：两个变量 x 和 y 可以取任意两个值，但仍应定义过程 $f(x \times y) = x \times y$。这个任务的控制器可以获取变量 x 和 y 的值，将它们存储在不同的地址中，然后检索它们并执行乘法算法。在本例中，变量是按位置而不是按内容寻址的，这就引入了基于位置的寻址机制。它使用随机访问记忆跳跃和简单的跨位置迭代。它通过将注意力权重前向或反向移动一步来做到这一点。

例如，如果当前的权重完全聚焦在一个位置上，旋转 1 会将焦点转移到下一个位置。负的移位会使权重向相反的方向移动。

内容寻址与地址寻址一起执行，如下图所示。

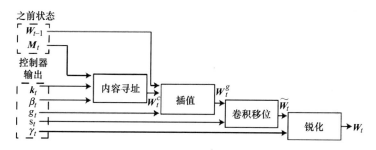

寻址机制流程图。来源：https://arxiv.org/abs/1410.5401

它的工作步骤如下：

1）内容寻址产生基于内存 $\boldsymbol{M}_t$、键向量 $\boldsymbol{k}_t$ 和键强度 β_t 的内容寻址向量 w_t^c。

2）**插值**是位置寻址机制中三个步骤的第一步，它出现在实际的权重移位之前。每个头（读取或写入）发出一个标量**插值门** g_t（在（0，1）范围内）。g_t 决定是保留第 $t-1$ 步的头产生的权重 w_{t-1}，还是将其替换为当前步骤 t 的基于内容的权重 w_t^c。插值定义如下：

$$w_t^g \leftarrow g_t w_t^c + (1 - g_t) w_{t-1}$$

如果 $g_t = 0$，则完全保留之前的寻址向量。另外，如果 $g_t = 1$，则只使用基于内容的寻址向量。

3）下一步是**卷积移位**，它接受插值注意力 w_t^g 并决定如何移位。假设头注意力可以前向移动（+1），反向移动（−1），或者保持不变（0）。每个头发出一个移位加权的 s_t，它定义了允许移位的标准化分布。在本例中，s_t 将有三个元素，它们表示执行 −1、0 和 1 的移位的程度。如果假设记忆向量索引是基于 0 的（从 0 到 $n-1$），那么可以定义 w_t^g 的旋转 s_t 作为一个循环卷积：

$$\widetilde{w}_t(i) \leftarrow \sum_{j=0}^{n-1} w_t^g(j) s_t(i-j)$$

注意，尽管遍历了所有记忆索引，s_t 将只在允许的位置有非零值。

4）最后的寻址步骤是**锐化**。一方面，在多个方向上以不同程度同时移位的能力的影响是注意力可能会模糊。例如，假设前向移动（+1）的概率为 0.6，反向移动（−1）的概率为 0.2，不移位（0）的概率为 0.2。当移位的时候，原来集中的注意力将在三个位置之间模糊。为了解决这个问题，NTM 的作者建议你修改每个头发出另一个标量 $\gamma_t \geqslant 1$，这将使用下面的公式锐化最终结果：

$$w_t(i) \leftarrow \frac{\widetilde{w}_t(i)^{\gamma_t}}{\sum_{j=0}^{n-1} \widetilde{w}_t(j)^{\gamma_t}}$$

现在知道了寻址是如何工作的，让我们关注控制器，控制器中可以使用 RNN（例如 LSTM）或 FFN。NTM 的作者认为，一个 LSTM 控制器有内部记忆，这是对外部记忆的补充，也允许控制器混合来自多个时间步的信息。然而，在 NTM 环境下，FFN 控制器可以通过在每一步读取和写入相同的内存位置模拟 RNN 控制器。此外，FFN 更加透明，因为它的读取/写入模式比内部 RNN 状态更容易解释。

论文的作者说明了 NTM 如何处理几个任务：其中一个是复制操作，在这个操作中，NTM 必须复制输入序列作为输出。该任务解释了模型在长时间段内存储和访问信息的能力。输入序列的随机长度在 1 到 20 之间。序列的每个元素都是一个包含 8 个二进制元素的向量（表示一个字节）。首先，模型一步一步地接受输入序列，直到一个特殊的分隔符。然后，它开始生成输出序列。在生成阶段不提供任何额外的输入，以确保模型可以在没有中间辅助的情况下生成整个序列。论文作者比较了基于 NTM 和基于 LSTM 的模型的性能，发现与 LSTM 相比，NTM 在训练时收敛更快，可以复制更长的序列。基于这些结果，在检查了控制器和记忆之间的相互作用之后，可得出结论，NTM 不是简单地记住输入序列；相反，它学习一种复制算法。可以用右图伪代码来描述算法的操作序列。

```
initialize: move head to start location
while input delimiter not seen do
    receive input vector
    write input to head location
    increment head location by 1
end while
return head to start location
while true do
    read output vector from head location
    emit output
    increment head location by 1
end while
```

NTM 模型学习复制算法的一种形式。
来源：https://arxiv.org/abs/1410.5401

接下来，从控制器与记忆交互的角度来关注复制算法，如下图所示。

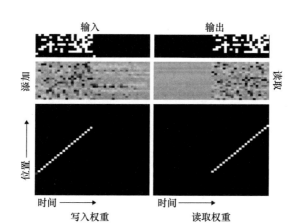

复制算法期间的控制器/存储器交互。来源：https://arxiv.org/abs/1410.5401

左边一列表示输入阶段。左上图像表示 8 位二进制向量的输入序列，左中图像表示添加到记忆中的向量，左下图像表示每一步记忆写入注意力权重。右边一列表示输出阶段。右上图像表示生成的 8 位二进制向量输出序列，右中图像表示从记忆读取的向量，右下图像表示每一步记忆读取的注意力权重。底部的图像说明了写入和读取操作期间头位置的移位增量。注意，注意力的权重明显地集中在一个单一的记忆位置。同时，输入和输出序列在每个时间步从相同的位置读取，读取向量等于写入向量。这表示输入序列的每个元素都存储在单个记忆位置中。

在结束本节之前，先提一下 NTM 的作者已经发布了一个改进的记忆网络架构，称为可微神经计算机（DNC）（更多信息，见 "Hybrid computing using a neural network with dynamic external memory"，https://www.nature.com/- articles/nature20101）。DNC 在NTM 上引入了几个改进：

- 该模型仅使用基于内容的寻址（与 NTM 中的内容和位置相反）。
- 该模型通过向链表（这仍然是可微的）添加和擦除位置来维护可用记忆位置列表，从而使用动态记忆分配。这种机制允许模型仅在标记为空闲的位置写入新数据。
- 该模型通过维护控制器写入的记忆位置的顺序信息来使用短暂记忆链接，这允许它在不同的记忆位置存储顺序数据。

以上就是对 NTM 架构的描述。下一节讨论 "One-shot Learning with Memory-Augmented NeuralNetworks"（https://arxiv.org/abs/1605.06065）中介绍的对 NTM 的改进。用 MANN* 来表示改进的架构，以避免与 MANN 的缩写混淆，它引用了记忆网络的一般类。

9.2.2 MANN*

MANN* 读取操作与 NTM 读取操作非常相似，只是它不包含键强度参数。另外，MANN* 引入了一种新的基于内容的写入寻址机制，称为**最近最少使用的访问（LRUA）**，以替代组合的内容/位置 NTM 寻址机制。LRUA 写入操作将写入最少使用的记忆位置或最近使用的记忆位置。实现这一点有两个原因：通过将新记忆写入最不常用的位置来保存最近存储的信息，以及通过向最后使用的位置写入新数据，新信息可以作为对以前写入状态的一种更新。但是模型如何知道使用这两种选项中的哪一种呢？MANN* 寻址机制通过引入使用权重 $w_t^u \in \mathbb{R}^d$ 的向量在两个选项之间插值。通过在第 $t-1$ 步添加使用权重 w_{t-1}^u 和当前读取和写入的注意力权重，在每个时间步更新这些权重：

$$w_t^u \leftarrow \gamma w_{t-1}^u + w_t^r + w_t^w$$

其中标量 γ 是一个衰减参数，它决定了等式的两个分量之间的平衡。MANN* 还引入了最近最少使用的权重向量 w_t^{lu}，其中向量的每个元素定义如下：

$$w_t^{lu}(i) = \begin{cases} 0 & \text{如果 } w_t^u(i) > m(w_t^u, n) \\ 1 & \text{如果 } w_t^u(i) \leqslant m(w_t^u, n) \end{cases}$$

其中 $m(w_t^u, n)$ 是向量 w_t 的最小的第 n 个元素，n 等于读取记忆的次数。此时，可以计算写入权重，它是第 $t-1$ 步读取的权重和最近最少使用权重之间的插值：

$$w_t^w \leftarrow \sigma(\alpha) w_{t-1}^r + (1 - \sigma(\alpha)) w_{t-1}^{lu}$$

其中 σ 是 sigmoid 函数，而 α 是一个可学习的标量参数，它指示如何在两个输入权重之间保持平衡。现在，可以将新数据写入记忆，这需要两个步骤：第一步是使用权重 w_{t-1}^u 计算最近最少使用的位置。第二步是实际的写入：

$$M_t(i) \leftarrow M_{t-1}(i) + w_t^w(i) k_t$$

其中 k_t 是讨论 NTM 时定义的键向量。

MANN* 论文（与原始的 NTM 论文相比）对控制器与输入数据和读取/写入头交互的方式进行了更详细的讨论。论文的作者指出他们的最佳性能模型使用 LSTM（见第 7 章）控制器。以下是 LSTM 控制器插入 MANN* 系统的方式：

- 第 t 步的控制器输入为串联向量 $[x_t, y_{t-1}]$，其中 x_t 为输入数据，y_{t-1} 为第 $t-1$ 步的系统输出。在分类任务中，输出 y_t 是独热编码的类表示。
- 第 t 步的控制器输出是串联 $o_t = [h_t, \tau_t]$，其中 h_t 是 LSTM 单元隐藏状态，γ_t 是读取操作的结果。对于分类任务，可以使用全连接层的 softmax 输出作为输入，得到表达式 $y_t = \text{softmax}(W_o o_t)$，其中 W_o 为全连接层权重。
- 作为读取/写入操作注意力权重的基础的键向量 k_t 是 LSTM 单元状态 c_t。

这就结束了关于 MANNs 的讨论，实际上也结束了本章的讨论。

9.3　总结

本章介绍了两类新兴的神经网络模型——GNN 和 MANN。首先简要介绍了图，然后介绍了几种不同类型的 GNN，包括 GraphNN、图卷积网络、图注意力网络和图自编码器。通过观察 NGL 来总结图的章节，并使用基于 TensorFlow 的 NSL 框架实现了一个 NGL 示例。然后关注记忆增强网络，其中研究了 NTM 和 MANN* 架构。

下一章将着眼于新兴的元学习领域，它涉及让 ML 算法学会学习。

第 10 章

元 学 习

第 9 章介绍了新的**神经网络（NN）**架构，以解决一些现有的**深度学习（DL）**算法的局限性。我们讨论了图神经网络，用于处理以图表示的结构化数据。引入了记忆增强神经网络，它允许网络使用外部记忆。本章将着眼于如何改进 DL 算法，让其能够使用更少的训练样本来学习更多的信息。

用一个例子来说明这个问题。想象一下，一个人从来没有见过某种类型的对象，比如一辆汽车。他们只需要见一次汽车就能识别其他的汽车。但 DL 算法不是这样的。一个 DNN 需要大量的训练样本（有时也需要数据增强），才能识别某一类对象。即使是相对较小的 CIFAR - 10（https：//www. cs. toronto. edu/～kriz/cifar. html）数据集，也包含 10 类对象的 50 000 张训练图像，相当于每个类有 5000 张图像。

元学习，也被称为学会学习，允许**机器学习（ML）**算法利用并传播知识，获得多个训练任务，来通过新的任务提高训练效率。希望通过这种方式，算法将需要更少的训练样本来学习新任务。用较少样本进行训练的能力有两个优点：减少训练时间，在训练数据不足的情况下表现良好。在这方面，元学习的目标与第 2 章中介绍的迁移学习机制类似。事实上，可以把迁移学习看作是一个元学习算法。但有多种方法可以进行元学习。本章讨论其中一部分。

10.1 元学习介绍

正如介绍中提到的，元学习的目标是让一个 ML 算法（在例子中是神经网络）从相对较少的训练样本中学习，而不是从标准的有监督训练中学习。一些元学习算法试图通过寻找已知任务领域的现有知识到新任务领域的映射来实现这一目标。其他算法则从头开始设计，以便从较少的训练样本中学习。然而，另一类算法引入了新的优化训练技术，专门针对元学习设计。但在讨论这些话题之前，先介绍一些基本的元学习范例。在一个标准的 ML 有监督学习任务中，目标是通过更新模型参数 θ（在神经网络的情况下是网络权重）在一个训练数据集 D 上最小化损失函数 $J(\theta)$。正如介绍中提到的，在元学习中，通常使用多个数据集。因此，在一个元学习场景中，可以扩展这个定义，目标是在这些数据集分布 $P(D)$ 上最小化 $J(\theta)$：

$$\theta^* = \arg\min_{\theta} \mathbb{E}_{D \sim P(D)} [J_\theta(D)]$$

θ^* 为最优模型参数，$J_\theta(D)$ 为代价函数，现在依赖于当前数据集以及模型参数。换句话说，目标是找到模型参数 θ^*，使在所有数据集上的代价 $\mathbb{E}_{D \sim P(D)} [J_\theta(D)]$ 的期望值（见 1.1.2 节）最小化。可以把这个场景看作是在一个单一数据集上进行训练，该数据集的训练样本本身就是数据集。

接下来，继续展开介绍中提到的"更少的训练样本"。在有监督训练中，可以将这种训练数据稀缺的情况称为 **k-shot**（k 样本）学习，其中 k 可以是 0、1、2 等。假设训练数据集由分布在 n 个类中的带标记的样本组成。在 k-shot 学习中，对于 n 个类，有 k 个标记的训练样本（标记样本总数为 $n \times k$）。这个数据集被称为**支持集**，用 S 表示它。还有一个**查询集** Q，它包含未标记的样本，这些样本属于 n 个类中的一个。目标是对查询集的样本进行正确的分类。k-shot 学习有三种类型：零样本（zero-shot）、单样本（one-shot）和小样本（few-shot）。从零样本学习开始。

10.1.1 零样本学习

从零样本学习（$k = 0$）开始介绍，零样本学习是我们知道存在一个特定的类，但没有该类的任何标记样本（也就是说，没有支持集）。起初，这听起来是不可能的——如何对从未见过的东西进行分类呢？但在元学习中，情况并非如此。回顾一下，在现有任务（b）的基础上利用了之前学习过的任务（用 a 表示）的知识。就此而言，零样本学习是迁移学习的一种形式。要理解这是如何工作的，想象一下，一个人从来没有见过一头大象，但必须在看到大象的图片时认出它（新任务 b）。然而，这个人读过的一本书中，大象很大，灰色，有四条腿，大耳朵和一个主干（前一个任务 a）。有了这样的描述，他看到大象时就很容易认出来。在这个例子中，这个人将之前学习的任务（阅读一本书）的知识应用到新任务（图像分类）的领域。

在 ML 环境中，这些特征可以编码为非人类可读的嵌入向量。可以利用语言建模技术，如 word2vec 或 transformer，将大象识别实例复制到神经网络中，编码一个基于上下文的大象嵌入向量。也可以使用卷积网络（CNN）来生成大象图像的嵌入向量 $\boldsymbol{h}_b$。下面讨论如何实现这一点：

1）在标记的和未标记的样本 a 和 b 上应用编码器 f 和 g（神经网络）来分别生成嵌入 $\boldsymbol{h}_a$ 和 $\boldsymbol{h}_b$。

2）使用映射函数将 $\boldsymbol{h}_b$ 转换到已知样本的嵌入 $\boldsymbol{h}_a^*$ 的向量空间。映射函数也可以是一个神经网络。此外，编码器和映射可以结合在一个单一的模型中并共同学习。

3）一旦有了查询样本的转换表示，就可以使用相似度度量（例如余弦相似度）将其与所有表示 $\boldsymbol{h}_a^*$ 进行比较。然后，假设查询样本的类与查询最密切相关的支持样本的类相同。下面的图表说明了这个场景。

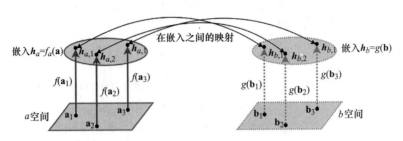

由于迁移学习,零样本学习成为可能。受到第 15 章的 http://www.deeplearningbook.org/ 的启发

将零样本学习场景形式化。在传统的单数据集分类任务中,神经网络代表条件概率 $P_\theta(y \mid x)$,其中 y 是输入样本 x 的标签,θ 是模型的参数。在元学习中,x 和 y 属于传统的数据集,但是引入了一个随机变量 T 来描述感兴趣的新任务。在示例中,x 是单词 "elephant" 的上下文(周围的单词),而标签 y 是类 "elephant" 的独热编码。另外,T 是我们感兴趣的图像。因此,元学习模型代表了一种新的条件概率 $P_\theta(y \mid x, T)$。刚才描述的零样本场景是基于度量的元学习的一部分(在本章后面可以看到更多的例子)。现在继续进行单样本学习。

10.1.2   单样本学习

本节将研究**单样本学习**($k=1$)和它的泛化**小样本学习**($k>1$)。在这种情况下,支持集不为空,对每个类都有一个或多个标记样本。这是与零样本场景相比的一个优势,因为可以依赖于来自相同域的带标记的样本,而不是使用来自另一个域的带标记的样本的映射。因此,有一个单独的编码器 f,不需要额外的映射。

单样本学习任务的一个例子是一家公司的面部识别系统。这个系统能够根据一张照片识别员工的身份。它也可以用一张照片来添加新员工。注意,在这个场景中,添加一个新员工相当于添加一个已经看到的新类(照片本身),但它在其他方面是未知的。这与看不见但很熟悉的零样本学习形成了鲜明的对比。解决这个任务的一种普通的方法是使用分类**前馈网络(FFN)**,它将照片作为输入,并以 softmax 输出结束,其中每个类代表一个员工。这个系统有两个主要缺点。首先,每次添加新员工时,必须使用完整的员工数据集对整个模型进行再训练。第二,需要每个员工有多个照片来训练这个模型。

下面的描述是基于 "Matching Networks for One Shot Learning"(https://arxiv.org/abs/1606.04080)中介绍的方法。论文有两个主要贡献:一个新颖的单样本训练过程和一个特殊的网络架构。本节讨论训练过程,并在 10.2.1 节中描述网络架构。

也可以在单样本学习框架内解决这个任务,第一件事是需要一个预先训练过的网络,它可以产生员工照片的嵌入向量。假设预训练允许网络为每张照片产生一个足够独特的

嵌入 h。还将把所有员工照片存储在某个外部数据库中。出于性能考虑，也可以将网络应用到所有照片上，然后存储每个照片的嵌入。关注这样一个用例：当现有员工试图使用新照片进行身份验证时，系统必须标识该员工。使用这个网络产生新照片的嵌入，然后将它与数据库中的嵌入进行比较。通过与当前照片的嵌入最接近的数据库嵌入来识别员工。

接下来讨论添加新员工到系统时的用例，为该员工拍照并将其存储在数据库中。这样，每当员工尝试进行身份验证时，他们的当前照片将与初始照片（以及所有其他照片）进行比较。这样，就添加了一个新类（员工）而没有对网络进行任何更改。可以将员工照片/身份数据库视为一个支持集 $S = \{(x_1, y_1), (x_2, y_2), \cdots, (x_n, y_n)\}$。该任务的目标是将这个支持集映射到一个分类器 $c_S(x)$，在给定一个以前未见过的查询样本 $\hat{x}$ 的情况下，输出标签 $\hat{y}$ 上的概率分布。在本例中，$(\hat{x}, \hat{y})$ 对表示以前不属于系统的新员工（即新查询的样本和新的类）。

换句话说，我们希望能够借助现有的支持集预测以前从未见过的类。把映射 $S \rightarrow c_S(\hat{x})$ 定义为一个条件概率 $P_\theta(\hat{y} \mid \hat{x}, S)$，由权重为 θ 的神经网络实现。此外，可以将一个新的支持集 S' 插入到同一个网络中，这将导致一个新的概率分布 $P_\theta(\hat{y} \mid \hat{x}, S')$。通过这种方法，可以在不改变网络权重 θ 的情况下对新的训练数据的输出进行约束。

现在已经熟悉了 k 样本学习，下面讨论如何用小样本数据集训练算法。

10.1.3 元训练和元测试

10.1.1 节和 10.1.2 节中描述的场景被称为**元测试阶段**。这个阶段利用预先训练过的网络知识，使用它在只有一个小支持集（或者根本没有支持集）的情况下预测以前没有见过的标签。**元训练阶段**是在小样本上下文从零开始训练网络。"Matching Networks for One Shot Learning"的作者介绍了一种与元测试非常相配的元训练算法。这是必要的，这样就可以在与测试阶段发挥作用的相同条件下训练模型。由于从零开始训练网络，所以训练集（用 D 表示）不是一个小样本数据集，而是包含了每个类足够多的带标记的样例。然而，训练过程模拟了一个小样本数据集。

下面是它的工作原理：

1) 采样一组标签 $L \sim T$，其中 T 为 D 中所有标签的集合。说得再清楚一点，L 包含所有标签 T 的一部分。这样，当模型只看到几个样本时，训练就模仿了测试。例如，向面部识别系统添加新员工需要一张照片和一个标签。

2) 采样一个支持集 $S^L \sim D$，其中所有在 S^L 中的样本的标签只是 L 的一部分 $y_{S^L} \in L$。支持集包含每个标签的 k 个样本。

3) 采样一批训练 $B^L \sim D$，其中 $y_{B^L} \in L$（与支持集相同）。S^L 和 B^L 的组合代表一个训练 **episode**。可以把这个 episode 看作一个独立的学习**任务**，它有相应的数据集。或者，在有监督学习中，一个 episode 只是一个单一的训练样本。

4) 优化网络在 episode 中的权重。网络表示概率 $P_\theta(\hat{y} \mid \hat{x}, S)$，并使用 S^L 和 B^L 作为输入。再说清楚一点，集合包含 $(\hat{x}, \hat{y})$ 元组，以支持集 S^L 为条件。这是训练过程的

"元"部分，因为模型学习如何从一个支持集学习，以最小化整批样本的损失。模型使用下面的交叉熵目标函数：

$$\theta = \arg\max_{\theta} E_{L \sim T} \big[E_{S^L \sim D, B^L \sim D} \big[\sum_{(x,y) \in B^L} \log P_{\theta}(y \mid \boldsymbol{x}, S^L) \big] \big]$$

在这里，$E_{L \sim T}$ 和 $E_{S^L \sim D, B^L \sim D}$ 分别反映了标签和样本的采样情况。将其与相同的任务进行比较，但却是在一个经典的有监督学习场景中。在本例中，从数据集 D 中采样小批量 B，并且没有支持集。采样是随机的，它不依赖于标签。然后，将上式变换为：

$$\theta = \arg\max_{\theta} E_{B \sim D} \big[\sum_{(x,y) \in B} \log P_{\theta}(y \mid \boldsymbol{x}) \big]$$

元学习算法可以分为三大类：基于度量的、基于模型的和基于优化的。在本章中，关注基于度量和优化的方法（不包括基于模型的方法）。基于模型的元学习算法对实现概率 $P_{\theta}(\hat{y} \mid \hat{\boldsymbol{x}}, S)$ 的 ML 算法类型没有任何限制。也就是说，不需要编码器和映射函数。相反，它们依赖于专门用于处理少量标记样本的网络架构。你可能还记得在第 9 章中，论文 "One-shot Learning with Memory-Augmented Neural Networks"（https://arxiv.org/abs/1605.06065）介绍了一个这样的模型。顾名思义，这篇论文展示了记忆增强神经网络在单样本学习框架中的使用。由于已经讨论了网络架构，并且训练过程类似于本节中描述的内容，本章不再包含另一个基于模型的例子。

既然已经介绍了元学习的基础知识，接下来讨论基于度量的学习算法。

10.2　基于度量的元学习

在 10.1 节中讨论单样本场景时，我们提到了一种基于度量的方法，但是这种方法一般适用于 k 单样学习。其思想是度量未标记的查询样本 $\hat{\boldsymbol{x}}$ 和支持集的所有其他样本 $\boldsymbol{x}$ 之间的相似度。使用这些相似度分数，可以计算一个概率分布 $\hat{y}$。以下公式反映了这一机制：

$$P(\hat{y} \mid \hat{\boldsymbol{x}}, S) = \sum_{i=1}^{|S|} \alpha(\hat{\boldsymbol{x}}, \boldsymbol{x}_i) y_i$$

在这里，查询样本间的相似度度量为 α，$|S|$ 是 n 个类和每个类的 k 个样本的支持集的大小。需要说明的是，查询样本的标签只是支持集所有样本的线性组合，相似度越高的样本的类对查询样本标签的分布贡献越大。可以实现一个聚类算法 α（例如 k -近邻）或者一个注意力模型（在后面的章节中会看到）。在零样本学习下，这个过程有两个正式的步骤：计算样本嵌入，然后计算嵌入之间的相似度。但是前面的公式是两个步骤的一般化组合，并直接从查询样本计算相似度（尽管在内部，这两个步骤仍然可以是分开的）。基于度量的两步学习（包括编码器 f 和 g）如下页图所示。

在接下来的几节中，讨论一些比较流行的基于度量的元学习算法。

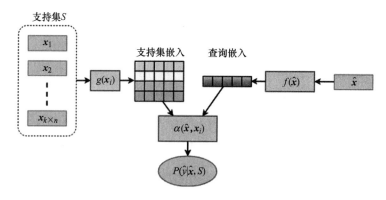

通用的基于度量的学习算法

10.2.1 为单样本学习匹配网络

在 10.1 节已经讨论了与匹配网络一起介绍的训练过程。现在，关注实际的模型，从相似度度量开始。一种实现方法是使用余弦相似度（用 c 表示），然后使用 softmax：

$$\alpha(\hat{\boldsymbol{x}}, \boldsymbol{x}_i) = \frac{\exp(c(f(\hat{\boldsymbol{x}}), g(\hat{\boldsymbol{x}}_i)))}{\sum_j \exp(c(f(\hat{\boldsymbol{x}}), g(\boldsymbol{x}_j)))}$$

此处，f 和 g 分别是新任务和支持集的样本的编码器（如所讨论的，f 和 g 可能是同一个函数）。编码器可以是用于图像输入或单词嵌入的 CNN，比如用于自然语言处理任务的 word2vec。这个公式与第 8 章中介绍的注意力机制非常相似。

对于当前的定义，编码器 g 一次只编码一个支持样本，独立于支持集的其他样本。但是，有可能两个样本 i 和 j 的嵌入 $g(\boldsymbol{x}_i)$ 和 $g(\boldsymbol{x}_j)$ 在嵌入特征空间中非常接近，而两个样本的标签不同。论文作者提出修改 g，将整个支撑集 S 作为附加输入：$g(\boldsymbol{x}_i, S)$。这样，编码器就可以在 S 上对 $\boldsymbol{x}_i$ 的嵌入向量进行限定，避免上述问题。也可以将类似的逻辑应用到编码器 f 中。论文将新的嵌入函数称为**完整上下文嵌入**。

看看如何在 f 上实现完整上下文嵌入。首先，引入一个新函数 $f'(\hat{\boldsymbol{x}})$，它与旧的编码器类似（在输入 S 之前），也就是说，f' 可以是 CNN 单词嵌入模型，它会生成嵌入样本，不依赖于支持集。$f'(\hat{\boldsymbol{x}})$ 的结果将作为完整嵌入函数 $f(f'(\hat{\boldsymbol{x}}), S)$ 的输入。把支持集视为一个序列，这允许使用长短期记忆（LSTM）来嵌入它。因此，计算嵌入向量是一个多步骤的顺序过程。

但是，S 是一个集合，这意味着样本在序列中的顺序是不相关的。为了体现这一点，算法还对支持集的元素使用了一种特殊的注意力机制。这样，嵌入函数可以关注序列中所有之前的元素，而不管它们的顺序如何。

讨论编码器如何逐步工作：

1）$\hat{\boldsymbol{h}}_t$，$\boldsymbol{c}_t =$ LSTM$(f'(\hat{\boldsymbol{x}}), [\boldsymbol{h}_{t-1}, \boldsymbol{r}_{t-1}], \boldsymbol{c}_{t-1})$，其中 t 是输入序列的当前元素，$\hat{\boldsymbol{h}}_t$

是中间隐藏状态，h_{t-1}是第 $t-1$ 步的隐藏状态，c_{t-1}是单元状态。注意力机制是由一个向量 r_{t-1}实现的，它连接到隐藏状态 h_{t-1}。

2）$h_t = \hat{h_t} + f'(\hat{x})$，其中 h_t 是第 t 步的隐藏状态。

3）$r_{t-1} = \sum\limits_{i=1}^{|S|} \alpha\ (h_{t-1},\ g(x_i))\ g(x_i)$，其中 $|S|$ 是支持集的大小，g 是支持集的嵌入函数，α 是相似度度量（被定义为乘法注意力），后面是 softmax：

$$\alpha(h_{t-1}, g(x_i)) = \mathrm{softmax}(h_{t-1}^{\mathrm{T}} g(x_i))$$

这个过程将继续进行 T 步（T 是一个参数）。可以用以下公式来总结：

$$f(\hat{x}, S) = \mathrm{attnLSTM}(f'(\hat{x}), g(S), T)$$

接下来关注 g 的完整上下文嵌入。像 f 一样，引入一个新函数 $g'(x_i)$，它类似于旧的编码器（在包含 S 作为输入之前）。论文作者提出使用双向 LSTM 编码器，定义如下：

$$g(x_i, S) = \overrightarrow{h_i} + \overleftarrow{h_i} + g'(x_i)$$

这里，$\overrightarrow{h_i}$ 和 $\overleftarrow{h_i}$ 是两个方向上的单元隐藏状态。可以这样定义它们：

$$\overrightarrow{h_i}, \overrightarrow{c_i} = \mathrm{LSTM}(g'(x_i), \overrightarrow{h_{i-1}}, \overrightarrow{c_{i-1}})$$
$$\overleftarrow{h_i}, \overleftarrow{c_i} = \mathrm{LSTM}(g'(x_i), \overleftarrow{h_{i+1}}, \overleftarrow{c_{i+1}})$$

下一节讨论另一种基于度量的学习方法，称为孪生网络。

10.2.2　孪生网络

本节讨论 "Siamese Neural Networks for One-shot Image Recognition" 论文（https://www.cs.cmu.edu/~rsalakhu/papers/oneshot1.pdf）。孪生网络是由两个相同的基础网络组成的系统，如下图所示。

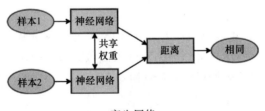

孪生网络

这两个网络在某种意义上是相同的，它们共享相同的架构和相同的参数（权重）。每个网络被输入一个单一的样本，最后的隐藏层产生该样本的嵌入向量。两个嵌入被提供给一个距离度量。对距离进行进一步处理，生成系统的最终输出，该输出为二进制，表示对两个样本是否来自同一类的验证。距离度量本身是可微的，这允许把网络训练成一个单一的系统。论文作者推荐使用 $L1$ 距离：

$$L1 = | f_\theta(\boldsymbol{x}_i) - f_\theta(\boldsymbol{x}_j) |$$

f_θ 是基础网络。在单样本学习场景中使用孪生网络与 10.1.3 节中描述的一般思想相同，但在本例中，任务被简化了，因为不管数据集中的实际类数量如何，总是只有两个类（相同或不相同）。元训练阶段用一个带标签的大型数据集来训练系统。通过生成具有相同或不同类的图像对和二进制标签的样本来实现这一点。在元测试阶段，有一个查询样本和一个支持集。然后创建多个图像对，每个图像对包含查询样本和支持集的单个样本。我们有和支持集大小一样多的图像对。然后，将所有的配对输入到孪生系统中，选择距离最小的一对。查询图像的类由该对的支持样本的类确定。

实现孪生网络

本节使用 Keras 来实现一个简单的孪生网络示例，该示例将验证两个 MNIST 图像是否来自同一类。它基于 https://github.com/keras-team/keras/blob/master/examples/mnist_siamese.py 实现。

让我们看一下如何逐步执行：

1）从导入语句开始：

```python
import random

import numpy as np
import tensorflow as tf
```

2）实现 `create_pairs` 函数来创建训练/测试数据集（用于训练和测试）：

```python
def create_pairs(inputs: np.ndarray, labels: np.ndarray):
    num_classes = 10

    digit_indices = [np.where(labels == i)[0] for i in
range(num_classes)]
    pairs = list()
    labels = list()
    n = min([len(digit_indices[d]) for d in range(num_classes)]) -
1
    for d in range(num_classes):
        for i in range(n):
            z1, z2 = digit_indices[d][i], digit_indices[d][i + 1]
            pairs += [[inputs[z1], inputs[z2]]]
            inc = random.randrange(1, num_classes)
            dn = (d + inc) % num_classes
            z1, z2 = digit_indices[d][i], digit_indices[dn][i]
            pairs += [[inputs[z1], inputs[z2]]]
            labels += [1, 0]

    return np.array(pairs), np.array(labels, dtype=np.float32)
```

每个数据集样本由一对输入的两个 MNIST 图像和一个二进制标签组成,该标签指示它们是否来自同一个类。该函数创建了分布在所有类(数字)上的相同数目的真/假样本。

3)实现 create_base_network 函数,它定义了孪生网络的一个分支:

```
def create_base_network():
    return tf.keras.models.Sequential([
        tf.keras.layers.Flatten(),
        tf.keras.layers.Dense(128, activation='relu'),
        tf.keras.layers.Dropout(0.1),
        tf.keras.layers.Dense(128, activation='relu'),
        tf.keras.layers.Dropout(0.1),
        tf.keras.layers.Dense(64, activation='relu'),
    ])
```

分支表示在距离度量之前,从输入开始到最后一个隐藏层的基网络。我们将使用三个全连接层的简单神经网络。

4)从 MNIST 数据集开始构建整个训练系统:

```
(x_train, y_train), (x_test, y_test) =
tf.keras.datasets.mnist.load_data()
x_train = x_train.astype(np.float32)
x_test = x_test.astype(np.float32)
x_train /= 255
x_test /= 255
input_shape = x_train.shape[1:]
```

5)使用原始数据集来创建实际的训练和测试验证数据集:

```
train_pairs, tr_labels = create_pairs(x_train, y_train)
test_pairs, test_labels = create_pairs(x_test, y_test)
```

6)构建孪生网络的基本部分:

```
base_network = create_base_network()
```

base_network 对象在孪生系统的两个分支之间共享。这样可以确保两个分支的权重是相同的。

7)创建两个分支:

```
# Create first half of the siamese system
input_a = tf.keras.layers.Input(shape=input_shape)

# Note how we reuse the base_network in both halfs
encoder_a = base_network(input_a)

# Create the second half of the siamese system
input_b = tf.keras.layers.Input(shape=input_shape)
encoder_b = base_network(input_b)
```

8)创建 L1 距离,它使用 encoder_a 和 encoder_b 的输出。它被实现为 tf.keras.

layers.Lambda 层。

```
l1_dist = tf.keras.layers.Lambda(
    lambda embeddings: tf.keras.backend.abs(embeddings[0] -
embeddings[1])) \
    ([encoder_a, encoder_b])
```

9）创建最后的全连接层，它将距离的输出压缩为单个 sigmoid 输出：

```
flattened_weighted_distance = tf.keras.layers.Dense(1,
activation='sigmoid') \
    (l1_dist)
```

10）建立模型，开始 20 个 epoch 的训练：

```
# Build the model
model = tf.keras.models.Model([input_a, input_b],
flattened_weighted_distance)

# Train
model.compile(loss='binary_crossentropy',
              optimizer=tf.keras.optimizers.Adam(),
              metrics=['accuracy'])

model.fit([train_pairs[:, 0], train_pairs[:, 1]], tr_labels,
          batch_size=128,
          epochs=20,
          validation_data=([test_pairs[:, 0], test_pairs[:, 1]],
test_labels))
```

如果一切顺利，模型将达到 98% 左右的准确率。

接下来，讨论另一种称为原型网络的度量学习方法。

10.2.3　原型网络

在一些小样本学习场景中，高容量模型（具有许多层和参数的神经网络）很容易过拟合。通过计算每个标签的特殊原型向量（基于该标签的所有样本），原型网络（正如在"Prototypical Networks for Few-shot Learning paper"，https://arxiv.org/abs/1703.05175 中所讨论的那样）解决了这个问题。同样的原型网络也计算查询样本的嵌入。然后，度量嵌入查询和原型之间的距离，并相应地分配查询类（更多细节将在后面介绍）。

原型网络既适用于零样本学习，也适用于小样本学习，如下图所示。

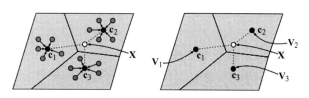

左：小样本学习；右：零样本学习。来源：https://arxiv.org/abs/1703.05175

从小样本学习场景开始，将每个类 k 的原型向量 $\boldsymbol{c}_k$ 计算为该类所有样本的元素依次平均值：

$$\boldsymbol{c}_k = \frac{1}{|S_k|} \sum_{(\boldsymbol{x}_i, y_i) \in S_k} f_\theta(\boldsymbol{x}_i)$$

其中，$|S_k|$ 为 k 类支持集中的样本个数，f_θ 是参数 θ 为极小值的原型网络。在零样本学习场景中，原型计算如下：

$$\boldsymbol{c}_k = g_v(\boldsymbol{v}_k)$$

此处，$\boldsymbol{v}_k$ 是元数据向量，提供标签的高级描述，g_θ 是该向量的嵌入函数（编码器）。元数据向量可以预先给出，也可以通过计算得到。

根据样本嵌入和所有原型之间的距离，每个新查询样本被归类为 softmax：

$$P_\theta(\hat{y} = k \mid \hat{\boldsymbol{x}}) = \frac{\exp(-d(f_\theta(\hat{\boldsymbol{x}}), \boldsymbol{c}_k))}{\sum_{k'} \exp(-d(f_\theta(\hat{\boldsymbol{x}}), \boldsymbol{c}_{k'}))}$$

这里，d 是一个距离度量（例如线性欧几里得距离）。

现在已经对原型网络背后的主要思想有了一个概述，下面讨论一下如何训练它们（过程类似于 10.1 节中概述的训练）。

开始之前，介绍一些符号：
- D 是小样本训练集。
- D_k 为类 k 的 D 的训练样本。
- T 为数据集中类的总数。
- $L \sim T$ 为标签子集，为每个训练 episode 选择。
- N_s 是每个 episode 的每个类支持样本的数量。
- N_Q 为每个 episode 的查询样本的数量。

算法从训练集 D 开始，输出代价函数 J 的结果。讨论它是如何工作的：

1）采样标签集 $L \sim T$。

2）对于 L 中的每个类 k，做如下操作：

（1）采样支持集 $S_k \sim D_k$，其中 $|S_k| = N_s$。

（2）采样查询集 $Q_k \sim D_k$，$Q_k \setminus D_k$，其中 $|Q_k| = N_q$。

（3）从支持集计算类原型：

$$\boldsymbol{c}_k = \frac{1}{|S_k|} \sum_{(\boldsymbol{x}_i, y_i) \in S_k} \boldsymbol{f}_\theta(\boldsymbol{x}_i)$$

3）初始化代价函数 $J(\theta) = 0$。

4）对于 L 中的每个类 k，执行如下操作：

对于每个查询样本 $(\hat{\boldsymbol{x}}, \hat{y}) \in Q_k$，更新代价函数如下：

$$J(\theta) \rightarrow J(\theta) + \frac{1}{|L| N_Q} \left[d(f_\theta(\hat{\boldsymbol{x}}), \boldsymbol{c}_k) + \log \sum_{k'} \exp(-d(f_\theta(\hat{\boldsymbol{x}}), \boldsymbol{c}_{k'})) \right]$$

直观地说，第一个组件（在方括号中）最小化了查询与同一类的对应原型之间的距离。第二项最大化了查询和其他类原型之间距离的总和。

论文的作者展示了他们在 Omniglot 数据集（https://github.com/brendenlake/omniglot）上的工作，该数据集包含从 50 个字母中收集的 1623 张手写字符图像。每个字符都有 20 个相关的例子，每个例子都是由不同的人绘制的。目标是将一个新字符分类为 1623 个类中的一个。他们使用欧几里得距离、单样本和五样本场景训练原型网络，并使用 60 个类（每个类 5 个查询点）训练 episode。以下截图显示了一个 t-SNE（https://lvdmaaten.github.io/tsne/）可视化的相同字母表的相似（但不相同）字符子集的嵌入，通过原型网络学习。

即使可视化的字符只是彼此之间的微小变化，网络也能够将手绘的字符紧密地聚集在类原型周围。几个错误分类的字符被突出显示在矩形框中，连同箭头指向正确的原型。

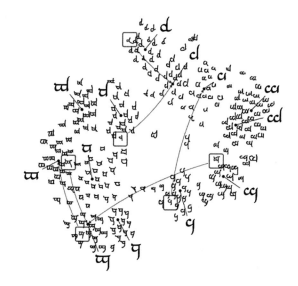

通过网络学习的一个相似字符子集的嵌入的 t-SNE 可视化。
来源：https://arxiv.org/abs/1703.05175

以上就是对原型网络和基于度量的元学习的描述。下面讨论基于优化的方法。

10.3　基于优化的元学习

目前为止，已经讨论了基于度量的学习，它使用一种特殊的相似度度量（很难过拟合）来适应神经网络的表示能力，从而能够从训练样本较少的数据集学习。另外，基于模型的方法依赖于改进的网络架构（例如记忆增强网络）来解决相同的问题。这一节讨论基于优化的方法，调整训练框架以适应小样本学习的要求。更具体地说，专注于一种称为**模型无关元学习**的特殊算法（**MAML**，"ModelAgnostic Meta-Learning for Fast Adaptation of Deep Networks"，https://arxiv.org/abs/1703.03400）。顾名思义，MAML

可以应用于任何通过梯度下降训练的学习问题和模型。

引用论文描述：

我们的方法的关键思想是训练模型的初始参数，这样当参数在新任务的少量数据上通过一个或多个梯度步骤更新后，模型在新任务上有最大的性能。

……

从特征学习的角度来看，训练一个模型的参数，通过几个梯度更新步骤，甚至是单个梯度更新步骤，就能在一个新的任务上产生好的结果，这个过程可以看作是构建一个广泛适用于许多任务的内部表示。如果内部表示适用于许多任务，只需微调参数（例如在前馈模型中主要修改顶层权重）就可以产生较好的结果。实际上，我们的过程优化了易于快速调整的模型，允许适应发生在快速学习的正确空间。从一个动态系统的观点来看，我们的学习过程可以被看作是最大化新任务的损失函数对参数的敏感性；当敏感性很高时，对参数的微小局部变化可以使任务损失得到巨大改善。

这项工作的主要贡献是使一个简单的模型和任务不可知的元学习算法训练模型的参数，这样少量的梯度更新将促成对新任务的快速学习。我们在几个不同的领域（包括小样本回归、图像分类和强化学习），演示了不同模型类型的算法（包括全连接和卷积网络）。我们的评估表明，元学习算法优于专门为有监督分类设计的最先进的单样本学习。虽然使用更少的参数时，但元学习也可以很容易应用于回归，并且可以在任务多变性的情况下加速强化学习，优于直接的预训练初始化。

为了理解 MAML 任务定义的组件，介绍一些论文特有的符号（其中一些与前几节的符号重合，但我更喜欢保留论文的原始符号）：

- 用 f_θ 表示模型（神经网络），它将输入 x 映射到输出 a。
- 用 $\mathcal{D}$（相当于数据集 D）表示整个训练集。与 10.1.3 节的元训练类似，训练期间从 $\mathcal{D}$ 采样任务 $\mathcal{T}$（相当于 episode）。这个过程被定义为任务上的分布 $p(\mathcal{T})$。
- 用 $\mathcal{T} = \{\mathcal{L}(x_1、a_1，\cdots，x_H，a_H)，q(x_1)，q(x_{t+1} \mid x_t, a_t)，H\}$ 表示一个任务（一个 episode）。它通过一个损失函数 $\mathcal{L}(x_1，a_1，\cdots，x_H，a_H)$（等同于损失 J）、一个在初始观测上的分布 $q(x_1)$，一个过渡分布 $q(x_{t+1} \mid x_t, a_t)$ 和长度 H 定义。

为了理解 MAML 任务定义的一些组件，注意除了有监督问题之外，MAML 还可以应用于**强化学习（RL）**任务。在 RL 框架中，有一个环境和一个代理，它们不断地交互。在每个步骤中，代理采取一个动作（从许多可能的动作中），环境向其提供反馈。反馈由一个奖励（可能是负面的）和代理动作后环境的新状态组成。然后代理采取一个新的动作，以此类推，如下图所示。

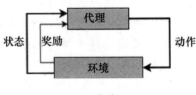

RL 框架

许多现实世界的任务可以表示为 RL 问题, 例如游戏, 其中代理是玩家, 而环境是游戏世界。

可以在有监督和 RL 上下文中查看任务 $\mathcal{T}$。对于一个有监督的任务, 没有按照特定的顺序对训练样本 (x_i, a_i) 进行标记。但是在 RL 上下文中, 可以把输入 x 看作环境状态, 而输出 a 看作代理的动作。在这个场景中, 任务是顺序的——状态 x_1 导致动作 a_1, 动作 a_1 又导致状态 x_2, 依此类推。环境的初始状态记为 $q(x_1)$。这意味着, 给定前一个状态 x_t 和代理的动作 a_t, $q(x_{t+1} \mid x_t, a_t)$ 是新环境状态 x_{t+1} 出现的概率。这种损失 $\mathcal{L}$ 也可以在两种情况下看到: 在有监督情况下的误分类损失和在 RL 情景下的代价函数 (提供奖励的函数)。

既然已经熟悉了这种表示法, 那么关注一下 MAML 算法。为了理解它是如何工作的, 看看原论文中的另一段话:

我们提出了一种方法, 可以通过元学习来学习任何标准模型的参数, 从而为该模型的快速适应做好准备。这种方法背后的直觉是, 一些内部表示比其他更容易转移。例如, 神经网络可以学习广泛适用于 $p(\mathcal{T})$ 中所有任务的内部特征, 而不是单个任务。我们如何鼓励这种通用表示的出现? 我们对这个问题采取一个明确的方法——因为模型将使用基于梯度的学习规则对新任务进行微调, 我们的目标是用这样一种方法学习模型: 这种基于梯度的学习规则可以在不过度拟合的情况下对 $p(\mathcal{T})$ 中的新任务取得快速的进展。实际上, 我们的目标是找到对任务中的变化敏感的模型参数, 如此一来, 当沿着损失梯度的方向改变时, 参数的微小变化将对在 $p(\mathcal{T})$ 中所提取的任何任务的损失函数产生巨大的改善。

了解 MAML 如何工作后, 看一下 MAML 算法, 用下面的伪代码来说明:

Require: $p(\mathcal{T})$: distribution over tasks
Require: α, β: step size hyperparameters
1: randomly initialize θ
2: **while** not done **do**
3:     Sample batch of tasks $\mathcal{T}_i \sim p(\mathcal{T})$
4:     **for all** $\mathcal{T}_i$ **do**
5:         Evaluate $\nabla_\theta \mathcal{L}_{\mathcal{T}_i}(f_\theta)$ with respect to K examples
6:         Compute adapted parameters with gradient descent: $\theta'_i = \theta - \alpha \nabla_\theta \mathcal{L}_{\mathcal{T}_i}(f_\theta)$
7:     **end for**
8:     Update $\theta \leftarrow \theta - \beta \nabla_\theta \sum_{\mathcal{T}_i \sim p(\mathcal{T})} \mathcal{L}_{\mathcal{T}_i}(f_{\theta'_i})$
9: **end while**

MAML 算法。来源: https://arxiv.org/abs/1703.03400

算法有一个外部循环 (第 2 行) 和一个内部循环 (第 4 行)。从内部循环开始, 在服从 $\mathcal{T}_i \sim p(\mathcal{T})$ 的任务分布中采样的许多任务上进行迭代。关注其中一个循环迭代, 它使用 $\mid S_i \mid$ 个训练样本处理单个任务 $\mathcal{T}_i$, 其中 S_i 是任务的支持集。训练样本按以下步骤分批处 (前面截图中的第 4 行到第 7 行):

1) 通过模型传播样本并计算损失 $\mathcal{L}_{\mathcal{T}_i}(f_\theta)$。

2) 分别对初始参数 θ 计算误差梯度 $\nabla_\theta \mathcal{L}_{\mathcal{T}_i}(f_\theta)$。

3）反向传播梯度并计算更新后的模型参数 $\theta'_i = \theta - \alpha \nabla_\theta \mathcal{L}_{\mathcal{T}_i}(f_\theta)$，其中 α 是学习率。注意，参数 θ'_i 是附加的，并且特定于每个任务。要澄清的是，每当内部循环开始一个新任务 $\mathcal{T}_{i+1}$ 的新迭代时，模型总是以相同的初始参数 θ 循环开始。与此同时，每个任务将其更新后的权重存储为一个额外的变量 θ'_i，而不实际修改初始参数 θ（在外部循环中更新原始模型）。

4）可以在同一任务中多次执行这种梯度更新。可以将其看作是在多个批量上进行训练，使用内部循环中的附加嵌套循环实现。在这个场景中，算法用最后一次迭代的权重 θ'_{i-1} 开始第 i 次迭代，而不是使用初始参数 θ，如下公式所示：

$$\theta'_{i,0} = \theta$$
$$\theta'_{i,1} = \theta'_{i,0} - \alpha \nabla_\theta \mathcal{L}_{\mathcal{T}_i}(f_{\theta'_{i,0}})$$
$$\theta'_{i,2} = \theta'_{i,1} - \alpha \nabla_\theta \mathcal{L}_{\mathcal{T}_i}(f_{\theta'_{i,1}})$$
$$\cdots$$
$$\theta'_{i,p} = \theta'_{i,p-1} - \alpha \nabla_\theta \mathcal{L}_{\mathcal{T}_i}(f_{\theta'_{i,p-1}})$$

在多次迭代的情况下，只保留最新的权重 $\theta'_{i,p}$。

只有内部循环完成后，才能根据所有任务的反馈来更新原始模型的初始参数 θ，为了理解为什么这是必要的，看看下图。

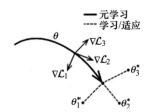

MAML 优化参数 θ，可以快速适应新的任务。来源：https：//arxiv.org/abs/1703.03400

它显示了三个任务沿全局误差梯度的误差梯度 $\{\nabla \mathcal{L}_1, \nabla \mathcal{L}_2, \nabla \mathcal{L}_3\}$。假设没有使用内部/外部循环机制，而是顺序地遍历每个任务，并在每个小批量之后简单地更新原始的模型参数 θ。可以看到，不同的损失函数的梯度会将模型推向完全不同的方向。例如，任务 2 的误差梯度会与任务 1 的梯度相矛盾。MAML 通过聚合（但不应用）来自内部循环的每个任务的更新权重（附加参数 θ'_i）来解决这个问题。然后，可以计算外部循环代价函数（称为元目标），同时结合所有任务的更新权重（这是跨所有任务的元优化）：

$$\min_\theta \sum_{\mathcal{T}_i \sim p(\mathcal{T})} \mathcal{L}_{\mathcal{T}_i}(f_{\theta'_i}) = \min_\theta \sum_{\mathcal{T}_i \sim p(\mathcal{T})} \mathcal{L}_{\mathcal{T}_i}(f_{\theta - \alpha \nabla_\theta \mathcal{L}_{\mathcal{T}_i}(f_\theta)})$$

对模型主要参数的权重更新采用如下公式：

$$\theta \leftarrow \theta - \beta \nabla_\theta \sum_{\mathcal{T}_i \sim p(\mathcal{T})} \mathcal{L}_{\mathcal{T}_i}(f_{\theta'_i})$$

这里 β 是学习率。外部循环任务 $\mathcal{T}_i$（MAML 伪代码程序的第 8 行）与内部循环不同

（第 3 行）。可以把内部循环任务看作训练集，把外部循环任务看作验证集。注意，使用特定于任务的参数 θ_i' 计算损失，但是我们是对初始参数 θ 计算损失梯度。澄清一下，这意味着通过外部循环和内部循环来反向传播。这被称为二阶梯度，因为计算的是梯度的梯度（二阶导数）。这样，即使在多次更新之后，也可以了解在任务上泛化的参数。

MAML 的一个缺点是通过整个计算图（外部循环和内部循环）进行反向传播的计算开销很大。此外，由于大量的反向传播步骤，它可能会遇到梯度消失或爆炸的问题。为了更好地理解这一点，假设有一个单一的任务 $\mathcal{T}_i$（从公式中省略它），为该任务执行单一梯度步长（一次内部循环迭代），而内部循环更新的参数为 θ'。也就是说，改变损失函数的符号，从 $\mathcal{L}_{\mathcal{T}_i}(f(\theta_{i,0}'))$ 变成 $\mathcal{L}(\theta')$。然后，外部循环更新的规则如下：

$$\theta \leftarrow \theta - \beta \nabla_\theta \mathcal{L}(\theta')$$
$$\theta \leftarrow \theta - \beta \nabla_\theta \mathcal{L}(\theta - \alpha \nabla_\theta \mathcal{L}(\theta))$$

可以利用链式法则（见第 1 章）计算损失相对于初始参数 θ 的梯度：

$$\nabla_\theta \mathcal{L}(\theta') = (\nabla_{\theta'} \mathcal{L}(\theta')).(\nabla_\theta \theta')$$
$$= (\nabla_{\theta'} \mathcal{L}(\theta')).(\nabla_\theta(\theta - \alpha \nabla_\theta \mathcal{L}(\theta)))$$

可以看到，这个公式包含了二阶导数 $\nabla_\theta(\theta - \alpha \nabla_\theta \mathcal{L}(\theta))$。MAML 的作者提出了**一阶 MAML (FOMAML)**，它完全忽略了 $\alpha \nabla_\theta \mathcal{L}(\theta)$。这样，就有 $\nabla_\theta(\theta) = 1$ 并且 FOMAML 梯度变成：

$$\nabla_\theta \mathcal{L}(\theta') = \nabla_{\theta'} \mathcal{L}(\theta')$$

这个简化的公式排除了计算昂贵的二阶梯度。

到目前为止，已经了解了通用的 MAML 算法，它适用于有监督和 RL 设置。接下来关注有监督版本。回顾一下，在有监督的情况下，每个任务都是一组不相关的输入/标签对，并且 episode 长度 H 为 1。下面的伪代码中可以看到用于小样本有监督学习的 MAML 算法（它与通用算法类似）：

Require: $p(\mathcal{T})$: distribution over tasks
Require: α, β: step size hyperparameters
1: randomly initialize θ
2: **while** not done **do**
3:     Sample batch of tasks $\mathcal{T}_i \sim p(\mathcal{T})$
4:     **for all** $\mathcal{T}_i$ **do**
5:         Sample K datapoints $\mathcal{D} = \{\mathbf{x}^{(j)}, \mathbf{y}^{(j)}\}$ from $\mathcal{T}_i$
6:         Evaluate $\nabla_\theta \mathcal{L}_{\mathcal{T}_i}(f_\theta)$ using $\mathcal{D}$ and $\mathcal{L}_{\mathcal{T}_i}$ in Equation (2) or (3)
7:         Compute adapted parameters with gradient descent: $\theta_i' = \theta - \alpha \nabla_\theta \mathcal{L}_{\mathcal{T}_i}(f_\theta)$
8:         Sample datapoints $\mathcal{D}_i' = \{\mathbf{x}^{(j)}, \mathbf{y}^{(j)}\}$ from $\mathcal{T}_i$ for the meta-update
9:     **end for**
10:     Update $\theta \leftarrow \theta - \beta \nabla_\theta \sum_{\mathcal{T}_i \sim p(\mathcal{T})} \mathcal{L}_{\mathcal{T}_i}(f_{\theta_i'})$ using each $\mathcal{D}_i'$ and $\mathcal{L}_{\mathcal{T}_i}$ in Equation 2 or 3
11: **end while**

用于小样本有监督学习的 MAML。来源：https://arxiv.org/abs/1703.03400

在上述代码中，等式 2 和等式 3 分别为分类任务的交叉熵损失和回归任务的均方误差，$\mathcal{D}$ 为内部循环训练集，$\mathcal{D}'$ 为外部循环验证集。

最后讨论一下 RL 场景，如下面的伪代码所示：

```
Require: p(𝒯): distribution over tasks
Require: α, β: step size hyperparameters
 1: randomly initialize θ
 2: while not done do
 3:     Sample batch of tasks 𝒯ᵢ ∼ p(𝒯)
 4:     for all 𝒯ᵢ do
 5:         Sample K trajectories 𝒟 = {(x₁,a₁,...xₕ)} using fθ
            in 𝒯ᵢ
 6:         Evaluate ∇θℒ𝒯ᵢ(fθ) using 𝒟 and ℒ𝒯ᵢ in Equation 4
 7:         Compute adapted parameters with gradient descent:
            θ'ᵢ = θ − α∇θℒ𝒯ᵢ(fθ)
 8:         Sample trajectories 𝒟'ᵢ = {(x₁,a₁,...xₕ)} using fθ'ᵢ
            in 𝒯ᵢ
 9:     end for
10:     Update θ ← θ − β∇θ Σ𝒯ᵢ∼p(𝒯) ℒ𝒯ᵢ(fθ'ᵢ) using each 𝒟'ᵢ
        and ℒ𝒯ᵢ in Equation 4
11: end while
```

用于小样本强化学习的 MAML。来源：https://arxiv.org/abs/1703.03400

每个样本 $\mathcal{D} = \{ (x_1, a_1, \cdots, x_H, a_1) \}$ 都代表了一个游戏 episode 的轨迹，其中环境在第 t 步显示了代理的当前状态 x_t。反过来，代理（神经网络）样本使用**策略** $f(\theta)$ 将状态 x_t 映射到动作 $a_i = f_\theta(x_i)$ 的分布上。该模型使用了一种特殊类型的损失函数，目的是训练网络在 episode 的所有步骤中最大化奖励。

10.4　总结

本章研究了元学习的领域，它可以被描述为教会学习如何学习。我们从元学习开始介绍。更具体地说，讨论了零样本和小样本学习，以及元训练和元测试。然后，本章讨论了几种基于度量的学习方法，研究了匹配网络，实现了一个孪生网络的示例，并介绍了原型网络。之后重点介绍了基于优化的学习，其中引入了 MAML 算法。

下一章讨论一个令人兴奋的主题：自动驾驶汽车。

第 **11** 章

自动驾驶汽车的深度学习

思考一下**自动驾驶汽车（AV）**如何影响我们的生活。首先，不用把注意力集中在开车上，可以在旅途中做一些其他的事情。满足这些旅行者的需求可能会催生一个完整的行业。但这只是额外的好处，如果能在旅行中更高效或放松，很可能会开始更多地旅行，更不用说对那些不能自己开车的人的好处了。让交通这样一种必不可少的基本商品更容易获得，有可能改变我们的生活。这仅仅是对我们个人的影响——AV 也可以对经济产生深远的影响，从送货服务到准时制生产。简而言之，使 AV 工作是一个非常高风险的游戏。难怪近年来这一领域的研究已经从学术界转移到实体经济领域。从 Waymo、优步（Uber）和英伟达（NVIDIA）到几乎所有主要汽车制造商都在争相开发 AV。

然而还没有使 AV 普及。原因之一是自动驾驶是一项复杂的任务，由多个子问题组成，每个子问题本身都是一项主要任务。为了成功导航，该汽车的程序需要一个精确的环境三维模型。建立这样一个模型的方法是结合来自多个传感器的信号。一旦我们有了模型，我们还需要解决实际的驾驶任务。想想驾驶员必须克服许多意想不到和独特的情况来防止撞车。但即使我们制造了一个驾驶策略，它也需要在几乎 100% 的情况下是准确的。假设 AV 能在100 个红灯中的 99 个成功停车。99% 的准确率对于任何其他**机器学习（ML）**任务来说都是一个巨大的成功，但对于自动驾驶来说就不是这样了，即使是一个错误也可能导致撞车。

本章探讨深度学习在 AV 中的应用，研究如何使用深度网络来帮助汽车了解其周围的环境。我们也会看到如何使用它们来控制汽车。

11.1 自动驾驶汽车介绍

以一个 AV 研究简史开始本节（令人惊讶的是很久以前就开始对 AV 进行研究了）。尝试根据**汽车工程师协会（SAE）**定义不同级别的 AV 自动化。

11.1.1 自动驾驶汽车研究简史

20 世纪 80 年代，欧洲和美国开始认真尝试实施自动驾驶汽车。自 21 世纪初的中期以来，进展迅速加快。在这个领域的第一个主要成就是 Eureka Prometheus 项目（ht-

tps://en.wikipedia.org/wiki/Eureka_Prometheus_Project），它从 1987 年持续到 1995 年。它在 1995 年达到顶峰，当时一辆奔驰 S 级自动驾驶汽车用计算机视觉完成了从慕尼黑到哥本哈根，往返 1600 公里的旅程。在德国高速公路的某些路段上，这辆汽车的时速可达 175 公里（有趣的事实是这条高速公路的某些路段并没有速度限制）。这辆汽车能自己超车。人类干预的平均距离为 9 公里，在没有干预的情况下，它一度行驶了 158 公里。

1989 年，卡内基梅隆大学的 Dean Pomerleau 发表了 "ALVINN：An Autonomous Land Vehicle in a Neural Network"（https://papers.nips.cc/paper/95-alvinn-an-autonomous-land-vehicle-in-a-neural-network.pdf）。这是一篇关于在 AV 中使用神经网络的开拓性论文。这项工作特别有趣，因为在 30 多年前，它就已经在 AV 中应用了本书中讨论的许多主题。看看 ALVINN 最重要的性质：

- 使用一个简单的神经网络来决定汽车的转向角度（它不控制加速和刹车）。
- 该网络与一个输入层、一个隐藏层和一个输出层全连接。
- 输入内容包括：
  - 一张来自安装在车上的前置摄像头的 30×32 的单色图像（它们使用了来自 RGB 图像的蓝色通道）。
  - 一张来自激光测距仪的 8×32 图像。这是一个简单的网格，其中每个单元包含该单元在视场中所覆盖的最近障碍物的距离。
  - 一个标量输入，它表示道路的强度，即在来自相机的图像中，道路是否比非道路更亮或更暗。这些值递归地来自网络输出。
- 一个有 29 个神经元的全连接隐藏层。
- 一个有 46 个神经元的全连接输出层。道路的弯曲度由 45 个神经元以一种类似于独热编码的方式来表示，也就是说，如果中间神经元的激活程度最高，那么道路就是直的。相反，左右神经元则表示道路弯曲度增加。最后的输出单元表示道路强度。
- 网络在 1200 张图像集上训练了 40 个 epoch。

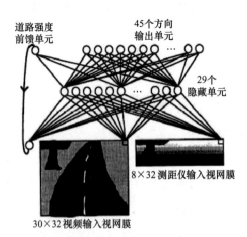

ALVINN 的网络架构。来源：ALVINN 论文

下面讨论最近的商业 AV 进程：

- DARPA 超级挑战赛（https://en. wikipedia. org/wiki/DARPA Grand Challenge）组织于 2004 年、2005 年和 2007 年。第一年，参赛队伍的 AV 必须在莫哈韦沙漠行驶 240 公里。性能最好的 AV 只跑了 11.78 公里就被挂在了岩石上。2005 年，这些队伍不得不在加利福尼亚州和内华达州跑完 212 公里的越野赛道。这一次，五辆汽车成功行驶了整条路线。2007 年的挑战是在一个空军基地建造的模拟城市环境中导航。全程 89 公里，参赛者必须遵守交通规则。六辆汽车跑完了全程。

- 2009 年，谷歌开始开发自动驾驶技术。这一努力促成了 Alphabet（谷歌的母公司）子公司 Waymo 的诞生。2018 年 12 月，Waymo 在亚利桑那州菲尼克斯市推出了首个商业叫车服务。2019 年 10 月，Waymo 宣布将推出首批真正意义上的无人驾驶汽车，作为其自动出租车服务的一部分（此前一直有安全驾驶员在场）。

- Mobileye（https://www. mobileye. com/）使用深度神经网络来提供驾驶辅助系统（例如车道保持辅助）。该公司已经开发了一系列**系统芯片（SOC）**设备，专门优化运行低能耗的神经网络，这是汽车使用所必需的。它的产品被许多主要的汽车制造商使用。2017 年，Mobileye 被英特尔以 153 亿美元的价格收购。此后，宝马（BMW）、英特尔、菲亚特-克莱斯勒（Fiat-Chrysler）、上汽集团（SAIC）、大众汽车（Volkswagen）、NIO 和汽车供应商德尔福（Delphi）（现在的 Aptiv）开始联合开发自动驾驶技术。2019 年前三个季度，Mobileye 的总销售额为 8.22 亿美元，而 2016 年四个季度的销售额为 3.58 亿美元。

- 2016 年，通用汽车以超过 5 亿美元（确切数字不详）的价格收购了无人驾驶技术开发商 Cruise Automation（https://getcruise.com/）。从那时起，Cruise Automation 已经测试和演示了多个 AV 原型（在旧金山驾驶）。2018 年 10 月，本田宣布将投资 7.5 亿美元入股该合资企业，获得 5.7% 的股权。2019 年 5 月，克鲁斯从一批新投资者和现有投资者那里获得了 11.5 亿美元的额外投资。

- 2017 年，福特汽车公司（Ford Motor Co.）收购了自动驾驶初创公司 Argo AI 的多数股权。2019 年，大众汽车宣布将向 Argo AI 投资 26 亿美元，这是它与福特的一笔大交易的一部分。大众汽车将出资 10 亿美元，并提供在慕尼黑拥有 150 多名员工的 16 亿美元的子公司 Autonomous Intelligence Driving。

11.1.2　自动化的级别

谈到 AV 时，通常会想到完全无人驾驶的汽车。但现实中，我们的汽车需要驾驶员机，但仍然提供一些自动化功能。

SAE 已经制定了六个自动化级别的量表：

- 0 级：驾驶员控制汽车的转向、加速和刹车。这个级别的功能只能为驾驶员的行为提供警告和即时帮助。这一级别的功能包括以下几个例子：
  - 偏离车道警告只是在汽车越过其中一条车道时警告驾驶员。
  - 当另一辆车位于汽车的盲区（即汽车尾部的左侧或右侧）时，盲点警告会向驾驶员发出警告。

- 1 级：为驾驶员提供转向或加速/刹车辅助的功能。目前在汽车上最流行的这些功能是：

  - **车道保持辅助（LKA）**：汽车可以检测到车道标记并使用转向装置使自己保持在车道的中心位置。
  - **自适应巡航控制（ACC）**：汽车可以根据情况，检测其他汽车并使用刹车和加速来维持或降低预设的速度。
  - **自动紧急制动（AEB）**：当汽车检测到障碍物，而驾驶员没有反应时，汽车可以自动停止。

- 2 级：为驾驶员提供转向和刹车/加速辅助的功能。其中一个功能是 LKA 和 ACC 的结合。在这个级别上，汽车可以在任何时候且没有预先警告的情况下将控制权交还给驾驶员。因此，驾驶员必须持续关注道路状况。例如，如果车道标记突然消失，LKA 系统可以提示驾驶员立即控制转向。

- 3 级：这是可以谈论真正自动化的第一级。与 2 级相似，汽车可以在一定的限制条件下自动驾驶，并提示驾驶员进行控制。这会提前发生（提示），让粗心的人有足够的时间熟悉自己的道路情况。例如，假设汽车在高速公路上自动驾驶，但云连接导航获取前方道路上施工的信息，在到达施工区域之前会提示驾驶员控制汽车。

- 4 级：与 3 级相比，4 级的汽车在更大范围的情况下是自动的。例如，局部地理定位（即局限于某个区域）出租车服务可能处于 4 级。它没有要求驾驶员来控制。相反，如果汽车驶出这个区域，它应该能够安全地中止行驶。

- 5 级：在所有情况下完全自动。方向盘是可选的。

如今，所有商业上可用的汽车最多只有 2 级的功能（即使是特斯拉的自动驾驶仪）。唯一的例外（根据制造商的说法）是 2018 年的奥迪 A8，它有一个叫作 AI 交通拥堵驾驶员的 3 级功能。该系统负责在多车道的道路上以 60 公里/小时的速度行驶。驾驶员可以通过 10 秒的提前警告提示来进行控制。这一功能在汽车的发布过程中得到了演示，但在撰写本章时，奥迪因监管限制，并没有将该功能投入到市场中。

下一节研究构成 AV 系统的组件。

11.2　自动驾驶汽车系统的组件

本节从软件架构的角度概述两种类型的 AV 系统。第一种类型使用带有多个组件的顺序架构，如 "AV 系统的组件" 图所示。

该系统类似于第 10 章中简要讨论过的强化学习框架。有一个反馈循环，其中环境（物理世界或模拟）向代理（汽车）提供其当前状态。反过来，代理决定它的新轨迹，环境对它作出反应，等等。从环境感知子系统开始，它有以下模块（将在下面的章节中更详细地讨论它们）：

- **传感器**：物理设备，如相机和雷达。
- **定位**：确定汽车在高清地图中的精确位置（以厘米为单位）。

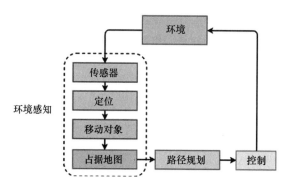

AV 系统的组件

- **移动对象的检测和跟踪**：检测和跟踪其他交通参与者，如汽车和行人。

感知系统的输出结合了来自它的各个模块的数据，来产生一个周围环境的**中层**虚拟表示。这种表示通常是环境的自上而下（鸟瞰）2D 视图，称为**占据地图**。下面的屏幕截图显示了 ChauffeurNet 系统的占据地图示例。它包括路面、交通灯和其他汽车。观看彩色图的效果最佳。

ChauffeurNet 的占据地图。来源：https://arxiv.org/abs/1812.03079

占据地图作为**路径规划**模块的输入，该模块使用它来确定汽车未来的轨迹。**控制**模块获得所需的轨迹并将其转换为低电平控制输入到汽车。

中层表示方法有几个优点。首先，它非常适合路径规划和控制模块的功能。此外，可以使用模拟器来生成自顶向下的图像，而不是使用传感器数据。通过这种方式，可以更容易地收集训练数据，因为不必驾驶一辆真正的汽车。更重要的是，能够模拟在现实世界中很少发生的情况。例如，AV 必须不惜任何代价避免崩溃，然而现实世界的训练数据几乎不会崩溃。如果只使用真实的传感器数据，那么最重要的驾驶情况之一将会被严重低估。

　　第二类 AV 系统采用一个端到端组件，以原始传感器数据为输入，来转向控制的形式生成驾驶策略，如下图所示。

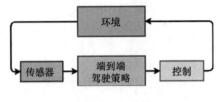

端到端 AV 系统

　　事实上，当讨论 ALVINN（见 11.1.1）时，已经提到了一个端到端的系统。下面重点介绍连续系统的不同模块。

11.2.1　环境感知

　　对任何自动化功能的工作，汽车需要良好的感知其周围环境。环境感知系统必须识别移动对象的准确位置、距离和方向，例如行人、骑自行车的人和其他汽车。此外，它还必须创建路面的精确映射，以及汽车在路面和整个环境中的精确位置。讨论一下帮助 AV 创建这个环境的虚拟模型的硬件和软件组件。

　　传感

　　构建良好环境模型的关键是汽车传感器。以下是最重要的传感器列表：

- **相机**：它的图像用于检测路面、路面标记、行人、骑自行车的人、其他汽车等。在汽车环境中一个重要的相机属性（除了分辨率）是视野。它度量相机在任何给定时刻所能看到的可观测世界的大小。例如，180°度的视野可以看到前方的一切，后方什么也看不到。360°的视野可以看到汽车前方的一切和汽车后方的一切（完全观察）。有以下几种不同类型的相机系统：
  - **单目相机**：使用一个前置相机，通常安装在挡风玻璃的顶部。大多数自动化功能依赖于这种类型的相机来工作。单目相机的典型视野大小是 125°。
  - **立体相机**：由两个前置相机组成的系统，彼此稍微分开。相机之间的距离使它们能够从稍微不同的角度捕捉到相同的照片，并将它们组合成 3D 图像（就像使用眼睛的方法一样）。立体系统可以度量图像中一些对象的距离，而单且相机只能依靠启发式来做到这一点。
  - **360°环境全景**：一些汽车有四个相机（前、后、左、右）的系统。
  - **夜视相机**：一个系统，其中汽车包含一个特殊类型的前照灯，除了其正常功能外，还在红外光谱中发光。光线由红外相机记录，它可以向驾驶员显示增强图像，并在夜间检测障碍物。
- **雷达**：利用发射机向不同方向发射电磁波（无线电或微波频谱）的系统。当电磁波到达一个对象时，通常会被反射，其中一些会反射到雷达本身的方向。雷达可以用一种特殊的接收天线检测到它们。既然知道无线电波是以光速传播的，就可以通过度量发射和接收信号之间经过的时间来计算汽车到被反射对象的距离。也可以通过度量发射波和入射波的频率差（多普勒效应）来计算一个对象（例如另一个汽车）的速度。与相机图像相比，雷达的"图像"噪声更大、范围更窄、分辨率更低。例如，远程雷达可以检测到 160 米以外的对象，但只能检测到很窄的 12° 视野范围内的对象。该雷达可以检测到其他汽车和行人，但无法检测到路面或车道标记。它通常用于 ACC 和 AEB，而 LKA 系统使用相机。大多数汽车有一个或两个前置雷达，在极少数情况下，有一个后置雷达。

- **激光雷达（光检测和测距）**：这种传感器有点类似于雷达，但不是无线电波，它发射近红外光谱的激光束。正因为如此，一个发射的脉冲可以精确地测量汽车到单点的距离。激光雷达以一种模式非常快地发射多个信号，从而创建环境的 3D 点云（传感器可以非常快地旋转）。以下是一个图，表示汽车将如何看待世界与激光雷达。

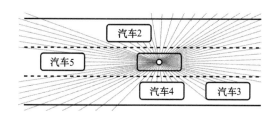

汽车如何通过激光雷达看世界

- **声纳（声波导航测距）**：这种传感器发出超声波脉冲，并通过聆听周围物体反射的声波回声来绘制环境。声纳比雷达便宜，但有效的检测范围有限。因此，它们通常用于停车辅助功能。

通过称为**传感器融合**的过程，可以将来自多个传感器的数据合并到单个环境模型中。传感器融合通常使用卡尔曼过滤器（https://en.wikipedia.org/wiki/Kalman_filter）实现。

定位

定位是确定汽车在地图上的确切位置的过程。为什么这很重要？像 HERE（https://www.here.com/）这样的公司专门制作极其准确的道路地图，可以在几厘米之内知道整个路面区域。这些地图还可以包含有关感兴趣的静态对象的信息，比如车道标记、交通标志、交通灯、速度限制、斑马线、减速带等。因此，如果知道汽车在道路上的确切位置，就不难计算出最佳轨迹。

一个明显的解决办法是使用 GPS，然而 GPS 在完美的条件下可以准确到 1～2 米。在有高层建筑或山区的地区，准确率可能会受到影响，因为 GPS 接收器无法从足够多的卫星接收到信号。解决这个问题的一种方法是使用**即时定位与地图构建**（SLAM）算法。这些算法超出了本书的范围，但我鼓励你对这个主题进行研究。

运动对象的检测与跟踪

现在已经知道了汽车使用的传感器，而且已经简要地提到了在地图上知道它确切位置的重要性。有了这些知识，理论上汽车可以通过简单的细粒度点的面包屑轨迹导航到目的地。然而，自动驾驶的任务并不是那么简单，因为环境是动态的，它包含移动的对象，如汽车、行人、骑自行车的人等。自动驾驶汽车必须不断地知道移动对象的位置，并在规划轨迹时跟踪它们。这是一个可以对原始传感器数据应用深度学习算法的领域。首先，要用相机完成该任务。第 5 章讨论了卷积网络在对象检测和语义分割两种高级视觉任务中的应用。

概括一下，对象检测在图像中检测到的不同类别的对象周围创建一个边界框。语义分割为图像的每个像素分配一个类标签。可以使用分割来检测准确形状的路面和车道标记的相机图像。可以利用对象检测对环境中感兴趣的运动对象进行分类和定位，第 5 章已经涵盖了这些主题。本章重点关注激光雷达传感器，讨论如何应用 CNN 在该传感器产生的 3D 点云。

我们已经概述了感知子系统组件，下一节介绍路径规划子系统。

11.2.2 路径规划

路径规划（或驾驶策略）是计算汽车轨迹和速度的过程。虽然可能有一个准确的地图和汽车的确切位置，但是仍然需要记住环境的动态。汽车周围环绕着其他移动的汽车、行人、交通灯等。如果前面的汽车突然停下了怎么办？或者它移动得太慢？AV 必须做出超车的决定然后执行操作。这是 ML 和 DL 特别有用的地方，本章讨论实现它们的两种方法。更具体地说，讨论在端到端学习系统中使用模拟驾驶策略，以及由 Waymo 开发的名为 ChauffeurNet 的驾驶策略算法。

AV 研究的一个障碍是构建 AV 和获得必要的许可来测试，它是非常昂贵和费时的。幸运的是，仍然可以在 AV 模拟器的帮助下训练算法。

下面是一些流行的模拟器：

- 微软 AirSim，构建在虚幻引擎上（https：//github. com/Microsoft/AirSim/）。
- CARLA，构建在虚幻引擎上（https：//github. com/carla‑simulator/carla）。
- Udacity 的自动驾驶汽车模拟器，使用 Unity 构建（https：//github. com/udacity/self‑driving‑car‑sim）。
- OpenAI Gym 的 `CarRacing-v0` 环境（将在 11.4 节中看到一个示例）。

这是对 AV 系统组件的描述。接下来讨论如何处理 3D 空间数据。

11.3 3D 数据处理介绍

激光雷达产生一个点云——3D 空间中的一组数据点。

激光雷达发射的是激光光束。从表面反射的光束返回到接收器，生成点云的单个数据点。假设激光雷达装置是坐标系的中心，每一束激光都是一个向量，那么一个点就是由向量的方向和大小来定义的。因此，点云是一个**无序的**向量集合。另外，可以用它们

在空间 $\mathbb{R}^3$ 中的笛卡尔坐标来定义这些点，如下图左侧所示。在本例中，点云是一组向量 $\{p_i \mid i=1,\cdots,n\}$，其中每个向量 $p_i = [x_i, y_i, z_i]$ 包含该点的三个坐标。为了清晰起见，将每个点表示为一个立方体：

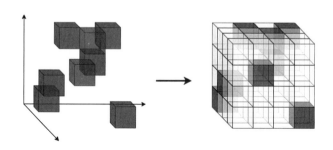

左：3D 空间中的点（以立方体表示）；右：立体像素的 3D 网格

接下来讨论神经网络，特别是 CNN 的输入数据格式。一个 2D 彩色图像被表示为一个有 3 个切片的张量（每个通道一个切片），每个切片是一个由像素组成的矩阵（2D 网格）。CNN 使用 2D 卷积（见第 2 章）。直观地说，我们可能认为我们可以为 3D 点云使用类似的立体像素的 3D 网格（立体像素就是一个 3D 像素），如上图右侧所示。假设点云的点没有颜色，可以将网格表示为 3D 张量，并将其作为具有 3D 卷积的 CNN 的输入。

然而，如果仔细观察这个 3D 网格，会发现它是稀疏的。例如，在前面的图中，有一个拥有 8 个点的点云，但是网格包含 $4\times4\times4=64$ 个单元。在这个简单的例子中，将数据的内存占用增加至 8 倍，但在现实世界中，情况可能更糟。本节将介绍 PointNet（见 "PointNet：Deep Learning on Point Sets for 3D Classification and *Segmentation*"，https://arxiv.org/abs/1612.00593），它为这个问题提了一个解决方案。

PointNet 以点云向量 p_i 的集合作为输入，而不是它们的 3D 网格表示。为了理解它的架构，从导向网络设计的点云向量集的属性开始（以下引用论文描述）：

- **无序**：与图像中的像素数组或 3D 网格中的立体像素数组不同，点云是一组没有特定顺序的点。因此，消耗 N 个 3D 点集的网络需要在数据供给顺序上对输入集的 $N!$ 次排列保持不变。
- **点之间的交互**：类似于图像中的像素，3D 点之间的距离可以表示它们之间的关系水平，即与远处的点相比，附近的点更有可能是同一对象的一部分。因此，该模型需要能够从附近的点捕获局部结构以及局部结构之间的组合交互。
- **转换下的不变性**：作为几何对象，学习过的点集的表示应该对某些转换是不变的。例如，一起旋转和平移的点不应该修改全局点云的类别，也不应该修改点的分割。

现在知道了这些先决条件，讨论 PointNet 是如何解决它们的。从网络架构开始，然后更详细地讨论其组件。

PointNet 是一个**多层感知器（MLP）**。这是一个前馈网络，它只包含全连接层（以及最大池化层，后面会详细介绍）。如前所述，输入点云向量 p_i 的集合表示为 $n\times3$ 张量。

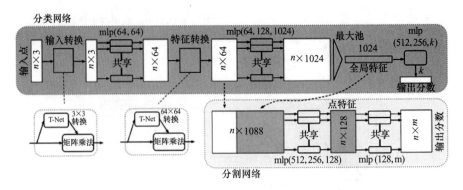

PointNet 架构。来源：https://arxiv.org/abs/1612.00593

重要的是要注意，网络（直到最大池化层）之间**共享**所有点的集合。尽管输入大小为 $n \times 3$，可以把 PointNet 看作是在 n 个大小为 1×3 的输入向量上应用同一个网络 n 次。也就是说，网络权重由点云的所有点共享。这种顺序排列还允许任意数量的输入点。

输入通过输入转换，输出另一个 $n \times 3$ 张量，其中 n 个点的每个点都由 3 个分量定义（类似于输入张量）。这个张量被提供给一个上采样的全连接层，它将每个点编码为一个 64 维的向量，产生 $n \times 64$ 的输出。网络继续进行另一种转换，类似于输入转换。然后将结果逐步上采样 64 维，然后是 128 维，最后是 1024 维全连接层，产生最终的 $n \times 1024$ 输出。该张量作为最大池化层的输入，最大池化层取 n 个点中同一位置的最大元素，生成 1024 维的输出向量。这个向量是所有点集的聚合表示。

但为什么一开始就使用最大池化呢？请记住，最大池化是一个对称操作，也就是说，不管输入的顺序如何，它都将产生相同的输出。同时，点的集合也是无序的。使用最大池化确保了无论点的顺序如何，网络都会产生相同的结果。本书之所以选择最大池化而不是其他对称函数（如平均池化），是因为最大池化在基准数据集中显示了最高的准确率。

经过最大池化后，根据任务类型，网络分成两个网络（见上图）：

- **分类**：1024 维聚合向量作为几个全连接层的输入，这些层以 k-way（k-通道）softmax 结束，其中 k 为类的数量。这是一个标准的分类管道。
- **分割**：将一个类分配给集合中的每个点。作为分类网络的扩展，这个任务需要局部知识和全局知识的结合。如图所示，将 n 个 64 维中间点的每个表示都和全局 1024 维向量串联，得到一个 $n \times 1088$ 维张量。与网络的初始段一样，这条路径也在所有点之间共享。通过一系列（1088 到 512，然后到 256，最后到 128）全连接层，将每个点的向量下采样到 128 维。最后一个全连接层有 m 个单元（每个类有一个单元）和 softmax 激活。

到目前为止，已经使用最大池化操作显式地解决了输入数据的无序特性，但是仍然必须解决点之间的不变性和交互问题。这就是输入转换和特征转换将有所帮助的地方。从输入转换开始（在前面的图中，这是 T-net）。T-net 是一个 MLP，它类似于完整的 PointNet（T-net 被称为迷你 PointNet），如下页图所示。

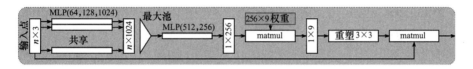

输入（和特征）转换 T-net

输入转换 T-net 以 $n\times3$ 个点的集合（与整个网络相同的输入）作为输入。像完整的 PointNet，T-net 被所有点共享。首先将输入用 64 单元的全连接层，然后是 128 单元的全连接层，最后是 1024 单元的全连接层上采样到 $n\times1024$。上采样输出提供给最大池化操作，输出 1×1024 向量。然后，利用两个 512 个单元的全连接层和 256 个单元的全连接层，将向量下采样到 1×256。1×256 向量乘以一个 256×9 的全局（共享）可学习权重矩阵。结果被重塑成一个 3×3 矩阵，乘以原始输入点 $\boldsymbol{p}_i$ 得到最终的 $n\times3$ 输出张量。中间的 3×3 矩阵在点集上充当一种可学习的仿射转换矩阵。通过这种方式，这些点被规范化为与网络相关的一个熟悉的视角，也就是说，网络在转换下获得不变性。第二个 T-net（特征转换）几乎和第一个一样，除了输入张量是 $n\times64$，它得到一个 64×64 的矩阵。

虽然全局最大池化层确保了网络不受数据顺序的影响，但它还有另一个缺点，因为它对整个输入点集创建了单一的表示，但是这些点可能属于不同的对象（例如汽车和行人）。在这种情况下，全局聚合可能会出现问题。为了解决这个问题，PointNet 的作者引入了 PointNet＋＋（见 "PointNet＋＋：Deep Hierarchical Feature Learning on Point Sets in a Metric Space"，https：//arxiv.org/abs/1706.02413）。这是一种递归地将 PointNet 应用于输入点集嵌套划分的分层神经网络。

本节讨论了 AV 环境下感知系统的 3D 数据处理。下一节讨论把注意力转移到具有模仿驾驶策略的路径规划系统上。

11.4　模仿驾驶策略

11.2 节概述了自动驾驶系统所需的几个模块。本节讨论如何使用 DL 实现其中之一——驾驶策略。实现这一点的一种方法是使用 RL，其中汽车是代理，而环境就是环境。另一种流行的方法是**模仿学习**，即模型（网络）学习模仿专家（人类）的动作。看看 AV 场景中模仿学习的属性：

- 使用一种模仿学习，称为**行为克隆**。这仅仅意味着以一种有监督的方式训练网络。或者可以在强化学习（RL）场景中使用模仿学习，这被称为逆 RL。
- 网络的输出是驾驶策略，由期望的转向角度和/或加速或制动来表示。例如，可以有一个用于方向盘角度的回归输出神经元和一个用于加速或刹车的神经元（因为不能同时拥有这两个神经元）。
- 网络输入可以是以下任意一种：
  - 用于端到端的系统的原始传感器数据，例如，来自前置相机的图像。AV 系统的其中一个单一模型使用原始传感器输入和输出驾驶策略，被称为**端到端**。

- 序列组合系统的中层环境表示。
- 在专家的帮助下创建训练数据集。让专家在现实世界或模拟器中手动驾驶汽车。在旅程的每一步，记录以下内容：
  - 环境的当前状态。可以是原始的传感器数据或自顶向下的视图表示。使用当前状态作为模型的输入。
  - 专家在当前环境状态下的动作（转向角度和刹车/加速）。这将是网络的目标数据。训练过程会简单地使用熟悉的梯度下降法来最小化网络预测和驾驶员动作之间的误差。通过这种方式教会网络模仿驾驶员。

行为克隆的场景如下图所示：

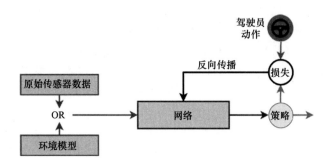

克隆行为场景

正如已经提到的，ALVINN（见 11.1.1）是一个端到端行为克隆系统。最近的一篇"End to End Learning for Self-Driving Cars"（https://arxiv.org/abs/1604.07316）论文中介绍了一个类似的系统，它使用的是一个 5 层卷积的 CNN，而不是一个全连接的网络。在实验中，车载相机的图像被输入到 CNN。CNN 的输出是一个单标量值，表示汽车的期望转向角度。这个网络不能控制加速和刹车。为了构建训练数据集，论文作者收集了大约 72 小时的真实驾驶视频。在评估过程中，该车 98％ 的时间能够在郊区自动驾驶（不包括变道和从一条路转向另一条路）。此外，它成功地在多车道分岔公路上行驶了 16 公里而不受干扰。下一节实现一些有趣的东西——使用 PyTorch 实现行为克隆的示例。

使用 PyTorch 实现行为克隆

本节使用 PyTorch 1.3.1 实现一个行为克隆的示例。为了完成这个任务，使用 OpenAI Gym（https://gym.openai.com/），这是一个用于开发和比较强化学习算法的开源工具包。它可以教**代理**完成各种任务，比如走路或者玩游戏（如乒乓球、弹球、其他一些 Atari 游戏，甚至是 Doom）。

可以用 pip 进行安装：

```
pip install gym[box2d]
```

本例使用 CarRacing-v0 OpenAI Gym 环境，如下面的截图所示。

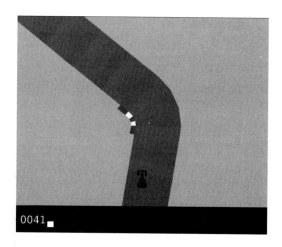

在 CarRacing-v0 环境中，代理是一辆赛车；整个过程都是鸟瞰式的

这个示例包含多个 Python 文件。这一节提到最重要的部分。完整的源代码在 https://github.com/PacktPublishing/Advanced-Deep-Learning-with-Python/ tree/master/Chapter11/imitation_learning。

目标是让赛车（称为代理）尽可能快地行驶在赛道上，它不可以滑出路面。可以用四种动作控制汽车：加速、刹车、左转和右转。每个动作的输入都是连续的，例如可以将全部马力指定为 1.0，将一半马力指定为 0.5（其他控件也是如此）。

为了简单起见，假设只能指定两个离散的动作值：0 表示没有动作，1 表示完全动作。因为，最初这是一个 RL 环境，当代理沿着轨道前进时，它将在每一步获得奖励。但是，我们不会使用这个方式，因为代理将直接从我们的动作中学习。执行以下步骤：

1）通过驾驶汽车绕着赛道创建一个训练数据集（用键盘箭头控制它）。换句话说，我们将成为代理试图模仿的专家。在本片段的每一步，记录当前的游戏帧（状态）和当前按下的键，将它们存储在一个文件中。此步骤的完整代码可在 https://github.com/ PacktPublishing/Advanced-Deep-Learning-with-Python/blob/master/Chapter11/imitation learning/keyboard agent.py 上获得。我们要做的就是运行这个文件，然后游戏就开始了。玩游戏时，这些片段会被记录在 imitation_learning/data/data.gzip 文件中（每五个片段记录一次）。如果想重新开始，可以简单地删除它。可以通过按 Escape 键退出游戏，并使用空格键暂停游戏。也可以按回车键开始新的游戏。这种情况下，当前片段被丢弃，其序列不被存储。对于足够大的训练数据集，建议至少玩 20 个片段。最好经常使用刹车，否则数据集会变得特别不平衡。在正常运行中，加速比刹车或转向更频繁地被使用。另外，如果不想玩，GitHub 仓库已经包含了一个现有的数据文件。

2）代理由一个 CNN 表示。使用刚刚生成的数据集，在有监督下训练它。输入将是一个游戏帧，输出将是转向和刹车/加速的组合。目标（标签）将是为人类操作员记录的动作。如果你想省略这一步，GitHub 仓库已经有一个经过训练的 PyTorch 网络，位于 https://github.com/PacktPublishing/Advanced-Deep-Learning-with-Python/blob/master/Chapter11/imitation_learning/data/model.pt。

3）让 CNN 代理使用网络输出来决定发送到环境的下一个动作。只需运行 https://github.com/PacktPublishing/Advanced-Deep-Learning-with-Python/blob/master/Chapter11/imitation_learning/nn_agent.py 文件就可以做到这一点。如果你没有执行前面两个步骤中的任何一个，这个文件将使用现有的代理。

介绍步骤之后，继续准备训练数据集。

生成训练数据集

本节讨论如何生成一个训练数据集，并将其作为 PyTorch 的 torch.utils.data.DataLoader 类。重点显示代码中最相关的部分，但完整的源代码位于 https://github.com/PacktPublishing/Advanced-Deep-Learning-with-Python/blob/master/Chapter11/imitation_learning/train.py。

通过几个步骤创建训练数据集：

1）read_data 函数在两个 numpy 数组中读取 imitation_learning/data/data：其中一个用于游戏帧，另一个用于与它们相关联的键盘组合。

2）环境接受由三个元素组成的动作，其中为正确的是：

- 第一个元素的值在 [-1, 1] 范围内，表示转向角度（-1 代表右，1 代表左）。
- 第二个元素在 [0, 1] 范围内，表示节流阀。
- 第三个元素在 [0, 1] 范围内，表示刹车功率。

3）使用七个最常见的组合键：[0, 0, 0] 表示没有动作（汽车滑行），[0, 1, 0] 表示加速，[0, 0, 1] 表示刹车，[-1, 0, 0] 表示左转，[-1, 0, 1] 表示左转和刹车，[1, 0, 0] 表示右转，以及 [1, 0, 1] 表示右转和刹车组合。故意防止同时使用加速和左转或右转，因为汽车会变得非常不稳定。剩下的组合是不常见的。read_data 短语将这些数组转换为一个从 0 到 6 的类标签。通过这种方式，简单地解决七个类的分类问题。

4）read_data 函数还将平衡数据集。正如我们所提到的，加速是最常见的组合键，而其他一些，如刹车，是最罕见的。因此，删除一些加速样本，成倍增加一些制动（左/右＋刹车）。然而，作者采用了一种启发式的方法，尝试了多个删除/倍增比率的组合，并选择了最有效的组合。如果你记录自己的数据集，你的驾驶风格可能是不同的，并且你可能希望修改这些比率。

一旦有了训练样本的 numpy 数组，使用 create_datasets 函数将它们转换为 torch.utils.data.DataLoader 实例。这些类允许以小批量提取数据并应用数据增强。

首先实现 data_transform 转换列表，它在将图像提供给网络之前对其进行修改。完整的实现代码可以在 https://github.com/PacktPublishing/Advanced-Deep-Learning-with-Python/blob/master/Chapter11/imitation_learning/util.py 上获得。把图像转换为灰

度，对 [0，1] 范围内的颜色值进行标准化，并裁剪帧的底部部分（黑色矩形框，显示奖励和其他信息）。具体实现如下：

```
data_transform = torchvision.transforms.Compose([
    torchvision.transforms.ToPILImage(),
    torchvision.transforms.Grayscale(1),
    torchvision.transforms.Pad((12, 12, 12, 0)),
    torchvision.transforms.CenterCrop(84),
    torchvision.transforms.ToTensor(),
    torchvision.transforms.Normalize((0,), (1,)),
])
```

接下来把注意力转移回 create_datasets 函数。从声明开始：

```
def create_datasets():
```

然后实现 TensorDatasetTransforms 辅助类，以便能够对输入图像应用 data_transform 转换。实现如下（请记住缩进，因为这段代码仍然是 create_datasets 函数的一部分）：

```
class TensorDatasetTransforms(torch.utils.data.TensorDataset):
    def __init__(self, x, y):
        super().__init__(x, y)

    def __getitem__(self, index):
        tensor = data_transform(self.tensors[0][index])
        return (tensor,) + tuple(t[index] for t in self.tensors[1:])
```

接下来完整读取之前生成的数据集：

```
x, y = read_data()
x = np.moveaxis(x, 3, 1)  # channel first (torch requirement)
```

然后创建训练和验证数据加载器（train_loader 和 val_loader）。最后，返回它们作为 create_datasets 函数的结果：

```
# train dataset
x_train = x[:int(len(x) * TRAIN_VAL_SPLIT)]
y_train = y[:int(len(y) * TRAIN_VAL_SPLIT)]

train_set = TensorDatasetTransforms(torch.tensor(x_train),
torch.tensor(y_train))

train_loader = torch.utils.data.DataLoader(train_set,
batch_size=BATCH_SIZE,
                                            shuffle=True, num_workers=2)

# test dataset
x_val, y_val = x[int(len(x_train)):], y[int(len(y_train)):]
```

```
    val_set = TensorDatasetTransforms(torch.tensor(x_val),
torch.tensor(y_val))

    val_loader = torch.utils.data.DataLoader(val_set,
batch_size=BATCH_SIZE,
                                    shuffle=False, num_workers=2)

    return train_loader, val_loader
```

接下来讨论代理神经网络架构。

实现代理神经网络

代理由 CNN 表示，CNN 具有以下属性：

- 单输入 84×84 切片。
- 三层卷积层，带下采样的跨步。
- ELU 激活。
- 两个全连接层。
- 七个输出神经元（每个神经元一个）。
- 批标准化和丢弃，应用在每层（甚至卷积），以防止过拟合。由于不能使用任何有意义的数据增强技术，因此这个任务中的过拟合特别夸张。例如，假设随机地水平翻转图像。在这种情况下，必须更改标签来逆转转向值。因此，尽可能地依赖正则化。

下面的代码块显示了网络实现：

```
def build_network():
    return torch.nn.Sequential(
        torch.nn.Conv2d(1, 32, 8, 4),
        torch.nn.BatchNorm2d(32),
        torch.nn.ELU(),
        torch.nn.Dropout2d(0.5),
        torch.nn.Conv2d(32, 64, 4, 2),
        torch.nn.BatchNorm2d(64),
        torch.nn.ELU(),
        torch.nn.Dropout2d(0.5),
        torch.nn.Conv2d(64, 64, 3, 1),
        torch.nn.ELU(),
        torch.nn.Flatten(),
        torch.nn.BatchNorm1d(64 * 7 * 7),
        torch.nn.Dropout(),
        torch.nn.Linear(64 * 7 * 7, 120),
        torch.nn.ELU(),
        torch.nn.BatchNorm1d(120),
        torch.nn.Dropout(),
        torch.nn.Linear(120, len(available_actions)),
    )
```

实现了训练数据集和代理之后，就可以继续对它们进行训练了。

训练

借助 train 函数来实现训练，该函数以网络和 cuda 设备为参数。使用交叉熵损失和 Adam 优化器（通常用于分类任务的组合）。该函数简单地迭代 EPOCHS 次，并为每个 epoch 调用 train_epoch 和 test 函数。具体实现如下：

```python
def train(model: torch.nn.Module, device: torch.device):
    loss_function = torch.nn.CrossEntropyLoss()

    optimizer = torch.optim.Adam(model.parameters())

    train_loader, val_order = create_datasets()  # read datasets

    # train
    for epoch in range(EPOCHS):
        print('Epoch {}/{}'.format(epoch + 1, EPOCHS))

        train_epoch(model, device, loss_function, optimizer, train_loader)

    test(model, device, loss_function, val_order)

    # save model
    model_path = os.path.join(DATA_DIR, MODEL_FILE)
    torch.save(model.state_dict(), model_path)
```

然后，为单个 epoch 训练实现 train_epoch。此函数遍历所有小批量，并为每小批量执行前向和反向传递。具体实现如下：

```python
def train_epoch(model, device, loss_function, optimizer, data_loader):
    model.train() # set model to training mode
    current_loss, current_acc = 0.0, 0.0

    for i, (inputs, labels) in enumerate(data_loader):
        inputs, labels = inputs.to(device), labels.to(device) # send to device

        optimizer.zero_grad() # zero the parameter gradients
        with torch.set_grad_enabled(True):
            outputs = model(inputs) # forward
            _, predictions = torch.max(outputs, 1)
            loss = loss_function(outputs, labels)

            loss.backward() # backward
            optimizer.step()

        current_loss += loss.item() * inputs.size(0) # statistics
        current_acc += torch.sum(predictions == labels.data)

    total_loss = current_loss / len(data_loader.dataset)
    total_acc = current_acc / len(data_loader.dataset)
```

```
print('Train Loss: {:.4f}; Accuracy: {:.4f}'.format(total_loss,
total_acc))
```

 train_epoch 和 test 函数类似于第 2 章中实现的迁移学习代码示例。为了避免重复，不在这里实现 test 函数，但它在 GitHub 仓库中可用。

运行大约 100 个 epoch 的训练，但为了快速实验可以缩短到 20 或 30 个 epoch。使用默认训练集，一个 epoch 通常花费小于一分钟。现在已经熟悉了训练，讨论如何在模拟环境中使用代理 NN 驾驶赛车。

让代理驱动

首先实现 nn_agent_drive 函数，该函数允许代理进行游戏（在 https：//github. com/ PacktPublishing/Advanced-Deep – Learningwith – Python/blob/master/Chapter11/imitation_ learning/nn_agent. py 中定义）。该函数将以初始状态（游戏框架）启动 env 环境。使用它作为网络的输入。然后把 softmax 网络从独热编码输出到基于数组的动作，并将其发送到环境中进行下一步。重复这些步骤，直到该场景结束。nn_agent_drive 函数还允许用户通过按 Escape 键退出。注意，仍然使用与训练中相同的 data_trans-form 转换。

首先实现初始化部分，绑定 Esc 键并初始化环境：

```
def nn_agent_drive(model: torch.nn.Module, device: torch.device):
    env = gym.make('CarRacing-v0')

    global human_wants_exit  # use ESC to exit
    human_wants_exit = False

    def key_press(key, mod):
        """Capture ESC key"""
        global human_wants_exit
        if key == 0xff1b:  # escape
            human_wants_exit = True

    state = env.reset()  # initialize environment
    env.unwrapped.viewer.window.on_key_press = key_press
```

接下来实现主循环，其中代理（汽车）执行 action，环境返回新 state，等。这个动态在无限 while 循环中得到了反映（请注意缩进，因为这段代码仍然是 nn_agent_ play 的一部分）：

```
while 1:
    env.render()

    state = np.moveaxis(state, 2, 0) # channel first image
    state = torch.from_numpy(np.flip(state, axis=0).copy()) # np to
tensor
    state = data_transform(state).unsqueeze(0) # apply transformations
    state = state.to(device) # add additional dimension
```

```
    with torch.set_grad_enabled(False): # forward
        outputs = model(state)

    normalized = torch.nn.functional.softmax(outputs, dim=1)

    # translate from net output to env action
    max_action = np.argmax(normalized.cpu().numpy()[0])
    action = available_actions[max_action]
    action[2] = 0.3 if action[2] != 0 else 0 # adjust brake power

    state, _, terminal, _ = env.step(action) # one step

    if terminal:
        state = env.reset()

    if human_wants_exit:
        env.close()
        return
```

现在我们已经拥有了运行程序的所有元素，下一节执行这些操作。

实现完整的行为克隆

终于可以运行整个程序了。此操作的完整代码在 https：//github.com/PacktPublishing/Advanced – Deep – Learning – with – Python/blob/master/Chapter11/imitation_learning/main.py。

下面的代码片段构建和恢复网络（如果可用），进行训练，并评估网络：

```
# create cuda device
dev = torch.device("cuda:0" if torch.cuda.is_available() else "cpu")

# create the network
model = build_network()

# if true, try to restore the network from the data file
restore = False
if restore:
    model_path = os.path.join(DATA_DIR, MODEL_FILE)
    model.load_state_dict(torch.load(model_path))

# set the model to evaluation (and not training) mode
model.eval()

# transfer to the gpu
model = model.to(dev)

# train
train(model, dev)

# agent play
nn_agent_drive(model, dev)
```

虽然不能在这里显示运行中的代理，但是你可以通过遵循本节中的说明轻松地看到它的运行。可以说它学得很好，能够在赛道上定期跑满圈（但并不总是这样）。有趣的是，网络的驾驶风格与生成数据集的操作人员的风格非常相似。这个例子还表明，不应该低估有监督学习。我们能够用一个较小的数据集，在相对较短的训练时间内创建一个性能良好的代理。

至此，总结了模仿学习的例子。接下来讨论一个更复杂的驾驶策略算法，称为ChauffeurNet。

11.5 ChauffeurNet 驾驶策略

本节讨论近年的一篇论文，名为 "ChauffeurNet: Learning to Drive by Imitating the Best and Synthesizing the Worst"（https://arxiv.org/abs/1812.03079）。它于 2018 年12 月由 AV 领域的领导者之一 Waymo 发布。看看 ChaffeurNet 模型的一些属性：

- 它是两个相互连接的网络的结合。第一个是 CNN 的 FeatureNet，它从环境中提取特征。这些特征作为输入提供给到第二个被称为 AgentRNN 的循环网络，它决定驱动策略。
- 它使用模仿有监督学习的方式，这与 11.4 节中描述的算法类似。训练集是根据真实驾驶事件的记录生成的。ChauffeurNet 可以处理复杂的驾驶情况，如变道、交通信号灯、交通标志、从一条街道换到另一条街道等。

> ℹ️ 本论文由 Waymo 在 arxiv.org 上发表，仅供参考之用。Waymo 和 arxiv.org 不是附属机构，也不为本书或作者背书。

从输入和输出数据表示开始讨论 ChauffeurNet。

11.5.1 输入/输出表示

端到端方法将原始传感器数据（例如相机图像）输入到 ML 算法（神经网络），然后ML 算法生成驾驶策略（转向角度和加速）。相比之下，ChauffeurNet 使用 11.2 节分中介绍的中层输入和输出。先看看 ML 算法的输入，这是一系列自顶向下（鸟瞰）的 400×400 图像，类似于 CarRacing-v0 环境的图像，但要复杂得多。一个时刻 t 由多幅图像表示，每幅图像包含不同的环境元素。

下页图是一个 ChauffeurNet 输入/输出组合的例子。

按照字母顺序看看输入元素（（a）到（g））：

- （a）是道路图的精确表示。这是一幅 RGB 图像，使用不同的颜色来代表各种道路特征，如车道、十字路口、交通标志和路缘。
- （b）是交通信号灯灰度图像的时间序列。与（a）的特征不同，交通信号灯是动态的，也就是说，它们可以在不同的时间变绿、变红或变黄。为了恰当地传达它们的动态，该算法使用一系列图像，显示过去 T_{scene} 时刻每一秒到当前时刻每条车道的交通信号灯的状态。每幅图像中线条的颜色代表了每个红绿灯的状态，其中最亮的

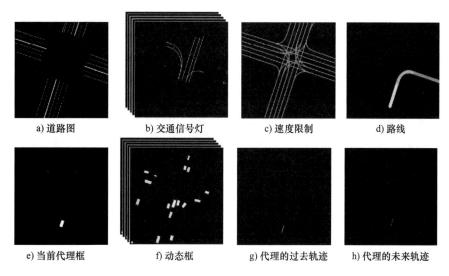

a) 道路图　　　　b) 交通信号灯　　　　c) 速度限制　　　　d) 路线

e) 当前代理框　　　　f) 动态框　　　　g) 代理的过去轨迹　　　h) 代理的未来轨迹

ChauffeurNet 输入。来源：https://arxiv.org/abs/1812.03079

颜色为红色，中间的颜色为黄色，最暗的颜色为绿色或未知。

- （c）是每个车道已知限速的灰度图像。不同的颜色强度代表不同的速度限制。
- （d）是起点至终点之间的预定路线。可以把它想象成谷歌地图生成的方向。
- （e）是代表代理当前位置的灰度图像（显示为白框）。
- （f）是一个时间序列的灰度图像，表示环境的动态元素（显示为框）。这些可能是其他汽车、行人或骑自行车的人。当这些对象随着时间改变位置时，算法用一系列快照图像来表达它们的轨迹，表示它们在最后一个 T_{scene} 秒的位置。这与交通信号灯（b）的工作原理相同。
- （g）是过去 T_{pose} 秒到当前时刻的代理轨迹的单一灰度图像。代理位置显示为图像上的一系列点。请注意，在单个图像中显示它们，而不是像其他动态元素那样使用时间序列。在时刻 t 的代理在相同的自顶向下环境中用属性 $\boldsymbol{p}_t$、θ_t、s_t 表示，其中 $\boldsymbol{p}_t = (x_t, y_t)$ 是坐标，θ_t 是方向（或朝向），s_t 是速度。
- （h）是算法的中层输出：代理的未来轨迹，表示为一系列的点。这些点与过去的轨迹（g）具有相同的意义。$t+1$ 时刻的未来位置输出是使用到当前时刻 t 的过去轨迹（g）生成的。用 ChauffeurNet 表示如下：

$$\boldsymbol{p}_{t+\delta t} = \text{ChauffeurNet}(I, \boldsymbol{p}_t)$$

此外，I 是前面所有的输入图像，$\boldsymbol{p}_t$ 是时刻 t 的代理位置，δt 是 0.2 秒的时间间隔。δt 值是任意的，由作者自行选择。一旦有了 $t+\delta t$ 参数，可以把它添加到过去的轨迹（g）中，可以用它来生成步骤 $t+2\delta t$ 的下一个位置。新生成的轨迹被输入到汽车的控制模块，该模块尽最大努力通过汽车控制（转向、加速和刹车）来执行它。

正如 11.2 节中提到的，这个中层输入表示允许我们轻松地使用不同的训练数据来源。

可以通过融合汽车传感器输入（如相机和激光雷达）和地图数据（如街道、交通信号灯、交通标志等），从真实的驾驶中生成。但是也可以在模拟环境中生成相同格式的图像。这同样适用于中层输出，其中控制模块可以附加到各种类型的物理汽车或模拟汽车上。使用模拟可以使代理从现实世界中很少发生的情况中学习，比如紧急刹车甚至撞车。为了帮助代理了解这些情况，论文的作者使用模拟明确地合成了多个罕见的场景。

现在已经熟悉了数据表示，下面讨论模型的核心组件。

11.5.2 模型架构

下图展示了 ChauffeurNet 模型架构。

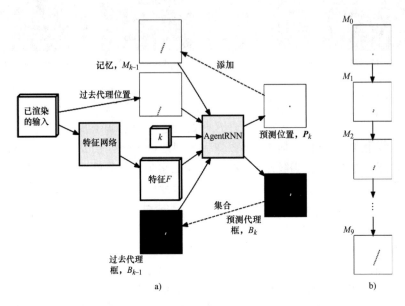

（a）ChauffeurNet 架构和（b）内存在迭代中更新。来源：https://arxiv.org/abs/1812.03079

首先，我们拥有 FeatureNet（在上图中用（a）标记）。这是一个带有残差连接的 CNN，它的输入是 11.5.1 节中看到的自顶向下的图像。FeatureNet 的输出是一个特征向量 F，它代表了合成网络对当前环境的理解。该向量作为循环网络 AgentRNN 的输入之一，迭代地预测行驶轨迹中的连续点。假设想要预测在第 k 步处代理轨迹的下一个点。在这种情况下，AgentRNN 有以下输出：

- p_k 是这一步的下一个驾驶轨迹。从图中可以看到，AgentRNN 的输出实际上是一个与输入图像维度相同的热图。它是一个概率分布 $P_k(x, y)$ 的空间坐标，$P_k(x, y)$ 表示热图的每个单元（像素）的下一个路径点的概率。利用 arg-max 运算从这个热图得到粗略的位置预测 p_k。
- B_k 是代理在第 k 步的预测边界框。就像路径点输出一样，B_k 是一个热图，但在这里，每个单元使用 sigmoid 激活，并表示代理占据该特定像素的概率。

- 还有两个没有在图中显示的额外输出：θ_k 表示代理的朝向（或方向），s_k 表示期望的速度。

ChauffeurNet 还包括一个附加记忆，用 M 表示（在前面的图中，用（b）表示）。M 是 11.5.1 节定义的单通道输入图像（g）。它表示过去 k 步的路径点预测（p_k，p_{k-1}，…，p_0）。当前路径点 p_k 将在每个步骤中添加到记忆中，如前面的图表所示。

输出 p_k 和 B_k 作为下一个步骤 $k+1$ 的输入递归反馈给 AgentRNN。AgentRNN 输出公式如下：

$$p_{k+1}, B_{k+1} = \text{AgentRNN}(k+1, F, M_k, B_k)$$

接下来讨论 ChauffeurNet 是如何集成到顺序的 AV 管道中的。

ChauffeurNet 内的完全端到端驱动管道。来源：https://arxiv.org/abs/1812.03079

该系统类似于 11.2 节中介绍的反馈回路。看看它的组件：

- **数据渲染器**：接收来自环境和动态路由器的输入。作用是将这些信号转换为输入和输出表示部分中定义的自顶向下的输入图像。
- **动态路由器**：提供预期的路由，根据代理是否能够到达之前的目标坐标，动态更新该路由。可以把它想象成一个导航系统，你输入一个目的地，它就会为你提供到目标的路径。你开始浏览这条路线，如果你偏离了它，系统会根据你当前的位置和目的地动态地计算出一条新的路线。
- **神经网络**：ChauffeurNet 模块，输出预期的未来轨迹。
- **控制优化**：接收未来轨迹并将其转换为驾驶汽车的低电平控制信号。

ChauffeurNet 是一个相当复杂的系统，现在讨论如何训练它。

11.5.3　训练

ChauffeurNet 使用模仿有监督学习训练了 3000 万个专家驾驶样本。模型输入是 11.5.1 节定义的自顶向下的图像，如下图所示的扁平（聚合）输入图像。

该图像以彩色观看效果最佳。来源：https://arxiv.org/abs/1812.03079

接下来看看 ChaufferNet 训练过程的组件。

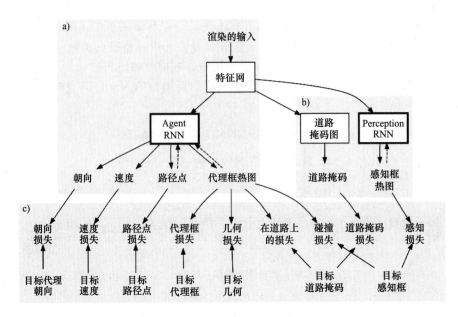

ChaufferNet 训练组件：（a）模型本身，（b）额外的网络，（c）损失。
来源：https://arxiv.org/abs/1812.03079

已经熟悉 ChaufferNet 模型（在前面的图像中标记为（a））。下面讨论这一过程中涉及的另外两个网络（在上图中标记为（b））：

- **道路掩码网**：输出一个分割掩码，该掩码具有当前输入图像上道路表面的精确区域。为了更好地理解这一点，下图展示了一个目标道路掩码（左）和网络预测的道路掩码（右）。

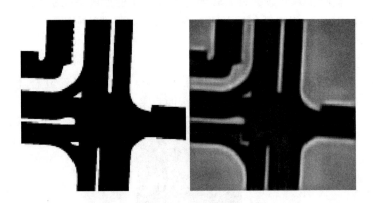

来源：https://arxiv.org/abs/1812.03079

- **PerceptionRNN**：输出一个分割掩码，其中包含环境中其他动态对象（汽车、骑自行车的人、行人等）的预测未来位置。PerceptionRNN 的输出如下图所示，图中显示了其他汽车的预测位置（亮的矩形）。

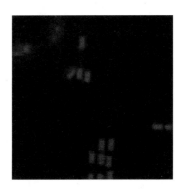

来源：https：//arxiv.org/abs/1812.03079

这些网络不参与最后的汽车控制，只在训练期间使用。使用它们的目的是，与简单地从 AgentRNN 获得反馈相比，如果 FeatureNet 网络从树任务（AgentRNN、道路掩码网和 PerceptionRNN）接收反馈，它将学习更好的表示。

现在讨论各种损失函数（ChauffeurNet 模式的底部部分(c)）。从模仿损失开始，它反映了模型对未来代理位置的预测与人类专家的真实数据有何不同。下面的列表显示了 AgentRNN 的输出及其相应的损失函数：

- 预测路径点 p_k 在空间坐标上的概率分布为 $P_k(x，y)$。训练这个组件，损失如下：

$$J_p = \mathcal{H}(P_k, P_k^{gt})$$

其中，$\mathcal{H}$ 为交叉熵损失，为 P_k 预测分布，P_k^{get} 为真实数据分布。

- 代理边界框 B_k 的热图。可以用以下损失来训练它（沿热图的单元进行应用）：

$$J_B = \frac{1}{WH} \sum_x \sum_y \mathcal{H}(B_k(x,y), B_k^{gt}(x,y))$$

其中，W 和 H 是输入图像的维度，$B_k(x，y)$ 是预测热图，$B_k^{gt}(x，y)$ 是真实数据热图。

- 代理的朝向（方向）θ_k，损失如下：

$$J_\theta = |\theta_k - \theta_k^{gt}|$$

其中 θ_k 是预测的方向，θ_k^{gt} 是真实方向。

论文作者还介绍了过去的运动丢弃。可以引用这篇论文来解释这一点：

在训练过程中，向模型提供过去的运动历史作为输入之一（见 11.5.1 节的模式的图像（g））。由于训练过程中过去的动作历史来自专家的演示，所以网络可以通过对过去的推断来学会"作弊",而不是找出这种行为的潜在原因。在闭环推理过程中,由于过去的历史是来自网络自己的过去的预测,这一结论就被打破了。例如,在闭环推理过程中,这样一个经过训练的网络可能只会在看到过去的减速情况下,因为停止信号而停止,而不会仅仅因为停止信号而停止。为了解决这个问题,我们在过去的轨迹历史中引入了一个丢弃,在50%的例子中,我们在过去代理提出输入数据的通道中只保留当前的位置 (u_0, v_0)。这迫使网络在环境中寻找其他线索来解释训练样例中的未来运动轮廓。

他们还观察到,当驾驶情况与专家驾驶训练数据差别不大时,模仿学习方法效果很好。然而,驾驶员必须为训练之外的许多驾驶情况做好准备,比如碰撞。如果代理只依赖于训练数据,它将不得不隐式地学习碰撞,这并不容易。为了解决这一问题,本文针对最重要的情况提出了显式损失函数。其中包括:

- **路径点损失**:真实数据值与预测的代理未来位置 p_k 之间的误差。
- **速度损失**:真实数据和预测的代理未来速度之间的误差 s_k。
- **朝向损失**:真实数据与预测代理未来方向之间的误差 θ_k。
- **代理框损失**:真实数据与预测代理边界框之间的误差 B_k。
- **几何损失**:强制代理明确地跟随目标轨迹,独立于速度轮廓。
- **在道路上的损失**:强制代理仅在道路表面区域导航,并避免环境中的非道路区域。如果代理预测的边界框与道路掩码网络预测的图像的非道路区域重叠,这种损失会增加。
- **碰撞损失**:显式强制代理避免碰撞。如果代理的预测边界框与环境中任何其他动态对象的边界框重叠,则这种损失会增加。

 ChauffeurNet 在各种真实世界的驾驶情况下表现良好。你可以在 https://medium.com/waymo/learning-to-drive-beyond-pure-imitation-465499f8bcb2 上看到一些结果。

11.6　总结

本章探讨了深度学习在 AV 中的应用。首先简要回顾了 AV 研究的历史,并讨论不同程度的自动化。然后描述了 AV 系统的组件,并确定何时适合使用 DL 技术。接下来介绍了 3D 数据处理和 PointNet。然后介绍了使用行为克隆实现驾驶策略的主题,并使用 PyTorch 实现了一个模仿学习示例。最后讨论了 Waymo 的 ChauffeurNet 系统。

推 荐 阅 读

Python程序设计与算法思维

作者：[美] 斯图尔特·里杰斯 马蒂·斯特普 艾利森·奥伯恩

译者：苏小红 袁永峰 叶麟 等 书号：978-7-111-65514-5

　　本书基于"回归基础"的方法讲解Python编程基础知识及实践，侧重于过程式编程和程序分解，这也被称为"对象在后"方法。书中不仅详尽地解释了Python语言的新概念和语法细节，还注重问题求解，强调算法实践，并且新增了函数式编程内容，使初学者可以应对未来高并发实时多核处理的程序设计。